U0353721

网络工程专业"十二五"规划教材

网络电视技术

杨 成 朱亚平 蓝善祯 田佳音 李传珍 编著

刘剑波 主审

中国传媒大学出版社

·北京·

前　言

网络电视将电视机、个人电脑及手持设备作为显示终端，通过机顶盒或计算机接入宽带网络，实现数字电视、时移电视、互动电视等服务，网络电视的出现给人们带来了一种全新的电视观看方法，它改变了以往被动的电视观看模式，实现了电视以网络为基础，按需观看、随看随停的便捷方式。本书主要围绕网络电视服务系统和服务模式，介绍网络电视的基本概念、系统结构、服务模式等基本知识，着重介绍相关网络协议、视音频编解码、流媒体封装、视频转码、视频播出、视频传输与优化、网络电视终端、信息系统安全等关键技术与方法。

2013 年 7 月，本教材编写组赴上海文广、杭州华数等单位就网络电视的系统现状、运营模式等问题进行调研，使得后续编写的内容与实际网络电视系统的应用都具有较好的关联性，对网络电视系统的设计与布局也很有参考意义。

本书撰写过程中，杨成负责撰写第一章，并负责全书的内容安排和编写协调；朱亚平负责撰写第二、三章，蓝善祯、李传珍负责撰写第四章，田佳音负责整理第五、六章。

在本书出版之际，作者要感谢中国传媒大学校领导、教务处领导和信息工程学院领导对本书编写的大力支持，感谢中国传媒大学出版社对本书出版的大力支持。

作　者

2017 年 6 月于

中国传媒大学理工学部信息工程学院

目 录

第1章 网络电视概述 /1
1.1 网络电视产生的背景 /1
1.2 网络电视的定义 /5
1.3 网络电视系统结构 /10
1.4 网络电视的主要问题 /12
1.5 小结 /14

第2章 视频的流化封装技术 /15
2.1 流媒体基本概念 /15
2.2 视频流化面临的问题 /21
2.3 适应视频流化的视频编码技术 /22
2.4 视频压缩标准 /24
2.5 常见流媒体的封装格式 /41
2.6 小结 /45

第3章 视频转码及播出技术 /47
3.1 视频转码技术 /47
3.2 元数据规范 /53
3.3 媒资管理 /65
3.4 播出系统 /71
3.5 小结 /81

第 4 章　网络视频的传输与优化　/83
4.1　网络协议基础　/83
4.2　内容缓存技术　/102
4.3　CDN 流媒体　/110
4.4　P2P 流媒体　/126
4.5　小结　/139

第 5 章　信息安全技术　/141
5.1　网络电视业务安全防护体系需求分析　/141
5.2　网络传输安全　/144
5.3　业务访问安全　/158
5.4　内容保护技术　/166
5.5　DRM 版权保护方案　/171
5.6　小结　/175

第 6 章　应用实验　/176
6.1　VLC 多媒体播放器　/176
6.2　DSS 流媒体服务器　/188
6.3　Winsend 组播服务器　/199
6.4　小结　/200

第1章　网络电视概述

本章要点：

1. 网络电视产生的背景
2. 网络电视定义及其终端定位
3. 网络电视系统基本组成
4. 网络电视的基本问题

本章首先介绍了网络电视的发展背景，然后给出了网络电视及其他相关概念的定义，描述了网络电视系统组成及其终端定位，最后分析了网络电视实际运营中所面临的主要问题。

1.1　网络电视产生的背景

什么是网络电视？网络电视等同于网络视频吗？从广义上说，网络电视包括所有数字化电视，有线电视、移动电视。但是通常意义上对网络电视的定义，是基于互联网的电视，更准确一些说是基于IP网络的电视。

网络电视与计算机网络的发展、Web技术的普及密不可分。在计算机网络中有一个重要的层次叫作“网络层”，也叫“IP层”，它是TCP/IP网络互联的核心。借助于属于这个层次的软硬件系统，把遍布在全世界的小的网络、小的局域网互联而成一个大的网络，也就是大家所说的互联网。IP层通过提供独立的网络地址标识与划分、到达目的地的路由选择与分组转发①，来为更高层（传输层、应用层）连接建立和信息传输提供能够跨越整个互联网的基础链路及其相关链路控制。

① 谢希仁. 计算机网络. 第6版，电子工业出版社，2013，110－183。

网络的重要作用是实现“连接”与“共享”。通过网络层可以实现跨越全世界的“连接”与“共享”。构建在网络层之上的传输层和应用层围绕各种类型的服务需求为我们提供了各种各样的服务协议与技术,其中之一就是 Web。Web 是 World Wild Web 的简称,中文叫作万维网。Web 诞生于 1991 年,它通过超链接和超文本传输协议(HTTP)将各种信息有机地联系在一起,提供了分布式的信息共享模式,极大地促进了互联网在民间的普及和发展。

随着 Web 技术的不断演进,从集中式的分发到后来强调用户参与和互动的 Web2.0,人们越来越希望借助互联网、借助 Web 来分享和获取更加丰富的内容资源,得到更好的内容体验。在这基础上诞生了互联网视频服务,比如国外的 Hulu、Youtube,国内的优酷、土豆等都属于互联网视频的先驱。

互联网视频的发展如火如荼,到现在更多的优质互联网视频网站被建立起来,包括腾讯视频、爱奇艺、搜狐视频等,而且更加强调对内容及其版权的掌控、对用户群的掌控。当然,随着大数据、云计算的兴起,内容、用户之间的联系,用户的使用习惯、消费行为也都成为互联网视频企业需要关注的重要内容,成为其重要资产。

在国内,2009 年正式开播的国家网络电视台(CNTV),“建立了拥有全媒体、全覆盖传播体系的网络视听公共服务平台”①。在此之后,各地的网络电视台也雨后春笋般建立起来,像上海的东方宽频、江苏的网络广播电视台、湖南的芒果网络电视台、山东的网络广播电视台等,电视行业从单一的传统有线电视网络拓展到互联网、移动网层面。国家和各地网络电视台的建立,在国家层面增加了国家传播能力,从运营商层面拓展了视频服务覆盖范围,从消费者层面使消费者获得在不同的网络和终端环境下一致的、个性化的视频体验。

图 1 - 1 是在 CNKI 学术趋势搜索中输入“网络电视”作为关键词出现的历年关注度情况。总体上来看,从 1997 年至今,人们对网络电视的关注呈现总体上升趋势。在这个过程中,有一些重要的跳跃点,如 2001 年前后、2005 年前后和 2010 年前后。这几个跳跃点在图中被特别标出,其当年的关注度数值高于前后两年,并且与前一年的关注度相比增长率大于 30% 。②

网络电视第一次发展的跳跃点是 2001 年前后,从这时起人们开始关注对传统 Web 和网络技术的进一步应用拓展,引入了网络视频的概念,发展了流媒体技术,对视频点播服务有了更加集中的关注。图 1 - 2 是在 CNKI 学术趋势搜索中输入“流媒体”作为关键词出现的历年关注度情况,可以看出,其变化在 2001 年前后与网络电视

---

① http://www.cntv.cn/special/guanyunew/PAGE13818868795101875/index.shtml.

② www.cnki.com.cn.

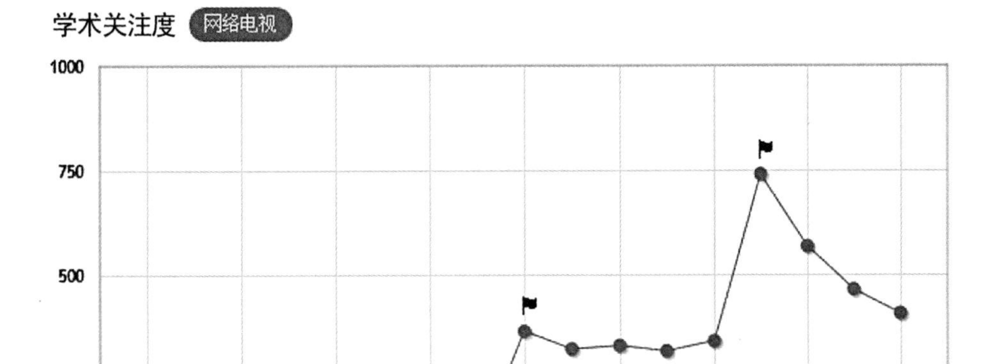

图 1－1　CNKI 学术趋势搜索中“网络电视”历年关注度

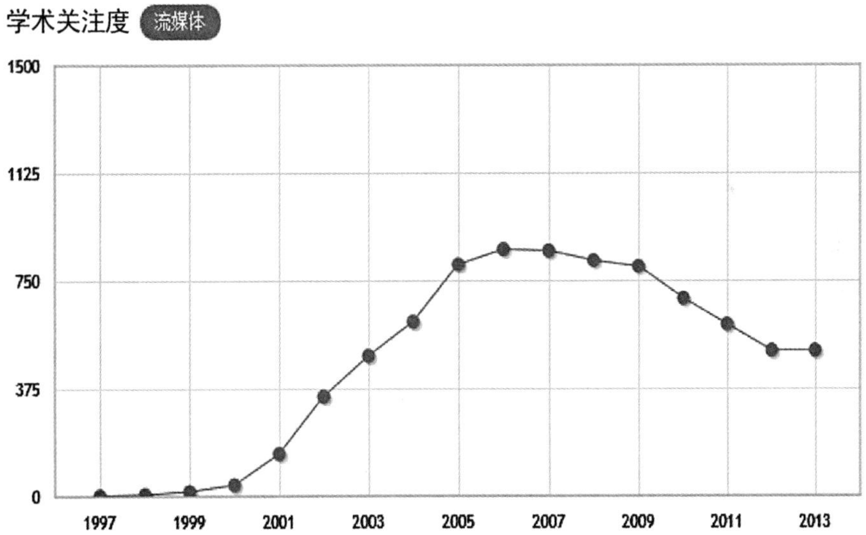

图 1－2　CNKI 学术趋势搜索中“流媒体”历年关注度

学术趋势是一致的。网络电视的第二次发展的跳跃点是 2005 年前后，这一时期的重要关键词是“IPTV”，某种程度上代表了现实中大家所认识的网络电视，它是网络电视的一种重要具体形态。图 1－3 给出了 CNKI 关于 IPTV 的学术趋势，其与网络电视学术趋势在 2005 年前后也是相吻合的。2005 年也可以称作 IPTV 元年，或者网络电视元年。2005 年后各种网络电视的形态和业务模式被探索和建立起来，在这一阶段人们开始考虑开展各种与网络电视相关的架构设计、技术研发和系统建设。

到 2010 年，随着三网融合在国家层面得到高度重视，国务院发布了关于三网融合

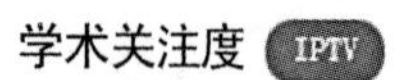

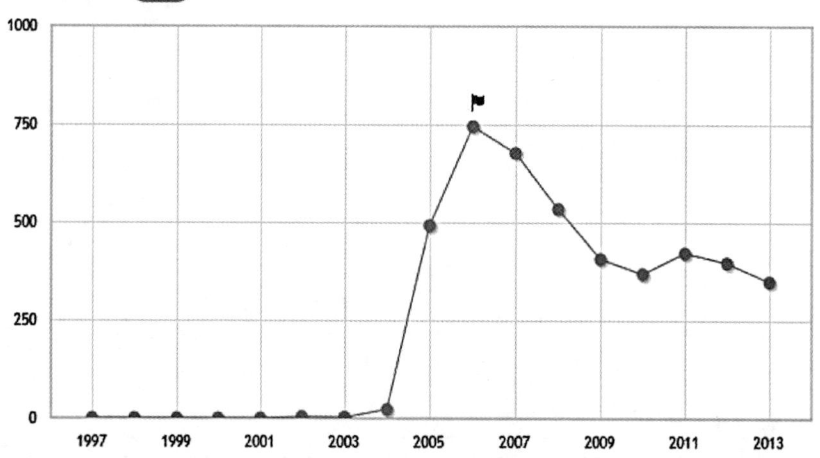

图 1-3　CNKI 学术趋势搜索中“IPTV”历年关注度

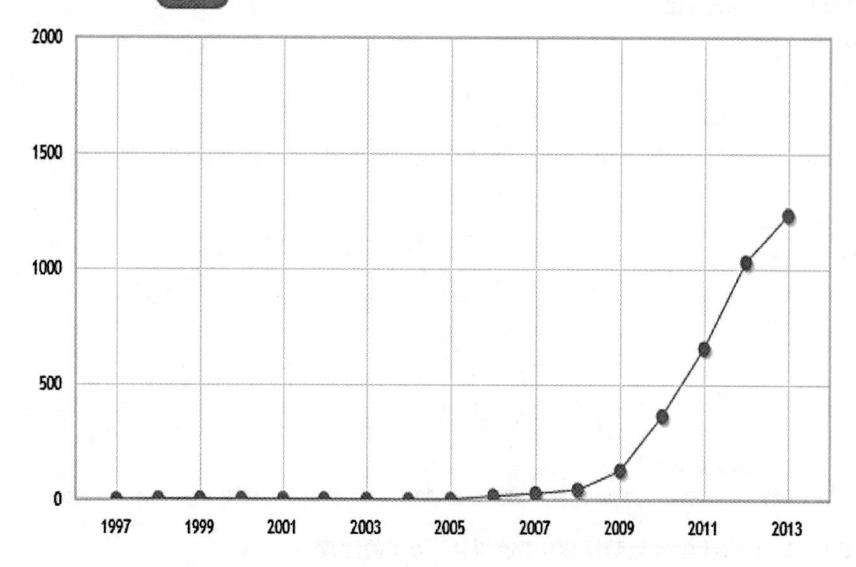

图 1-4　CNKI 学术趋势搜索中“全媒体”历年关注度

的纲领性文件[①]，公布了三网融合的试点地区，北京、上海等 10 多个地区入选[②]，推动了广电与电信的双向进入。与此同时，在运营商业务层面也对跨异构网络的信息交换与多媒体服务有了更加迫切的需求，网络视频、网络电视成为业务层面实现三网融合的重要着力点，网络电视的发展迎来了新的契机。以电信运营商为例，其在发展多年

① http://www.scio.gov.cn/zggk/gqbg/2010/Document/521141/521141.htm.

② http://www.gov.cn/zwgk/2010-07/01/content_1642604.htm.

的移动固定融合基础上，迫切希望能够在其网络架构上建立更加体现其优势的增值服务，而网络视频、网络电视等高带宽占用的服务，一方面能满足消费者对移动互联网体验的更高需求，一方面也对促进电信运营商自身的业务增长和技术发展具有重要的推动作用，符合安迪－比尔定律[①]的特点。2010年前后，人们开始提出全媒体的概念，网络电视也不再是单纯的在网络上看视频，或者说把有线电视转为以IP的形式进行传输，而是一种新的、进行文化传播和信息交流的服务业态。从更加泛化的意义上来讲，网络电视融合了有线、移动、互联网来形成有机地整体，借助于类似IMS、云平台等这些具有跨网络能力的交换架构来实现对全网络、全媒体、全终端的支持。

1.2　网络电视的定义

1.2.1　维基与百度上的定义

网络电视并没有统一的定义。从前面网络电视的发展变化来看，网络电视是以IP协议或者以IP网络为基础的。

维基百科上对网络电视的定义是[②]：

> 网络电视，或称在线电视、互联网电视，是利用互联网上进行电视直播。通常电视节目以WMV、ASF等流媒体的格式，客户端须安装相应的播放软件，一般Windows Media Player或RealPlayer都支持网络直播。不过网络上有许多浑水摸鱼的软件，虽然生成是网络电视，但是却没有提供电视直播节目，只有网络视频点播。

维基百科关于网络电视的定义强调的是以互联网为基础的电视服务，强调基本的电视服务模式，即电视直播（此处是指基于IP网络的电视频道节目实时播出，不是指现场节目的实时传输与播出）。这种定义也给出了网络电视与传统网络视频的差别，网络电视一定要提供电视直播这种基础的服务模式。网络电视的电视直播一般也要求与有线电视的电视频道广播同步。电视节目的播出与发布系统需要综合考虑对有线网络、互联网、移动网络的支持，以及消费者在异构网络之间较为一致的体验。

百度百科对网络电视的定义是[③]：

> 网络电视又称IPTV，它基于宽带高速IP网，以网络视频资源为主体，将

---

① http://baike.baidu.com/view/1221078.htm.

② http://zh.wikipedia.org/wiki/%E7%BD%91%E7%BB%9C%E7%94%B5%E8%A7%86.

③ http://baike.baidu.com/subview/4425/12437926.htm.

> 电视机、个人电脑及手持设备作为显示终端，通过机顶盒或计算机接入宽带网络，实现数字电视、时移电视、互动电视等服务，网络电视的出现给人们带来了一种全新的电视观看方法，它改变了以往被动的电视观看模式，实现了电视以网络为基础按需观看、随看随停的便捷方式。

百度百科的定义强调网络电视的网络基础是以IP协议为核心的IP网，并要求其网络应是宽带的，适用于视频内容高效分发，适用于消费终端对视频的良好体验，并要求网络电视对跨终端服务应具有支持能力。在这个定义当中，将原有有线电视中的各种电视业务（如数字电视业务、时移电视业务、互动电视业务）迁移到以IP网为基础的视频服务中去，相比维基百科仅强调电视直播有了较大拓展。网络本身的交互能力为网络电视带来了互动性，变革了人们观看电视的传统模式，使得人们成为电视播出的实际控制者。

1.2.2　与网络电视相关的概念

除了网络电视自身的定义外，还有一些与网络电视相关或者容易混淆的概念，比如IP电视、互联网电视、互动电视、宽带电视。

IP电视，也就是IPTV，既可以是Interactive Personality TV，也可以是IP - based TV。百度百科对IP电视的定义是[①]：

> *IPTV*即交互式网络电视，是一种利用宽带有线电视网，集互联网、多媒体、通讯等技术于一体，向家庭用户提供包括数字电视在内的多种交互式服务的崭新技术。用户在家可以有三种方式享受*IPTV*服务：(1)计算机(2)网络机顶盒＋普通电视机(3)移动设备（手机，平板等）。*IPTV*它能够很好地适应当今网络飞速发展的趋势，充分有效地利用网络资源。*IPTV*既不同于传统的模拟式有线电视，也不同于经典的数字电视。因为，传统的和经典的数字电视都具有频分制、定时、单向广播等特点，尽管经典的数字电视相对于模拟电视有许多技术革新，但只是信号形式的改变，没有触及媒体内容的传播方式。

维基百科上对IP电视的定义是[②]：

> IPTV是宽带电视的一种。*IPTV*是用宽带网络作为介质传送电视信息的一种系统，将广播节目透过宽带上的网际协议向订户传递数字电视服务。

---

① http://baike.baidu.com/view/1640.htm.

② http://zh.wikipedia.org/wiki/%E7%BD%91%E7%BB%9C%E7%94%B5%E8%A7%86.

由于需要使用网络，*IPTV* 服务供应商经常会一并提供连接互联网及 *IP* 电话等相关服务，也可称为“三重服务”或“三合一服务”（Triple Play）。IPTV 是数字电视的一种，因此普通电视机需要配合相应的机顶盒接收频道，也因此供应商通常会向客户同时提供随选视频服务。

百度百科对互联网电视的定义是①：

> 互联网电视是一种利用宽带有线电视网，集互联网、多媒体、通讯等多种技术于一体，向家庭互联网电视用户提供包括数字电视在内的多种交互式服务的崭新技术。用户在家中可以有两种方式享受 IPTV 服务：1、计算机，2、网络机顶盒普通电视机。IPTV 是利用计算机或机顶盒 电视完成接收视频点播节目、视频广播及网上冲浪等功能。它采用高效的视频压缩技术，使视频流传输带宽在 800Kb/s 时可以有接近 DVD 的收视效果（通常 DVD 的视频流传输带宽需要 3Mb/s），对今后开展视频类业务如因特网上视频直播、节目源制作等来讲，有很强的优势，是一个全新的技术概念。

目前互联网电视的概念从广电领域出发又有了新的变化，把 OTT－TV 看做是互联网电视。OTT 即 Over The Top。OTT－TV 把有线网、互联网、移动网都看作是视频服务通道，把互联网视频内容以 IP 方式打包传输到终端进行播出。

维基百科上对互联网电视的定义与对网络电视的定义相同②。

百度百科对互动电视的定义是③：

> 互动电视，基于数字电视和宽带网络技术的新一代电视，是电视科技与时尚生活的完美结合，能提供可点播的具有高度个性化和互动性的精彩节目，带来全新的收看体验，让收看者真正成为电视的主人。

维基百科对互动电视的定义是④：

> 互动电视是一种创建在数字电视播放平台之上，具备观众和播放平台双向交流功能的电视传输方式。这种传输方式允许用户通过手中的遥控器与电视的机顶盒，以遥控器选择播放系统发送的频道来选择电视节目；或者以电话和有线网络作为信息的回路，向播放平台发送个人意愿，此方式也可以

---

① http://baike.baidu.com/view/2566515.htm.

② http://zh.wikipedia.org/wiki/%E4%BA%92%E8%81%AF%E7%B6%B2%E9%9B%BB%E8%A6%96.

③ http://baike.baidu.com/view/55221.htm.

④ http://zh.wikipedia.org/zh-cn/%E4%BA%92%E5%8A%A8%E7%94%B5%E8%A7%86.

达到选择节目频道的目的；也可以通过电话，短信的方式将观众的诉求发送到节目的播放平台。通过这两种方式，观众可以得到自己所希望的信息，甚至以个人意愿来影响或改变正在播出的节目内容。目前国外逐渐流行，利用观众现成的手持设备智能手机作为“第二屏幕”(second screen)，作为观众发送个人意愿及意见回馈的平台，以突破机顶盒迟迟无法普及的限制，台湾也有类似服务，如 Fanwave. TV，在智能手机上提供观众实时意见调查及观众上传内容的服务。

互动电视随着技术和内容创作理念的发展变更，将会产生两种典型的节目样式：一种是目前广泛采用的，以信息提供为主的样式。比如：了解更多的有关节目或新闻的背景，节目点播、电视购物、选择镜头角度、天气预报等简单的互动内容，这是传统电视节目与图文电视，以及互联网信息简单的结合，受众不能影响节目的走向；第二种是以娱乐为主要目的，具备更多互动功能的互动电视节目形态。这种节目将会是一种开放式的结构，可以给予观众尽可能大的空间来参与和体验节目，强调观众的个人体验。在这种形态下，对节目走向起决定性影响的将会是受众本身，而不是电视导演。

百度百科将宽带电视解释为 IPTV，具体的定义是①：

IPTV 即交互式网络电视，是一种利用宽带网的基础设施，以计算机(PC)或“普通电视机＋网络机顶盒(TV＋IPSTB)”为主要终端设备，向用户提供视频点播、Internet 访问、电子邮件、游戏等多种交互式数字媒体个性需求服务的崭新技术。

维基百科对宽带电视所下的定义是②：

宽带电视是一种使用宽带网络作为介质传送电视信息的一种系统，当中以 IPTV 最为普遍。宽频电视是指所有以宽频网络传送的电视频道，包括收费和免费、数码和模拟的服务。与网络电视相似，宽频电视的频宽并非固定，而是使用开放的系统进行放送。

1.2.3　网络电视与数字电视的关系

维基百科对数字电视的定义③：

---

① http://baike.baidu.com/view/1618514.htm.

② http://zh.wikipedia.org/wiki/%E5%AF%AC%E9%A0%BB%E9%9B%BB%E8%A6%96.

③ http://zh.wikipedia.org/wiki/%E6%95%B0%E5%AD%97%E7%94%B5%E8%A7%86.

数字电视(英语:*Digital television*)是指采编、播出、传输、接收等环节中全面采用数字信号的电视系统,与模拟电视相对。数字电视系统可以传送多种业务,如高清晰度电视、标准清晰度电视、智能型电视及数字业务等等。

百度百科对数字电视的定义①:

数字电视就是指从演播室到发射、传输、接收的所有环节都是使用数字电视信号或对该系统所有的信号传播都是通过由0、1数字串所构成的数字流来传播的电视类型。其信号损失小,接收效果好。

从信息数字化及其处理流程上看,网络电视也属于数字电视的范畴。网络电视在其内容的采编、播出、传输、接收等环节采用数字化技术,而且以比特流的方式来存储、传输,能够实现包括点播、直播等传统数字电视业务和相关数字业务,能够实现广播电视、互动电视等。随着接入网络带宽的不断增加和网络本身对视频等多媒体服务质量的支持能力提升,网络电视同样可以实现对高清节目,甚至超高清节目和3D节目的传输支持。

传统的数字电视按照其传输方式可以分为数字地面电视、数字有线电视、数字卫星电视、数字移动电视。网络电视作为以IP为核心的电视传输方式,成为数字电视的新形态。

1.2.4 网络电视的终端定位

通常意义上的网络电视终端是指能够连接网络获取电视节目资源的终端,可以是计算机、机顶盒,也可以是电视机内容相关网络与视频处理模块,形成智能电视。

基本要求:

接入网络,支持相关网络电视节目传输与控制协议,支持相关节目解码、解复用、解封装标准规范,支持对节目信息的解析与呈现(可以是EPG形式、也可能是HTML页面形式)。

扩展要求:

通过软件或者硬件基础支持对网络电视终端用户的认证、对节目的解密,支持与服务器端的交互认证协议与授权证书获取协议,支持对网络电视的业务保护(如国家新闻出版与广电总局的可下载CA技术规范)与内容保护机制(如ChinaDRM的网络电视数字版权管理技术规范),支持基于中间件标准规范的第三方应用开发与系统扩

① http://baike.baidu.com/view/3084.htm.

展(如国家新闻出版与广电总局的中间件技术规范)。

此外,还存在另外一种对网络电视终端的通俗认识,即通过电视机的 USB 接口播放或者通过 VGA、HDMI 显示从网络上下载的视频,和通过 VGA 或 HDMI 接口显示在计算机上播出的视频。但是这种对网络电视终端的定位没有充分体现基于网络的交互性和电视节目服务的实时性,充其量是把电视变成了显示器或者普通计算机。

不同行业实现网络电视的技术路线不同。以 IPTV 为例,广播电视行业认为 IPTV 是数字电视的补充,要以 IP over DVB 技术加以实现;电信行业则认为 IPTV 是 IP 网络上的一个增值业务,拟采用 TV over IP 的方式提供服务。由于技术路线不同,也使得呈现业务的用户终端各有不同。

1.3　网络电视系统结构

网络电视系统采用视频编解码技术、多媒体传输与交换技术,利用以 IP 为核心的通信协议,对节目视频流进行高效分发,形成可管、可控、可运营的电视节目运营服务系统。网络电视系统一般可以分为源平台、传输平台、终端平台和管控平台四部分,如图 1 -5 所示。

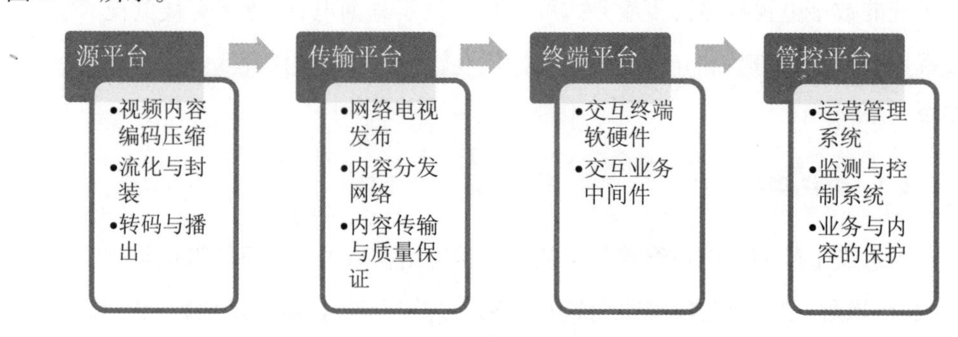

图 1 -5　网络电视系统的基本组成

源平台的主要工作包括视频内容编码压缩、流化与封装、转码与播出等。高效的视频编码技术是网络电视得以发展的核心基础之一,用以保证在低带宽占用的情况下提供最佳的视频服务体验,主要视频编码标准包括 H264 和 AVS 等。通过视频内容的流化与封装,将视频内容转换为适合终端通过网络实时下载与播出的媒体流,并添加音视频同步和相关信息(如获取授权的相关地址信息),为后续的视频传输做准备。在网络电视中,多种多样的视频文件及不同的播放平台使得视频转码技术得到了广泛的应用。源平台针对终端类型、网络质量、体验需求,将对视频进行转码,有效地在不同终端上无缝地为用户提供服务。源平台通过播出系统根据终端的交互请求,结合网络电视台的管理与运营流程,对网络电视内容的播出进行有效控制。

传输平台的主要工作包括网络电视信息的发布、高效的视频内容分发网络的构建、基于网络电视相关协议的内容传输与质量保证等。以 TCP/IP 协议簇进行视频内容的传输，是网络电视传输的核心。如何在各种通信网络向 IP 演进的过程中，充分考虑各种网络类型的特点，解决在 IP 模式下多媒体通信或者流媒体传输的服务质量保障问题，是网络电视传输平台的重要工作。内容缓存技术、CDN 流媒体、P2P 流媒体等被渐次提出，以期降低服务器和带宽资源的无谓消耗，改善用户体验。

终端平台主要包括网络电视的交互终端软硬件开发以及交互业务中间件等。针对终端用户体验网络电视的模式不同（PC、电视机或移动终端），相关设备制造商需要对支持网络电视服务的交互式终端软硬件进行设计开发，涉及通信接口、模拟信号的输出、外设控制能力、视频解码以及嵌入式实时操作系统，通过终端设备用户可以进行业务请求、音视频数据接收，以及网络服务等。

管控平台主要完成三部分内容。第一部分是网络电视系统正常运营的管理系统，包括媒资或内容管理、用户及终端管理等。第二部分是网络电视的监测与控制系统，包括网络电视运营侧和用户侧的内容监测、传输监测等。网络电视台内容播出情况、用户终端体验情况监测，也涉及同一内容在不同的运营商、不同网络内进行传输和播出时的内容体验一致性及其相关数据分析。从而为整个网络电视系统的运营维护、相关增值业务的开展，以及用户个性化的体验提供更有价值的依据。第三部分是网络电视对业务与内容的保护，包括数字版权管理（DRM: Digital Rights Management）和有条件接收（CA: Conditional Access）。

网络电视内容传输的基础是流媒体技术。所谓流媒体是指将音视频等多媒体数据以流化数据包的形式在网络上传输的一种媒体传送方式，也即所谓的流式传输。流媒体对实时收到的流化数据包进行实时解码与播出。流媒体可以是单向的，如视频的直播、点播；也可以是双向的，如视频聊天、互动等。

流媒体的传输模式主要有三类，即客户端/服务器模式（C/S 模式）、点对点模式（P2P 模式）和混合模式。图1－6、图1－7、图1－8 分别给出了三种模式的示意图。

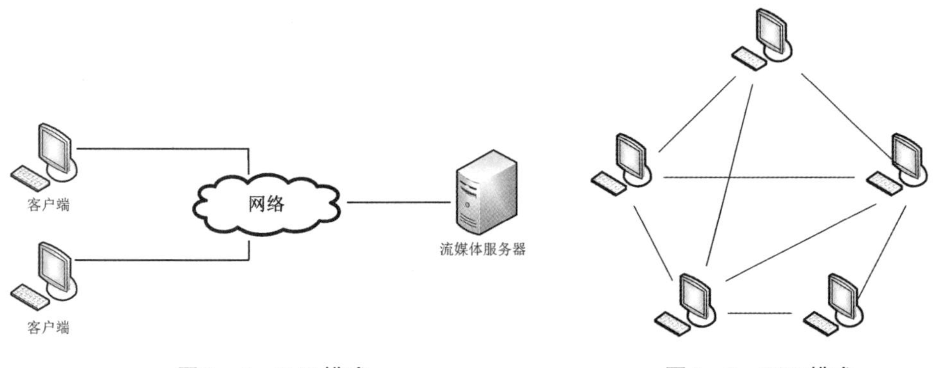

图1－6　C/S 模式　　**图1－7　P2P 模式**

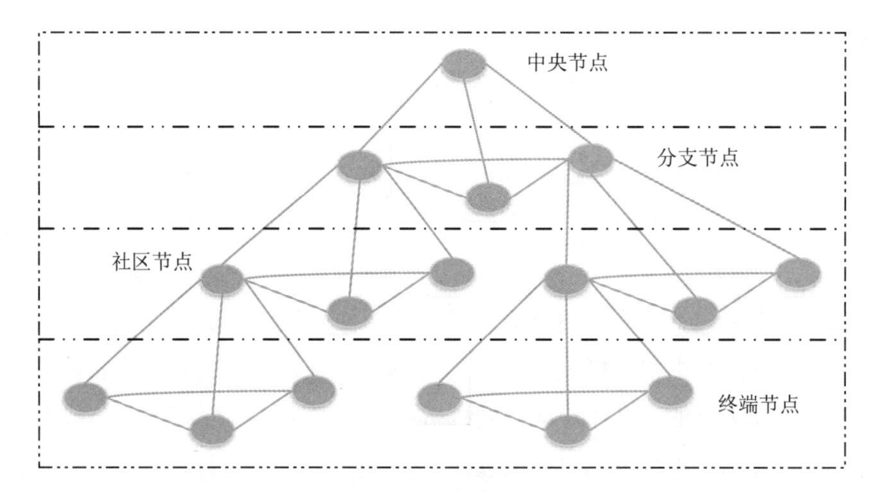

图 1-8 混合模式

C/S 模式中服务器端容易产生瓶颈，通常的解决方案是采用多层架构，将视频内容推送到离终端用户最近的节点。P2P 模式如果要保证终端用户良好的视频内容体验，取决于在线的用户（Peer）数量和相互连接的质量。混合模式中从中央节点到地方节点采用 C/S 模式，在每一层次的节点之间又可以采用 P2P 模式增强整体的系统性能和提高消费者终端视频体验质量。

1.4 网络电视的主要问题

在网络电视的发展过程中，传统电视台向互联网服务的延伸，演变出网络电视台；传统广电网络运营商向互动视频服务的延伸，演变出宽带互动电视运营商；传统电信网络运营商向视频宽带服务的延伸，演变出 IPTV 运营商；传统视频网站向提供电视内容延伸，演变出互联网电视提供商；传统固定电视服务向移动服务的延伸，演变出移动电视服务。

在这些转变过程中，存在三个基础问题，即牌照问题、带宽问题和开放问题。

牌照问题：根据国家广电总局于 2009 年正式下发的《关于加强以电视机为接收终端的互联网视听节目服务管理有关问题的通知》和 2011 年的《持有互联网电视牌照机构运营管理要求》，若要提供网络电视内容必须先取得“以电视机为接收终端的视听节目集成运营服务”的《信息网络传播视听节目许可证》，也就是通俗所说的获取牌照。目前，拥有网络电视牌照的主要有 CNTV、上海文广下属的百视通、杭州华数、南方传媒、中国国际广播电视网络台（CIBN）、湖南广播电视台、央广广播电视网络台等几家。如果要运营一个网络电视台或者相关视频服务，需要与牌照方取得联系、建立合作，如乐视网与 CNTV 建立合作，其乐视盒子和乐视 TV 与 CNTV 互联网电视集成播控平台集成；优朋普乐将南方传媒作为内容合作伙伴，表1－1给出了部分网络电视终端与牌照方的合作关系。

表1－1　部分网络电视终端与牌照方的合作关系

名称或型号	发布时间	内容牌照	终端系统
乐视超级电视	2013.5	CNTV	基于android的letvUI
小米盒子	2013.9	CNTV	基于android的MIUI TV
TCL TV+ L48A71	2013.9	CNTV，华数	Android4.2.9plus
康佳KKTV	2013.9	CNTV	Android4.2
创维酷开电视	2013.10	CNTV，华数，百事通	创维天赐系统和阿里云OS
长虹启客	2014.1	华数	Android4.2.2
华数彩虹Box	2013.7	华数	阿里TV OS
同洲电子飞看	2013.9	CNTV，CIBN	Android4.0

带宽问题：按照一般的网络电视台对压缩视频质量的定义，单个标清节目带宽需要为1.5Mbps（标清D1）、高清节目需要为3Mbps（720P）。按照100个高清直播频道计算的化，需要网络带宽300Mbps。如何构建高效的宽带内容分发网络，以及宽带接入网络，为消费者提供高质量的网络电视服务，也是摆在网络电视运营商面前的一个难题。当然，在带宽资源有限的条件下，市场上也出现很多采用更多低带宽的标清甚至高清节目，实质上仅是画面分辨率达到了标清或者高清的要求，但是却通过牺牲画面主观质量，采用更高的压缩比来适应带宽要求。

开放问题：开放问题可能远比牌照问题和带宽问题更难以解决。开放问题涉及整个业务流中系统运营平台的开放和终端平台的开放。由于涉及运营商对用户群的掌控和相关利益问题，要想实现运营平台的开放，实现跨运营商、跨网络的服务存在一定的困难。从终端的角度来说，目前的解决方案也只是利用中间件来为更高层的网络电视应用服务提供通用的开发环境，尽量的保证所开发的应用能够在不同类型的终端上得以正确的使用和解析。

当然，以智能手机终端平台android系统为参考，包括使用中间件在内的平台开放方案也可能带来碎片化的问题，反而影响开放的效果，提高系统开发成本，从而与最初的目标渐行渐远。

此外，开放性问题还涉及数据或者信息的开放，也就是把运营数据、网络数据、终端状态与交互数据开放出来，允许第三方进行深度的数据分析和为消费者提供个性化的支持。但在这里，需要特别强调消费者或终端用户对其信息和行为数据的所有权，各种解决方案也应该建立在隐私保护和尊重用户权益的基础上进行。

1.5 小 结

网络电视的发展与计算机网络、Web 技术密不可分，与互联网视频、IPTV、全媒体，甚至三网融合息息相关。本章介绍了网络电视的发展背景，并将互联网视频、IPTV、全媒体作为其发展的三个重要阶段。在对网络电视与 IP 电视、互联网电视、互动电视、宽带电视等概念介绍的基础上，本章给出了网络电视与数字电视之间的关系，以及网络电视的终端定位。网络电视系统一般可以分为源平台、传输平台、终端平台和管控平台四部分，每部分各司其职、协调配合，为终端消费者提供灵活、个性化的视频服务。在网络电视的实际部署与运营中，主要存在牌照问题、带宽问题和开放问题，他们的解决将有助于网络电视产业的和谐有序发展。

思考与练习

1. 什么是网络电视？它与宽带电视、互动电视、互联网电视有什么区别？

2. 什么是网络电视牌照？请在互联网上搜索相关资料并分析其可能存在的利弊。

3. 网络电视的管控平台主要完成哪些工作？

4. 有哪些类型的网络电视终端及其服务系统？请列举二三并探讨他们在开放性、牌照、带宽等方面的特点。

第 2 章　视频的流化封装技术

本章要点：

1. 流媒体的基本概念
2. 流媒体流化的主要问题
3. 主要的视图压缩标准
4. 流媒体的封装格式

网络电视给人们带来了一种全新的电视观看方法，它改变了以往被动观看电视的模式，实现了电视以网络为基础按需观看、高度互动的主动模式。网络电视融合了传统电视和互联网的相关特性，可视为传统电视业务、电信新兴业务和互联网业务的结合体。在网络电视中，为了让用户在视频下载的同时进行视频观看，需要对编码后的视频信息进行流化处理，并根据传输要求进行流化封装，为后续的视频传输做准备。本章主要介绍有关网络电视视频的流化封装及相关技术。

2.1　流媒体基本概念

目前，在网络上传播音视频等多媒体文件主要有下载 - 回放（download - playback）和流式（streaming）传输两种解决方案。下载 - 回放的技术需要把整个音视频文件先下载到客户的本地存储器上，然后再进行播放。这种技术不仅需要较大的存储空间，也需要等待较长的时间下载文件，并且下载的文件存入用户的本地存储器后，其他用户可以很容易进行复制和传播，不利于知识产权保护。流式的传输技术很好地解决了下载 - 回放技术的不足，提高了用户观看网络电视的视频体验。要理解流式传输，首先要了解流媒体的概念。

流媒体并不是一种新的媒体，而是一种新的媒体传送方式，它是将在网络中传输的音视频和多媒体文件以“流”的方式存在，这种“流”实际上是传输过程中一系列相关的数据包。流式传输方式是将音视频等多媒体文件经过特殊的压缩方式分成一个个压缩包，由服务器向用户计算机连续、实时传送。在采用流式传输方式的系统中，用户不必像非流式播放那样等到整个文件全部下载完毕后才能看到当中的内容，而是只需要经过几秒钟或几十秒的启动延时即可在用户计算机上利用相应的播放器对压缩的音视频等流式媒体文件进行播放，剩余的部分将在后台的服务器中继续进行下载，直至播放结束。

2.1.1 流式传输基本原理

流媒体就是应用流技术在网络上传输音视频和多媒体文件，而流技术是把连续的视频和声音等信息经过压缩处理后存放在网络服务器上，并通过流化技术将这些压缩文件分解为很多包，根据用户需要，通过 Internet 网络，以 IP 包为传输单元，用户边下载边观看多媒体文件的网络媒体传输技术。

流媒体具有连续性、实时性和时序性的特点。在流媒体传输过程中，由于网络是动态变化的，各个包选择的路由可能相同，因此到达客户端的时间延迟也就不等。为了保证数据包的顺序正确性，需要使用缓存系统来弥补延迟和抖动的影响，从而使媒体数据能连续输出，而不会因为网络暂时拥塞使播放出现停顿和卡带的情况。由于高速缓存使用环形链表结构来存储数据：通过丢弃已经播放的内容，流可以重新利用空出的高速缓存空间来缓存后续尚未播放的内容，所以通常缓存需要的容量要求并不高。

我们知道，TCP(Transmission Control Protocol)协议是一种面向连接(连接导向)的、可靠的、基于字节流的运输层通信协议，需要的开销较多，不适合实时的数据传输，因此流式传输需要有自己的传输协议。在流式传输的实现方案中，一般采用 HTTP(Hypertext transfer protocol)/TCP 来传输控制信息，而用 RTP(Real - time Transport Protocol)/UDP(User Datagram Protocol)来传输实时的音视频数据。

流式传输的过程可以归纳成以下几个步骤[1,2]：

(1)用户选择某一流媒体服务后，Web 浏览器与 Web 服务器之间使用 HTTP/TCP 交换控制信息，以便把需要传输的实时数据从原始信息中检索出来；

(2)Web 浏览器启动音视频客户程序，使用 HTTP 从 Web 服务器检索相关参数对音视频客户程序初始化，这些参数可能包括目录信息、音视频数据的编码类型或与音视频检索相关的服务器地址；

(3)使用从 Web 服务器检索出来的服务器地址来定位流媒体服务器；

(4)音视频客户程序及音视频服务器运行实时流协议，以交换音视频传输所需的控制信息，实时流协议提供执行播放、快进、快倒、暂停及录制等命令的方法；

(5)音视频服务器使用 RTP/UDP 协议将音视频数据传输给音视频客户程序，一且音视频数据抵达客户端，音视频客户程序即可播放输出。

实现流式传输一般都需要专用服务器和播放器，其基本原理如图 2 - 1 所示。

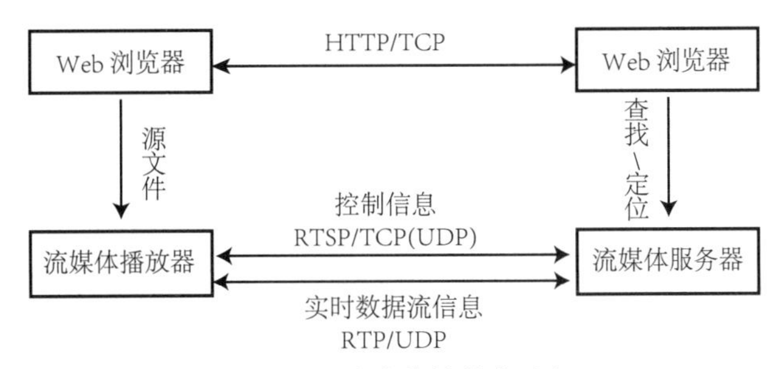

图 2 - 1　流式传输基本过程

Web 服务器只是为用户提供了使用流媒体的操作界面。客户机上的用户在浏览器中选中播放某一流媒体资源后，Web 服务器把有关这一资源的流媒体服务器地址、资源路径及编码类型等信息提供给客户端，于是客户端就启动了流媒体播放器，与流媒体服务器进行连接。

2.1.2　流媒体系统组成

通常流媒体整个传输系统可由以下五个层面构成：用户层（终端）、编码层、流处理层、传输控制层及网络层，每一层都有各自的功能特性，如图 2 - 2 所示：

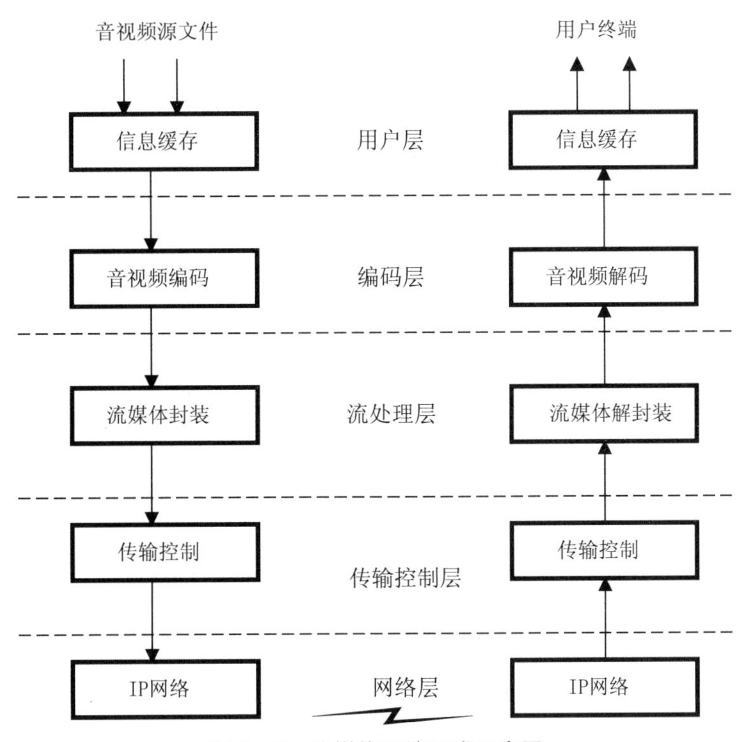

图 2 - 2　流媒体系统组成示意图

1. 用户层(终端)

用户层通常由流媒体系统的播放软件和一台普通 PC 组成,用它来播放用户想要收看的流媒体服务器上的视频节目。流媒体系统支持实时的音视频点播,可以嵌入到流行的浏览器中,播放多种媒体格式。目前,最常用的播放器有美国 Microsoft 公司的 Windows Media Player(WMP)、美国 Real Networks 公司的 Real Player 和美国 Apple 公司的 Quick - Time,以及美国 Adobe 公司的 Flash Player。

2. 编码层

编码层主要是用于产生可以存储为固定格式的流媒体文件,它使用媒体采集设备对多媒体文件进行编辑和制作,将采集和存储的音频、视频、文字等进行组合制作出新的流媒体文件,提供给服务器使用。编码工具的核心作用是音视频文件的压缩和流化。

编码器通常由普通计算机、高清视频采集卡和流媒体编码软件组成。流媒体采集卡负责将音视频信息源输入计算机,供编码软件处理;编码软件负责将流媒体采集卡传送过来的数字音视频信号压缩成流媒体格式。如果做直播,它还负责实时地将压缩好的流媒体信号上传给流媒体服务器。

3. 流处理层

对于很多流媒体数据而言,经过编解码处理后,通常还需要进行分帧组帧、拆包封包、缓冲等操作才能播放,流媒体数据实时性、连续性、有序性的特点对传输的流量控制与差错控制等提出了更高要求。流媒体服务器是流媒体应用的核心系统,是运营商向用户提供视频服务的关键平台。由流媒体软件系统的服务器部分和硬件服务器组成,主要负责管理、存储、分发编码器传上来的流媒体节目。并且,流媒体服务器不仅需要存放和控制流媒体数据,还应当具有网络管理功能,灵活满足用户对系统的要求,流媒体应用系统的主要性能体现取决于媒体服务器的性能和服务质量。

4. 传输控制层及网络层

流媒体技术是在互联网技术的发展下不断推进的,它在现有的互联网基础上增加了多媒体服务平台。传输流媒体文件以互联网为载体,通过选择适合的的传输协议来完成。在流式传输的实现方案中,一般采用 HTTP/TCP 来传输控制信息,而用 RTP/UDP 来传输实时声音数据,具体包括:实时传输协议 RTP 与 RTCP、实时流协议 RTSP 和资源预订协议 RSVP 协议三部分。

流媒体服务器是以流式协议(RTP/RTSP、MMS、RTMP 等)将视频文件传输到客户端,供用户在线观看;也可从视频采集、压缩软件接收实时视频流,再以流式协议直播给客户端。典型的流媒体服务器有微软的 Windows Media Service(WMS),它采用 MMS 协议接收、传输视频;RealNetworks 公司的 Helix Server,采用 RTP/RTSP 协议接收、传输视频;Adobe 公司的 Flash Media Server,采用 RTMP (RTMPT/ RTMPE/ RTMPS)协议接收、传输视频。

在网络电视的流媒体系统中,流媒体服务器占据着重要的地位。基于此,下面再简要介绍下流媒体服务器的硬件和软件平台的功能与特性:

流媒体服务器硬件平台　在网络电视系统中,流媒体服务器通过网络把存储系统中的信息以流媒体形式传输给相应用户,并响应客户交互请求,保证流媒体连续输出。网络电视视频流具有同步性要求,即须以恒定速率播放,否则引起画面抖动;同时,视频流包含的多种信号亦须保持同步,如画面配音必须和口型相一致等。此外,由于视频信号数据量极大,以及信号存放方式等均直接影响服务器的交互服务。因此,流媒体服务器的系统资源,如存储 I/O 带宽、网络带宽、内存大小、CPU 主频等,均要适应传输相应媒体的各种要求。

流媒体服务器软件平台　网络电视的流媒体服务器的软件平台,包括媒体内容制作,发行与管理模块,用户管理模块,相应服务器等。媒体内容制作涉及信息采集、处理、传输;发行模块负责将节目提交到网页,或将视频流地址邮寄给用户;内容管理主要完成视频存储、查寻;用户管理包括用户登记、授权;相应服务器将内容通过点播、直播方式播放。

2.1.3　流式传输的实现方式

流式传输有两种实现方式:实时流式传输(Real time streaming)和顺序流式传输(progressive streaming)。一般说来,如视频为实时广播,或使用流式传输媒体服务器,或应用如 RTSP 的实时协议,即为实时流式传输;如使用 HTTP 服务器,文件即通过顺序流发送,具体的传输方法根据需要而定。

1. 顺序流式传输

顾名思义,顺序流式传输是顺序下载, 在下载文件的同时用户可以观看。但是,用户的观看与服务器上的传输并不是同步进行的,用户是在一段延时后才能看到服务器上传出来的信息,或者说用户看到的总是服务器在若干时间以前传出来的信息。在这过程中,用户只能观看已下载的那部分,而不能跳到还未下载的部分。顺序流式传输不像实时流式传输,在传输期间不会根据用户连接的速度做调整。由于标准的 HTTP 服务器可发送这种形式的文件,也不需要其他特殊协议,它经常被称作 HTTP 流式传输。

顺序流式传输比较适合高质量的短片段,如片头、片尾和广告,由于该文件在播放前观看的部分是无损下载的，这种方法保证了电影播放的最终质量。这意味着用户在观看前，必须经历延迟，对较慢的连接尤其如此。对通过调制解调器发布短片段，顺序流式传输显得很实用，它允许用比调制解调器更高的数据速率创建视频片段。尽管有延迟，但可以发布较高质量的视频片段。顺序流式文件放在标准 HTTP 或 FTP 服务器上，易于管理，基本上与防火墙无关。顺序流式传输不适合长片段和有随机访问要求的视频，也不支持现场广播，严格说来，它是一种点播技术。

2．实时流式传输

实时流式传输指保证媒体信号带宽与网络连接匹配，使媒体可被实时观看到。实时流与 HTTP 流式传输不同，它需要专用的流媒体服务器与传输协议。实时流式传输总是实时传送，特别适合现场事件，也支持随机访问，用户可快进或后退以观看前面或后面的内容。理论上，实时流一经播放就可不停止，但实际上，可能发生周期暂停。

实时流式传输必须匹配连接带宽，这意味着在以调制解调器速度连接时，图像质量较差。而且，由于出错丢失的信息被忽略掉，网络拥挤或出现问题时，视频质量很差。如欲保证视频质量，顺序流式传输也许更好。

实时流式传输需要特定服务器，这些服务器允许用户对媒体发送进行更多级别的控制，因而系统设置、管理比标准 HTTP 服务器更复杂。实时流式传输还需要特殊网络协议，如：RTSP（Realtime Streaming Protocol）或 MMS（Microsoft Media Server）。这些协议在有防火墙时有时会出现问题，导致用户不能看到一些地点的实时内容，具有一定局限性。

2.1.4　流媒体的特点

流媒体技术的广泛运用也将打破广播、电视与网络之间的界限，网络既是广播电视的辅助者与延伸者，也将成为它们的有力的竞争者。利用流媒体技术，网络将提供新的音视频节目样式，也将形成新的经营方式。发挥传统媒体的优势，利用网络媒体的特长，保持媒体间良好的竞争与合作，是未来网络的发展之路，也是未来传统媒体的发展之路。流媒体技术在网络电视中有着重要的应用，总结起来有如下特点：

1．启动延时大幅减少

通过网络实时传送数据，可以边下载边播放，采用后台缓冲技术，用户只需要几秒的等待时间，就可以观看或收听网络上的多媒体信息，而不需要完全下载完后才能观看和收听文件。

2. 客户端缓存容量要求降低

流媒体技术不需要完全下载全部数据就可以观看，而且采用了边传输、边播放、边丢弃的方法，流媒体数据包到达终端后经过播放器解码还原出视频信息后即可丢弃，大大地减少了对客户端存储空间的需求。

3. 流文件有较高的压缩比

流媒体运用了先进的数据压缩和解压缩技术，只在播放时，才由流媒体播放器进行实时解压缩。这样可以使声音和视频文件在保证质量的前提下，压缩比有很大提高。

4. 较高的播放质量保障

流媒体可以根据网络状况，动态地调整流的速率，配合缓冲区的使用来弥补延迟和抖动的影响，确保媒体播放的流畅性，使音视频和多媒体文件不会产生明显的中断和延迟。

5. 有利于知识产权的保护

流式传输相对于下载文件，可以进行加密或者使用数字版权保护技术，对于知识产权的保护和防止非法复制都有很好的效果。

6. 可以实现双向交流

流媒体服务器与用户端的流媒体播放器可以实现双向交流，服务器在发送数据的同时，还在接收用户端发来的信息，如一些特定的播放控制请求（快进、倒退和暂停等），在播放期间服务器和用户之间保持紧密的联系。

2.2 视频流化面临的问题

视频的流化是网络电视的基础，但网络最初并不是为视频传输而建立的，因此互联网的传输策略与视频传输的一些基本要求产生了直接的矛盾，这需要从网络传输和视频编码两个角度考虑，结合网络传输和视频编码两方面的特性来进行解决。并且，流媒体技术并不是一种单一的技术，它是网络技术与音视频技术的有机结合。在网络上实现流媒体技术，需要解决流媒体的制作、发布、传输及播放等方面的问题，而这些问题则需要利用音视频技术及网络技术来解决，具体如下：

1. 流媒体制作技术方面需解决的问题

在网上进行流媒体传输，所传输的文件必须制作成适合流媒体传输的流媒体格式文件。通常格式存储的多媒体文件容量十分大，要在现有的窄带网络上传输则需要花费很长的时间,若遇网络繁忙,还会造成传输中断。另外,通常格式的流媒体也不能按流媒体传输协议进行传输。因此,对需要进行流媒体格式传输的文件应进行预处理,将文件压缩生成流媒体格式文件。这里应注意两点:一是选用适当的压缩算法进行压缩,这样生成的文件容量较小。二是需要向文件中添加流式信息。

2. 流媒体传输方面需解决的问题

流媒体的传输需要合适的传输协议,目前在互联网上的文件传输大部分都是建立在 TCP 协议的基础上,也有一些是以 FTP 传输协议的方式进行传输,但采用这些传输协议都不能实现实时传输。随着流媒体技术的深入研究,目前比较成熟的流媒体传输一般都是采用建立在 UDP 协议上的 RTP/RTSP 实时传输协议。

UDP 和 TCP 协议在实现数据传输时的可靠性有很大的区别。TCP 协议中包含了专门的数据传送校验机制,当数据接受方收到数据后,将自动向发送方发出确认信息,发送方在接收到确认信息后才会继续传送数据,否则将一直处于等待状态。而 UDP 协议则不同,UDP 协议本身并不能做任何校验。由此可以看出,TCP 协议注重传输质量,而 UDP 协议则注重传输速度。因此,对于对传输质量要求不是很高,但对传输速度有很高要求的音视频流媒体文件来说,采用 UDP 协议则更合适。

3. 流媒体的传输过程中缓存的问题

由于互联网是以包为单位进行异步传输的,因此多媒体数据在传输中要被分解成许多包,由于网络传输的不稳定性,各个包选择的路由不同,所以到达客户端的时间次序可能发生改变,甚至产生丢包的现象。为此,必须采用缓存技术来纠正由于数据到达次序发生改变而产生的混乱状况,利用缓存对到达的数据包进行正确排序,从而使音视频数据能连续正确地播放。缓存中存储的是某一段时间内的数据,数据在缓存中存放的时间是暂时的,缓存中的数据也是动态的,不断更新的。流媒体在播放时不断读取缓存中的数据进行播放,播放完后该数据便被立即清除,新的数据将存入到缓存中。因此,在播放流媒体文件时并不需占用太大的缓存空间。

4. 流媒体播放方面需解决的问题

流媒体播放需要浏览器的支持,通常情况下,浏览器是采用 MIME 来识别各种不同的简单文件格式,所有的 WEB 浏览器都是基于 HTTP 协议,而 HTTP 协议都内建有 MIME。所以 WEB 浏览器能够通过 HTTP 协议中内建的 MIME 来标记 WEB 上众多的多媒体文件格式,包括各种流媒体格式。

2.3 适应视频流化的视频编码技术

互联网传输具有带宽随机变化、时延和分组丢失等特性,对于传输音视频这样的

多媒体文件,也同样需要一些编码标准来适应网络的特性。总体来讲,有以下几种编码方法可以适应视频流化的传输:

1. 自适应编码技术

自适应编码在服务器端和客户端设置反向传输信道,通过客户端向服务器端反馈回来的信息,服务器判断网络状况,调节编码参数(一般是通过速率控制模块来调节量化系数),从而避免发生延时和丢包。这种编码技术一般借助于 RTP/RTCP 的信息对网络状况进行判断。利用 MPEG - 4 的编码特点,微软亚洲研究院开发了 SMART(Sealable Media Adaptation and Robust Transport)视频编码技术。该视频编码技术提供了一个嵌入式的、可伸缩的码流,使码流可以在一个非常宽的带宽范围内进行自适应调整。当网络的带宽增加时,SMART 技术能通过传输更多的码流来提高视频质量;当网络的带宽降低时,SMART 技术可以减少传输的码流来避免太多的“丢包”现象。

2. 容错编码技术

容错编码技术是为了应对互联网存在的分组丢失等造成的错误而产生的。容错编码的基本思想是:在进行视频编码的时候,从码流本身提供一些特性,当错误发生的时候,这些特性或者可以帮助定位错误的发生位置,或者可以帮助恢复错误。在 MPEG - 4 中引入了可逆变长编码(RVLC),这种编码方法码字从两个方向读入,既可以是正向也可以是反向。这种方法虽然降低了熵编码器所达到的编码效率,却提高了容错性能。H. 264/AVC 中提供了 FMO(Flexible Macroblock ordering)机制,它可以将一幅图像划分成若干个称为“片组”(Slice Group)的区域,片组中的每一个片(Slice)都是可以独立解码的。通过合适地使用,利用 FMO 管理编码在每一个片中的区域的空间关系,可以极大地增强视频对数据丢失的鲁棒性。

3. 多码率编码技术

多码率编码的基本思想是:对同一个视频源,编码器编码若干次,得到各个不同目标比特率的视频流。在进行视频通信的时候,服务器根据可用的网络带宽,动态地选择合适比特率的压缩视频版本给用户。为了在客户和服务器端进行高效通信,在 Real Networks 的流媒体解决方案中,就采用了这种技术,称作 Surestream 技术。这种技术是在原始视频图像进入编码器后,先进行一些预处理,如平滑过滤、空间再采样后,分别送入不同目标比特率的编码器,形成各自独立的视频流。

多码率编码的思想在 H. 264/AVC 开始受到重视,为了支持多码率编码,特别新定义了两种类型的帧:SI 帧和 PS 帧,通过它们,可以在码流切换的时候实现不同码率码流内容的无缝衔接,具有很高的灵活性。

4. 可分级视频编码技术

面对互联网速率起伏大等问题,视频分级编码技术得到了广泛的关注。视频编码的可分级性(scalability)是指码率的可调整性,即视频数据只压缩一次,却能以多个帧率、空间分辨率或视频质量进行解码,从而可支持多种类型用户的不同应用要求。

比如,MPEG-4 通过视频对象层(VOL,Video Object Layer)数据结构来实现分级编码。MPEG-4 提供了两种基本分级工具,即时域分级(Temporal Scalability)和空域分级(Spatial Scalability),此外还支持时域和空域的混合分级。每一种分级编码都至少有两层 VOL,低层称为基本层,高层称为增强层。基本层提供了视频序列的基本信息,增强层提供了视频序列更高的分辨率和细节,具体内容在下一小节中会有详细介绍。

5. 视频转码技术

视频转码(Video Transcoding)是指将已经压缩编码的视频码流转换成另一个视频码流,以适应不同的网络带宽、不同的终端处理能力和不同的用户需求。转码本质上是一个先解码、再编码的过程,因此转换前后的码流可能遵循相同的视频编码标准,也可能不遵循相同的视频编码标准。

在网络电视的应用中,多媒体视频格式多种多样,视频数据格式应随着应用环境不同而采用不同编码标准。比如要转播一场比赛,收看这场比赛的用户可能有使用数字电视的电视广播用户,有使用个人电脑通过网络收看的用户,也有通过手机来收看的移动用户。这些不同的用户,所使用的终端设备的计算能力和显示能力不同,得到视频数据所使用的网络的带宽也不同,需要将电视节目转成不同的格式,以适应不同的用户需求。我们可以将原本 MPEG-2 格式的视频源转成 MPEG-4 格式服务于个人电脑用户,而转成 H.264/AVC 格式服务于移动手机用户等。

2.4 视频压缩标准

近年来,网络电视发展迅猛,商业模式也开始多样化,从大体上可以将网络电视归为三种类型:基于 NGB 的广播网络、IPTV 网络和 OTTTV(互联网电视)。在网络上传输视频存在很多问题,主要原因是基于网络的无连接每包转发机制主要为突发性的数据传输设计,不适用于对连续媒体流的传输。为了在网络上有效的、高质量的传输视频流,需要多种技术的支持,数字视频的压缩编码技术就是其中的关键技术。

视频编码技术对网络电视的发展起着至关重要的作用,有效的视频编码手段是在互联网环境下提供视频服务的前提条件。目前,国际上制定视频编解码技术的组织有两个：一个是“国际电联”(International Telecommunication Union, ITU－T)，它制定的标准有H.261、H.263、H.264及刚刚发行的H.265等；另一个是“国际标准化组织”(International Organization for Standardization ，ISO)，它制定的标准有MPEG－1、MPEG－2、MPEG－4、MPEG－7等。主流的视频编解码标准有H.264，MPEG－2，MPEG－4和AVS等，目前使用较多的是H.264，表2－1列出了常用的视频压缩标准：

表2－1 视频编码标准

标准	制定的机构与发布日期	标准编号	标题	典型应用
MPEG－1	ISO/IEC (1992.11)	ISO/IEC 11172	用于数据速率高达大约1.5 Mbit/s的数字存储媒体的活动图像和伴音编码	数字视频存储 VCD
MPEG－2	ISO/IEC (1994.11)	ISO/IEC 13818	活动图像和伴音信息的通用编码	数字电视 DVD
MPEG－4	ISO/IEC (1999.5)	ISO/IEC 14496－2	音视频对象编码	因特网 流媒体
H.264/ AVC	ITU－T/ISO (2003.3)	ISO/IEC 14496－10	MPEG－4的第10部分或者先进的视频编码	数字电视、IPTV、可视电话、网络视频点播 数字视频存储
HEVC/H.265	ITU－T (2013)	ISO/IEC	高效视频编码	支持4K和全高清
VC－1	SMPTE (2006.4)	SMPTE 421M	VC－1视频压缩码流格式及解码流程	蓝光盘、IPTV 网络视频点播
DV	SMPTE (1999.7)	SMPTE 314M	基于DV的25 Mb/s、50 Mb/s视频压缩格式	录像机
AVS	国家标准化管理委员会(2006.2)	GB/T 20090.2－2006	先进音视频编码 第2部分：视频	数字电视、IPTV、可视电话、网络视频点播 数字视频存储

下面分别介绍这些标准的主要性能及其在网络电视中的应用情况。

2.4.1 MPEG系列

随着网络技术的发展，多媒体信息的应用呈现出爆炸式的增长。为了适应用户终端的多样性及网络自身的传输特性，从80年代中后期开始，一些国际组织和国际知名公司制定了许多多媒体数据压缩标准，MPEG系列标准是极具代表性的一类。

对于网络电视系统，播放的电视节目来源主要是多媒体文件。按照DVB标准，数字电视系统的媒体文件格式主要是MPEG－2标准的TS流，因此MPEG系列标准，尤其是 MPEG－2 标准在网络电视中占有举足轻重的作用。

1. MPEG－2

MPEG－2 标准制定于 1996 年，是针对 3～80MbpS 的数据传输率制定的运动图像及其伴音编码的国际标准，也是继 MPEG－1 之后，MPEG 组织推出的面向高质量数字电视的音视频压缩标准。它在与 MPEG－1 兼容的基础上实现了低码率和多声道扩展，全称是 MPEG－2 ISO/IEC 13818 标准，是运动图像及其伴音信息的通用编码（Generic Coding of Moving Picture and Associated Audio Information）。MPEG－2 共包含九个部分，其中最主要的三个部分是 MPEG－2 系统（ISO/IEC 13818－1）、MPEG－2 视频（ISO/IEC 13818－2）和 MPEG－2 音频（ISO/IEC 13818－3）。

MPEG－2 可以在一个较广的范围改变压缩比，以适应不同画面质量、存储容量和带宽的要求。除了作为 DVD 的指定标准外，MPEG－2 还可用于为数字电视广播、有线电视网、电缆网络等提供广播级的数字视频。MPEG－3 最初是 MPEG 组打算为高清晰电视（HDTV）制定的编码和压缩标准，但由于 MPEG－2 的出色性能已经能够适用于 HDTV，因此 MPEG－3 标准并未制定，直接制定了 MPEG－4。

MPEG－2 在 MPEG－1 的基础上做了许多重要的改进和扩充：

（1）支持帧场自适应编码。针对电视信号隔行扫描特性，增加了“按场编码”模式，同时在“按帧编码”模式中，允许以场为基础的运动补偿和 DCT，从而显著提高了编码效率。

（2）支持可分级编码。MPEG－2 支持三种可分级编码，即时间域可分级、空间域可分级和信噪比可分级。可分级编码的特点是整个码流由基本层码流和增强层码流两部分组成，不同档次的解码器可以各取所需，解码出不同质量、不同时间分辨率、不同空间分辨率的视频图像。例如，在一个公共的电视信道上同时实现 HDTV 和 SDTV 的同播，用户根据终端解码器的能力和交费情况获取不同质量的视频服务。

（3）扩大了重要参数值的范围。允许有更大的画面格式、码率和运动矢量长度。

（4）在编码算法细节上，补充了非线性量化、10 比特像素编码，以及比 Z 形扫描更适合于隔行图像的“交替扫描”；采用更高的系数精度，不同直流系数和不同帧内/帧间 DCT 交流系数的 VLC 码表等。

为了适应广阔的应用范围，MPEG－2 按不同的压缩比定义了 5 个档次（Profile），并按图像分辨率定义了 4 个级别（Level），共有 20 种组合，其中只有 11 种是有用的组合，码率从 4 Mbit/s～100 Mbit/s，具体参见表 2－2。最常用的是 MP@ML 格式和 MP@HL 格式，分别用于标准清晰度电视 SDTV 和高清晰度电视 HDTV。

MPEG－2 标准主要用来定义电视图像数据、声音数据和其他数据的组合，把这些数据组合成一个或者多个适合于存储或者传输的基本数据流。为此,MPEG－2码流分为三层:①基本流(Elementary Bit Stream,ES);②分组基本码流(Packet Elementary Bit Stream ,PES);③复用后的传送码流(Transport Stream,TS)和节目码流(Program Stream,PS)。其编码复用系统结构如图2－3所示。

表2－2　MPEG－2档次和级别

档次(Profile) 级别(Level)	简单 (Simple)SP	主要 (Main)MP	SNR可分级 (Scalable)SNP	空间可分级 (Spatial Scalable)SNP	高级 (High)HP
高级(High)HL 1920×1080×30或 1920×1152×25		MP@HL 80Mbit/s			HP@HL 100Mbit/s +较低层
高－1440(High－1440) 1440×1080×30或 1440×1152×25		MP@H1440 60Mbit/s		SSP@H1440 60Mbit/s +较低层	HP@H1440 80Mbit/s +较低层
主级(Main)ML 720×480×30或 720×576×25	SP@ML 15Mbit/s	MP@ML 15Mbit/s	SNP@ML 15Mbit/s +较低层		HP@HL 20Mbit/s +较低层
低级(Low)LL 352×288×29.97		MP@LL 4Mbit/s	SNP@LL 4Mbit/s		

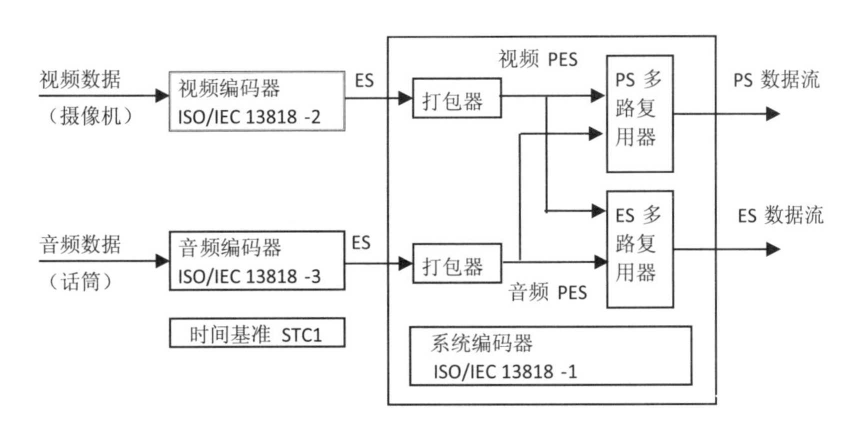

图2－3　MPEG－2编码系统框图

ES:由视频压缩编码后的视频基本码流(Video ES)和音频压缩编码后的音频基本码流(Audio ES)组成。

PES:把视、音频ES流分别打包,长度可变,最长为216字节。

TS、PS:若干个节目的PES流复用后输出为传输流TS和节目流PS,分别用于传输和存储。TS流用在出现错误相对比较多的环境下,如卫星、地面及有线电视传输系统。PS 流用在出现错误相对比较少的环境下，如硬盘、CD－ROM 等存储系统中。

MPEG－2 视频数据流（视频 ES 码流）与 MPEG－1 一样，采用图像序列（PS）、图像组（GOP）、图像（P）、片（slice）、宏块（MB）和块（B）六层结构。ES 流有两个参数，一个是 GOP 图像组的长度，也就是多少帧里面出现一次 I 帧，一般可按编码方式选择 1～15；另一个是 I 帧和 P 帧之间 B 帧的数量，一般是 1～2 个。

2．MPEG－4

1999 年 10 月正式公布的 MPEG－4 标准与 MPEG－1 和 MPEG－2 的设计理念有很大的不同，MPEG－2 在某种程度上可以说是 MPEG－1 的增强版，与 MPEG－1 完全兼容，但和 MPEG－4 是不兼容的。随着计算机软件及网络技术的快速发展，MPEG－1 和 MPEG－2 技术的弊端也就显示出来了：交互性及灵活性较低，压缩的多媒体文件体积过于庞大，难以实现网络的实时传播。而 MPEG－4 技术的标准是对运动图像中的内容进行编码，其具体的编码对象就是图像中的音频和视频，术语称为“AV 对象”，而连续的 AV 对象组合在一起又可以形成 AV 场景。因此，MPEG－4 标准就是围绕着 AV 对象的编码、存储、传输和组合而制定的，高效率地编码、组织、存储、传输 AV 对象是 MPEG－4 标准的基本内容。MPEG－4 标准也越来越多地被网络电视流媒体平台所采用。

（1）MPEG－4 特点

在 MPEG－4 中所见的视频/音频已不再是过去 MPEG－1、MPEG－2 中图像帧或者音频帧的概念，而是一个个视听场景（AV 场景），这些不同的 AV 场景由不同的 AV 对象组成。AV 对象是听觉、视觉、或者视听内容的表示单元。其中最基本的单元是原始 AV 对象，它可以是自然的或合成的声音、图像。原始 AV 对象又可以进一步组成复合 AV 对象。整个 MPEG－4 就是围绕如何高效编码 AV 对象，如何有效组织、传输 AV 对象而制定的。因此，AV 对象的编码是 MPEG－4 的核心编码技术。AV 对象的提出，使多媒体通信具有强大的交互能力和很高的编码效率。制定 MPEG－4 的目的不单是为了提高图像质量，还是为了提供一套新的编码标准，支持数字 AV 信息通讯、存取和操作，为各领域融合而成的交互式 AV 终端提供解决方案。

MPEG－4 是一个面向多媒体应用的压缩标准，其应用覆盖范围大，从移动可视电话到专业视频编辑，既支持自然图像也支持计算机的合成图像，最重要的是它支持基于内容的交互功能，是一种能被多媒体传输、存储、检索等应用领域普遍采用的一种压缩编码标准。MPEG－4 具有高效编码、高效存储与传播及可交互操作的特性。此外，MPEG－4 具有很好的扩展性，可进行时域和空域的扩展。

(2)MPEG－4 的构成

MPEG－4 标准提供自然和合成的音频、视频以及图形的基于对象的编码工具。由以下几部分构成:

第一部分:系统,标准名称为 ISO/IEC DIS14496－1。

第二部分:视觉信息,标准名称为 ISO/IEC DIS 14496－2。描述基于对象的视频编码方法,支持自然和合成的视觉对象的编码。

第三部分:音频,标准名称为 ISO/IEC DIS 14496－3。描述自然声音和合成声音的编码。

第四部分:一致性测试标准,标准名称为 ISO/IEC DIS 14496－4。

第五部分:参考软件,标准名称为 ISO/IEC DIS 14496－5。

第六部分:传输多媒体集成框架(Delivery Multimedia Integration Framework, DMIF),标准名称为 ISO/IEC DIS 14496－6。它是 MPEG－4 制定的会议协议,用来管理多媒体数据流。

第七部分:MPEG－4 工具优化软件,标准名称为 ISO/IEC DIS 14496－7。提供一系列工具描述组成场景的一组对象,这些场景描述可以以二进制格式表示,与音视频对象一同编码、传输。

(3)MPEG－4 视频数据流结构

MPEG－4 视频数据流采用层次化的数据结构,如图 2－4 所示。

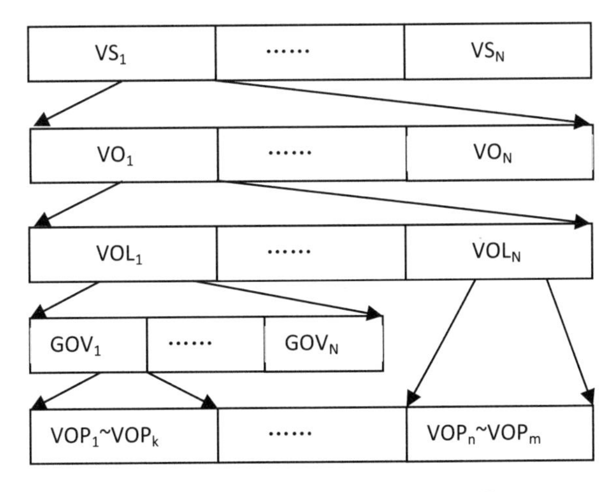

图 2－4　MPEG－4 视频数据流结构

VS(Video Session):为视频镜头, VS 是其他 3 层数据的入口。一个完整的视频由多个 VS 组成。

VO(Video Object):为视频对象,如前所述,是场景中的某个物体,它是有生命期的,由时间上连续的许多帧构成。

VOL(Video Object Layer):为视频对象层,VOL 是 VO 的时间或空间的伸缩性描述。VO 的描述可以在不同时间分辨率和空间分辨率上进行。它可以只包括一个基本层,也可以包括多个分辨率增强层。目标的伸缩性即是通过 VOL 来实现的。

VOP(Video Object Plane):为视频对象平面,VOP 是 VO 在某个时间的存在,即某一帧。

GOV(Group of VOP):为视频对象平面组,它是视频对象平面的组合,是可选成分。根据应用,VOL 既可以由 VOP 直接组合,也可由 GOV 组合而成。

概括来说,MPEG－4 的视频由多个 VS 组成,每个 VS 又由一个或多个 VO 构成,而每个 VO 可能有一个或多个 VOL 层次,如基本层、增强层,每个层就是 VO 的某一分辨率的表示。在每个层中,都由时间上连续的一系列 VOP 构成。

(4)MPEG－4 的视频编码

MPEG－4 支持任意形状图像与视频的编解码。对于极低比特率实时应用,如可视电话、会议电视,MPEG－4 则采用 VLBV(Very Low Bit－rate Video,极低比特率视频)核进行编码。

① VOP 视频编码技术

视频对象平面(VOP,Video Object Plane)是视频对象(VO)某一时刻的采样,VOP 是 MPEG－4 视频编码的核心概念。MPEG－4 在编码过程中针对不同 VO 采用不同的编码策略:对前景 VO 的压缩编码尽可能保留细节和平滑;对背景 VO 则采用高压缩率的编码策略,甚至不予传输而在解码端由其他背景拼接而成。这种基于对象的视频编码不仅克服了第一代视频编码中高压缩率编码所产生的方块效应,而且使用户可与场景交互,从而既提高了压缩比,又实现了基于内容的交互,为视频编码提供了广阔的发展空间。

② 运动估计和运动补偿

类似于 MPEG－1、MPEG－2 的三种图像格式:I、P、B,MPEG－4 的 VOP 编码也有三种相应的帧格式:I－VOP、P－VOP、B－VOP,表示运动补偿类型的不同。

MPEG－4 采用了 H.263 中的半像素搜索(half pixel searching)技术和重叠运动补偿(overlapped motion compensation)技术,同时又引入重复填充(repetitive padding)技术和修正的块(多边形)匹配(modified block (polygon) matching)技术以支持任意形状的 VOP 区域。运动估计仅对 VOP 边框中的宏块进行,对于完全在 VOP 外的宏块,不做运动估计;对于完全在 VOP 内的宏块,运动估计用一般的方法进行,既可以使用基于宏块也可以使用基于块的块匹配;对于部分在 VOP 内、部分在 VOP 外的宏块,用"修正的块(多边形)匹配"技术进行运动估计,匹配误差由块中属于 VOP 内部的像素与参考块中相应位置像素的差的绝对值和(SAD)来度量。

MPEG-4 采用了“重叠运动补偿”技术,为了运动估计和运动补偿能适用于任意形状的 VOP 区域,引入了“重复填充”和“修正的块(多边形)匹配”技术。

③ 视频编码可分级性技术

随着网络业务不断增长,在速率起伏很大的 IP(Internet Protocol)网络及具有不同传输特性的异构网络上进行视频传输的要求和应用越来越多。在这种背景下,视频分级编码的重要性日益突出。视频编码的可分级性(scalability)是指码率的可调整性,即视频数据只压缩一次,却能以多个帧率、空间分辨率或视频质量进行解码,从而可支持多种类型用户的不同应用要求。

MPEG-4 通过视频对象层(VOL,Video Object Layer)数据结构来实现分级编码。MPEG-4 提供了两种基本分级工具,即时域分级(Temporal Scalability)和空域分级(Spatial Scalability),此外还支持时域和空域的混合分级。每一种分级编码都至少有两层 VOL,低层称为基本层,高层称为增强层。基本层提供了视频序列的基本信息,增强层提供了视频序列更高的分辨率和细节。

在随后增补的视频流应用框架中,MPEG-4 提出了 FGS(Fine Granularity Scalable,精细可伸缩性)视频编码算法,以及 PFGS(Progressive Fine Granularity Scalable,渐进精细可伸缩性)视频编码算法。

2.4.2　H.26X 系列

就在 MPEG-4 还在制定的过程中,ITU-T 的专家意识到:MPEG-4 编码的基本思想是面向对象,必须将视觉或音频对象先分割出来,才能进行有效编码。然而,视觉对象的分割是一个比视频编码本身更复杂的问题,建立在此基础上的 MPEG-4 是否能真正得到预期的应用很难预测。并且,MPEG-4 涉及许多专利技术,在专利费的收取和许可证的发放方面各个利益集团之间斗争很激烈,专利费也比较贵。在这种背景下, ITU-T 已有另一个专家组 VCEG(Video Coding Expert Group),在准备制定一个新的标准 H.26x,新标准仍然是基于 MPEG 的基于块的编码思想,目标是编码效率达到当时已经存在的标准的两倍。

1. H.264

H.264/AVC 是 ITU-T 和 ISO 联合制定的最新编码标准,它最先由 ITU-T 的 VCEG(Video Coding Expert Group)于 1997 年提出,目标是提出一种更高性能(主要与 H.263 比较)的视频编码标准,由于其相对于 MPEG-4 的优良表现,2001 年底,ISO 的 MPEG 加入到标准的制定过程中,与 VCEG 组成 JVT(Joint Video Team)。2003 年 3 月正式公布，称为 H.264/AVC，该标准在 ITU－T 中被称为 Recommendation H.264，在 ISO/IEC 中称为 MPEG－4 的第 10 部分或者先进的视频编码 AVC（Advance Video Coding）。

（1）H.264/AVC 的主要功能

①明显提高编码效率。在相同的重建图像质量下，H.264/AVC 比 H.263＋ 和 MPEG－4（SP）节约 50% 码率。

②对信道时延的适应性较好，既可工作于低时延模式以满足实时业务（如会议电视等），又可工作于无时延限制的宽松场合（如视频存储等）。在编解码器中采用复杂度可分级设计，在图像质量和编码处理之间可分级，以适应高复杂性和低复杂性的应用。

③增强对误码和丢包的鲁棒性，增强解码器的差错恢复能力。

④提高网络适应性，采用“网络友好”的结构和语法，能很好地通过 MPEG－2 系统、RTP、H.32x、MPEG－4 文件格式或 MPEG－4 系统传送，适应 IP 网络、移动网络的应用。

⑤采用简洁的设计方式，简单的语法描述，避免过多的选项和配置，尽量利用现有的编码模块；精确的匹配解码。

（2）H.264/AVC 档次

H.264/AVC 着重于保证压缩和传输的可靠性，因而其应用面十分广泛。H.264/AVC 规定了基本档次（Baseline Profile）、主要档次（Main Profile）、扩展档次（Extended Profile）和高端档次（High Profile，FRExt）4 个档次，分别对应不同的应用场合：

基本档次：主要应用于视频会话，如电视会议、可视电话、远程医疗、远程教学等；

主要档次：主要应用于消费电子应用，如数字电视广播、数字视频存储等；

扩展档次：主要应用于网络的视频流，如视频点播等；

高端档次：主要应用于超高质量的视频图像，如数字高清电视、数字电影图像等。

最初的 H.264 标准只包括 Baseline、Main、Extended 三个档次，它支持的源图像比特深度仅为每像素 8 比特，采样方式仅限于 4∶2∶0，并且对于大尺寸图像的压缩效率不高，只能满足娱乐级视频质量的应用，难以有效地支持专业级质量的大尺寸图像压缩需求。为了进一步扩大其应用范围，适合专业级视频应用需求，JVT 于 2004 年 7 月对 H.264/AVC 做了重要的补充扩展——FRExt（Fidelity Range Extensions），作为高端档次（High profile，FRExt）。它对每个样值采用多于 8 bits 的量化——10 或 12 bits，抽样比例除了 4∶2∶0 外，还采用 4∶2∶2、4∶4∶4，实现了无损编码、高质量、高分辨率的目标。

(3) H. 264/AVC 编解码器

H. 264/AVC 编码器和解码器的功能组成分别如图 2－5 和图 2－6 所示。

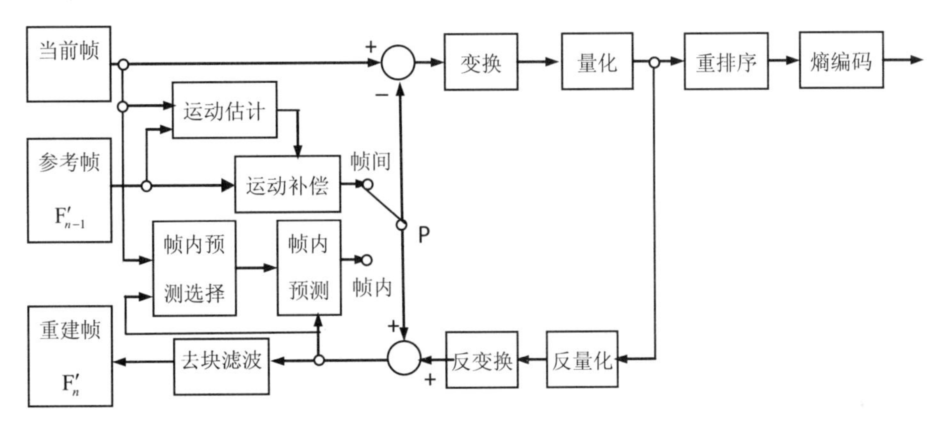

图 2－5　H. 264/AVC 编码器

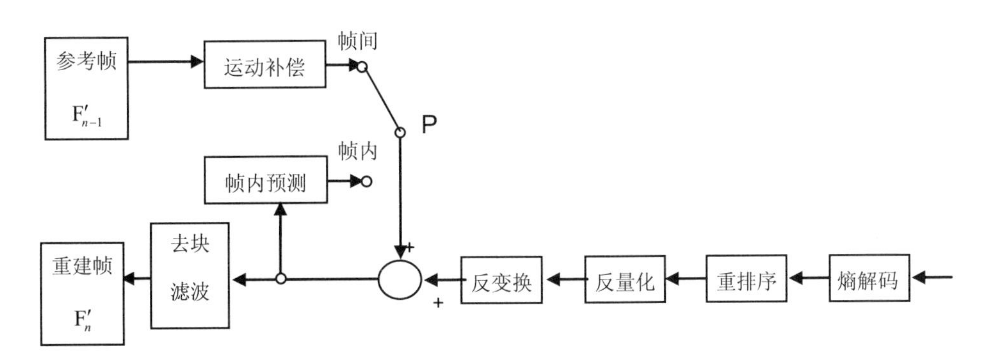

图 2－6　H. 264/AVC 解码器

从图 2－5 和图 2－6 可以看出，H. 264 仍然采用传统的混合编码框架——基于块的运动补偿的帧间预测和变换编码相结合的编码方法，与以前的标准（如 MPEG－2、MPEG－4）中的编解码器相比在结构上并没有变化，只是在各个主要的功能模块内部采用一些先进技术进行改进。采用的先进技术包括：帧内预测方法、运动补偿技术、整数变换技术、环路滤波技术等。接下来就对这些技术进行简单的介绍。

(4) H. 264/AVC 的关键技术

①帧内预测编码

H. 264 引入了帧内预测的方法，利用相邻宏块的相关性对编码的宏块进行预测，对预测残差进行变换编码，消除空间冗余。值得注意的是，以前的标准是在变换域中进行预测，而 H. 264 是直接在空间域中进行预测。

对亮度像素而言，预测块 P 可用 4 × 4 子块、8 × 8 子块或者 16 × 16 宏块操作。4

×4 亮度子块有 9 种可选的预测模式；8×8 亮度子块也有 9 种可选的预测模式；16×16 亮度块有 4 种预测模式；色度块也有 4 种预测模式，类似于 16×16 亮度块预测模式。

②运动补偿预测模式

H.264 在进行帧间预测时，使用了基于块的运动补偿的预测模式。与以往标准相比，改进如下：

A. 多种块结构（从 16×16 到 4×4）的预测

H.264 按四种方式把宏块的亮度分量分割成：一个 16×16 块、两个 16×8 块、两个 8×16 块和四个 8×8 块，对应的前向预测模式分别为：P16×16、P16×8、P8×16，以及 P8×8。如果选择 P8×8 模式，则每个 8×8 块可以进一步分割成：1 个 8×8、两个 8×4、两个 4×8 和四个 4×4。这种树状结构的块分割方式使得宏块内部具有多种块尺寸和组合方式，每个小块都有单独的运动矢量描述，因此能够更准确地描述内部像素运动不一致的宏块，减小了运动补偿预测残差。H.264 由于采用了此项技术，提高了预测精度，节省了约 15% 的码率。

B. 亮度预测采用 1/4 像素精度

H.264 亮度预测精度能达到 1/4 像素，并且把 1/8 像素作为可选项。与整像素精度相比，1/4 像素精度可节省约 20% 的码率。

C. 多参考帧预测

H.264 采用了多参考帧预测，即允许从多个已编码帧中选择参考图像，这样可以使预测更加准确，节省 5% ~20% 的码率。多参考帧预测特别适合块中对象作周期性运动，可在更远的参考帧中找到该对象更相似的运动状态。

③4×4 整数变换

与以前的标准不同，H.264 中采用的变换技术不再是 8×8 块的 DCT 变换，而是 4×4 残差块的整数变换，这种变换是在原 DCT 变换的基础上改进的。

H.264 的 4×4 块的整数变换中只有整数运算，消除了浮点运算，减少了运算量，并且精确的整数变换在编码器和解码器中可以得到相应的正变换和反变换，不会出现“反变换误差”，从而消除了因变换精度差所引起的图像失真。由于变换的最小单位是 4×4 像素块，相比于 8×8 点 DCT 变换编码，能够降低图像的块效应。

H.264 共有三种变换：4×4 残差数据变换，4×4 亮度直流系数变换（16×16 帧内模式下），2×2 色度直流系数变换。

④环路滤波

H.264 采用了环路去块滤波系统，并将其作为标准的视频编码标准。环路去块滤波指去块滤波器置于编（解）码环内，被滤波过的重建帧，用作后面的帧编码时的参考，因此所有符合标准的解码器都应正确实现环路去块滤波，以保证和编码器的参考帧一致，从而正确解码。

环路滤波方法一方面去除了块状效应，保证了不同码率下的图像质量；另一方面提高预测的准确度，从而提高编码效率。H.264采用了自适应的去块滤波方法，可以有效区分真实的和人为的图像边界，并滤除后者，在相同的信噪比情况下，可以节省码流7%～9%。

⑤统一变长编码和自适应算术编码

H.264标准有两种熵编码方法：一种是基于上下文自适应的可变长编码CAVLC，另一种是基于上下文自适应的二进制算术编码CABAC。CABAC充分发挥算术编码压缩效率高的特点，而且其基于上下文的特点使其可以充分利用不同视频流的统计特性和符号间的相关性，自适应不同符号（消息）出现的概率。因此，CABAC的编码性能更好，与CAVLC相比较，在相同质量下，编码电视信号使用CABAC会使比特率减少10%～15%。而CAVLC的编码则更为简单快速、容易实现。

⑥ 算法的分层设计

H.264编码算法在概念上可以分为两层：视频编码层（Video Coding Layer，VCL），负责高效的视频内容表示，包括基于块的运动补偿混合编码和一些新特性；网络提取层（Network Abstraction Layer，NAL），负责以网络所要求的恰当的方式对数据进行打包和传送。在VCL和NAL之间定义了一个基于分组方式的接口，打包和相应的信令属于NAL的一部分。这样，高编码效率和网络友好性的任务分别由VCL和NAL来完成。

H.264的高压缩效率，将给视频实时通信、数字广播电视、视频存储等应用带来很多好处，提高人们的视频欣赏质量。目前，国内外许多科研机构和和制造厂商都在从事H.264编解码算法的优化和产品的研制，基于H.264标准的产品也纷纷面世。在网络电视中，H.264的市场占有率也是最高的。

但是，随着数字视频应用产业链的快速发展，视频应用向以下几个方向发展的趋势愈加明显：

高清晰度（Higher Definition）：数字视频的应用格式从720 P向1080 P全面升级，在一些视频应用领域甚至出现了4K×2K、8K×4K的数字视频格式；

高帧率（Higher frame rate）：数字视频帧率从30fps向60fps、120fps，甚至240fps的应用场景升级；

高压缩率（Higher Compression rate）：传输带宽和存储空间一直是视频应用中最为关键的资源，因此，在有限的空间和管道中获得最佳的视频体验一直是用户的不懈追求。

由于数字视频应用在发展中面临上述趋势，继续采用H.264编码就会出现如下局限性：

一是宏块个数的爆发式增长，会导致用于编码宏块的预测模式、运动矢量、参考帧索引和量化级等宏块级参数信息所占用的码字过多，用于编码残差部分的码字明显减少。

二是由于分辨率的大大增加，单个宏块所表示的图像内容的信息大大减少，这将导致相邻的 4×4 或 8×8 块变换后的低频系数相似程度也大大提高，导致出现大量的冗余。

三是由于分辨率的大大增加，表示同一个运动的运动矢量的幅值将大大增加，H.264 中采用一个运动矢量预测值，对运动矢量差编码使用的是哥伦布指数编码，该编码方式的特点是数值越小使用的比特数越少。因此，随着运动矢量幅值的大幅增加，H.264 中用来对运动矢量进行预测，以及编码的方法压缩率将逐渐降低。

四是 H.264 的一些关键算法，例如采用 CAVLC 和 CABAC 两种基于上下文的熵编码方法、deblock 滤波等都要求串行编码，并行度比较低。针对 GPU/DSP/FPGA/ASIC 等并行化程度非常高的 CPU，H.264 的这种串行化处理越来越成为制约运算性能的瓶颈。

为了应对以上发展趋势，2010 年 1 月，ITU－T VCEG（Video Coding Experts Group）和 ISO/IEC MPEG（Moving Picture Experts Group）联合成立 JCT－VC（Joint Collaborative Team on Video Coding）联合组织，统一制定下一代编码标准——HEVC（High Efficiency Video Coding）。H.264 在网络电视节目中使用较为广泛。

2. H.265

H.265 是 ITU－T VCEG 继 H.264 之后所制定的新的视频编码标准。H.265 标准围绕着现有的视频编码标准 H.264，在保留原来的某些技术的同时，对一些相关的技术加以改进。新技术使用先进的技术改善码流、提升编码质量、优化延时和算法复杂度之间的关系，达到最优化设置。具体的研究内容包括：提高压缩效率、提高鲁棒性和错误恢复能力、减少实时的时延、减少信道获取时间和随机接入时延、降低复杂度等。

H.263 可以 2～4Mbps 的传输速度实现标准清晰度广播级数字电视（符合 CCIR601、CCIR656 标准要求的 720＊576）。H.264 由于算法优化，可以低于 2Mbps 的速度实现标清数字图像传送；而且 H.264 High Profile 可在低于 1.5Mbps 的传输带宽下，实现 1080p 全高清视频传输。H.265 相比 H.264 进步更为明显，可以实现利用 1Mbps 以下的传输速度传送 1080P（分辨率 1920＊1080）全高清音视频。除了在编解码效率上的提升外，在对网络的适应性方面 H.265 也有显著提升，可很好地在 Internet 等复杂网络条件下运行。

新批准的 H. 265 标准将通过改进后的压缩技术，让发行商通过网络传输 1080P 的视频，而所要求带宽只需当前使用的一半即可。在这种新标准使用之后，用户不仅可以在家中观看网络高清视频，而且还可以在手机和平板电脑等设备中享受这些服务。这样，网络视频将能够更加广泛地普及到连接较差的网络之中或更多的移动网络之中。

在宽带连接相当好的地方，H. 265 标准还能够支持更高质量的视频。随着 4K 电视机的出现，这种新标准也有机会提供更好的视频解决方案。目前唯一的问题是一些网络还没有建成，难以支持视频传输所需要数据流。随着 H. 265 标准的通过，只需要安装 20Mbps 至 30Mbps 的带宽就可以传输 4K 网络流视频。事实上，即使按照现行的无效分蘖，仍有大量的网络没有达标。

当然，新标准的通过并不意味着我们很快就能够观看到压缩版或低比特率的流视频。尽管可能会出现基于软件的编码器，但是，编码解码器在嵌入芯片和硬件之后才会被大规模的使用。因此，在首款 H. 265 标准的硬件进入市场之前，可能还需要等待 12 到 18 个月的时间，或许更长。

一旦那些初期的设备进入市场之后，我们将会看到大量内容利用 H. 265 标准的优势。据市场研究机构 MeFeedia 公布的数据显示，自从 iPad 推出以来，发行的 H. 264 标准视频比例在不到三年的时间内就从 10% 以下攀升到 84%。H. 265 标准的通过可能会意味着网络受限的减少，同时，更多高清视频也将会出现。业界认为，更加高效的编码解码器的使用也可能会有助于提高视频的质量。

作为新一代视频编码标准，H. 265(HEVC)仍然属于预测加变换的混合编码框架。相对于 H. 264，H. 265 在很多方面有了革命性的变化。H. 265(HEVC)的技术亮点有：

(1)灵活的编码结构

在 H. 265 中，将宏块的大小从 H. 264 的 16×16 扩展到了 64×64，以便于高分辨率视频的压缩。同时，采用了更加灵活的编码结构来提高编码效率，包括编码单元(Coding Unit)、预测单元(Predict Unit)和变换单元(Transform Unit)。如图 2－7 所示。

其中编码单元类似于 H. 264/AVC 中宏块的概念，用于编码的过程，预测单元是进行预测的基本单元，变换单元是进行变换和量化的基本单元。这三个单元的分离，使得变换、预测和编码各个处理环节更加灵活，也有利于各环节的划分更加符合视频图像的纹理特征，有利于各个单元更优化的完成各自的功能。

(2)灵活的块结构——RQT(Residual Quad－tree Transform)

RQT 是一种自适应的变换技术，这种思想是对 H. 264/AVC 中 ABT(Adaptive Block－size Transform)技术的延伸和扩展。对于帧间编码来说，它允许变换块的大小根据运动补偿块的大小进行自适应的调整；对于帧内编码来说，它允许变换块的大小

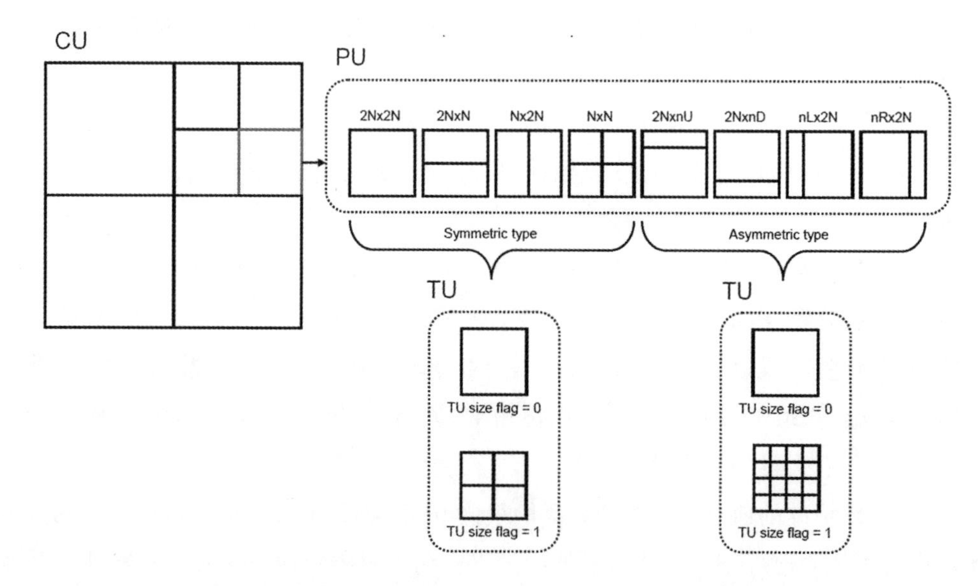

图 2-7 编码单元(CU)、预测单元(PU)、变换单元(TU)

根据帧内预测残差的特性进行自适应的调整。大块的变换相对于小块的变换,一方面能够更好地集中能量,并在量化后保存更多的图像细节;另一方面,在量化后会带来更多的振铃效应。因此,根据当前块信号的特性,自适应的选择变换块大小,可以得到能量集中、细节保留程度,以及图像的振铃效应,三者最优的组合。

(3)采样点自适应偏移(Sample Adaptive Offset)

SAO 在编解码环路内,位于 Deblock 之后,通过重建图像的分类,对每一类图像像素值加减一个偏移,达到减少失真的目的,从而提高压缩率,减少码流。

采用 SAO 后,平均可以减少 2% ~6% 的码流,而编码器和解码器的性能消耗仅仅增加了约 2%。

(4)自适应环路滤波(Adaptive Loop Filter)

ALF 在编解码环路内,位于 Deblock 和 SAO 之后,用于恢复重建图像以达到重建图像与原始图像之间的均方差(MSE)最小。ALF 的系数是在帧级计算和传输的,可以整帧应用 ALF,也可以对于基于块或基于量化树(quadtree)的部分区域进行 ALF,如果是基于部分区域的 ALF,还必须传递指示区域信息的附加信息。

(5)并行化设计

当前芯片架构已经从单核逐渐往多核并行方向发展,因此,为了适应并行化程度非常高的芯片,H.265 引入了很多并行运算的优化思路, 主要包括以下几个方面:

①Tile

用垂直和水平的边界将图像划分为一些行和列,划分出的矩形区域为一个 Tile,

每一个 Tile 包含整数个 LCU(Largest Coding Unit)，Tile 之间可以互相独立，以此实现并行处理。

②Entropy slice

Entropy Slice 允许在一个 slice 内部再切分成多个 Entropy Slices，每个 Entropy Slice 可以独立的编码和解码，从而提高了编解码器的并行处理能力。

③WPP(Wavefront Parallel Processing)

上一行的第二个 LCU 处理完毕，即对当前行的第一个 LCU 的熵编码(CABAC)概率状态参数进行初始化。因此，只需要上一行的第二个 LCU 编解码完毕，即可以开始当前行的编解码，以此提高编解码器的并行处理能力。

(6)H.265(HEVC)技术应用前景展望

H.265 标准是在 H.264 标准的基础上发展起来的，结合 H.264 在视频应用领域的主流地位可以预见 H.265 协议在未来广阔的发展前景。国际上一些主流电视组织，以及媒体运营商已经选择 H.264 作为媒体格式标准，一些主要的编解码设备厂商也积极参与到 H.265 标准的研究当中。华为是 ITU－T 视讯标准的主要 Reporter(报告人)和 Editor(编辑)。作为国际电信联盟(ITU－T)成员单位，华为牵头并参与制订了多项国家标准和行业、企业标准。在 H.265 协议制定期间，华为提交了多项相关提案、建议，并提供了非常典型的应用场景测试序列，得到 ITU－T 的高度认可和接纳。华为提供的 ChinaSpeed 序列已经被标准组织采纳作为 Class F 的标准测试序列。

随着芯片处理能力越来越强，算法复杂性对应用的影响因素越来越小。相反，在算法实时通讯应用及 IPTV 应用中，业务的不断扩展和需求的增加使得有限的带宽资源逐渐成为瓶颈，高压缩率的编码是解决这一难题的有效技术手段，这也为 H.265 在流媒体服务领域的应用奠定了坚实的基础。

2.4.3　VC－1 标准

2003 年 9 月，微软公司为了进军全球的消费类电子、广播电视，以及电影等市场，向美国电影与电视工程师协会(SMPTE)提交了其专有的 WMV－9(Windows Media Video 9)视频压缩编码技术，并最终于 2006 年 4 月成为视频压缩编码的产业标准，命名为 VC－1。

VC－1 和以前的标准(如 H.264/AVC、MPEG－4)相比，在编解码器功能块的组成上并没有什么明显的差别，都是采用传统的混合编码框架。与 H.264/AVC 主要的不同是帧内预测编码在变换域中进行，且熵编码采用的是自适应变长编码(Adaptive VLC)而不是 CAVLC 或 CABAC 方式。

据微软内部测试结果称，VC－1 具有比 MPEG－2、MPEG－4 更高的压缩效率，是

MPEG－2 性能的 2～3 倍。VC－1 与 H. 264/AVC 的编码性能相当，且复杂度略低于 H. 264/AVC。事实上，VC－1 是以牺牲部分性能为代价，通过简化算法获得较低的运算复杂度的。

VC－1 在 PC 平台的 Windows 系统及互联网中以其独特的优势得到了广泛应用。与 H. 264/AVC 一样，VC－1 也成为了两大国际格式（HD－DVD 格式和 Blu－ray 光盘格式）支持的视频编码标准。此外，VC－1 也可以应用在数字高清电视广播和 IPTV 领域中。VC－1 典型应用的码率分别为：SD（D1）质量的码率 1～2 Mbps；HD（720/1080）质量的码率 5 ～12 Mbps；Video over IP / VOD 的码率 0. 3－2 Mbps；网络视频和无线广播的码率（<30～500 kbps）。

由于 H. 264/AVC 侧重于提高效率，对当前各类视频的编码质量都是最好，但其复杂度稍大于 VC－1。所以业界认为，VC－1 是 H. 264/AVC 一个强大的竞争对手，而且这场争夺已在互联网电影点播、手机电视和网络 HDTV 节目等新兴应用领域中展开。

2. 4. 4　AVS

为了支持国内多媒体工业界的发展，由国家信息产业部科学技术司于 2002 年 6 月批准成立了 AVS 工作组，专门负责制定国内的数字音视频编码标准。

数字音视频编解码技术标准工作组（AVS 工作组）在“技术、专利、标准、产品和应用”的协调发展方面建立了一种独具特色的标准创新模式。所制定的视频编码标准于 2006 年颁布为国家标准，2009 年该标准被国际电信联盟（ITU）批准为网络电视（IPTV）采用的标准之一，2011 年被工信部确定为我国数字电视机等视听终端唯一必须支持的视频解码标准，2012 年增强版本 AVS＋标准由国家广电总局颁布为行业标准。这些标准在达到国际同类标准类似性能的条件下，通过创新的知识产权管理机制，解决了我国音视频制造业和运营业面临的高额专利费问题。

根据 AVS 标准的应用范围，可将 AVS 标准视频划分为两大部分，一部分是面向高清数字电视广播、HD－DVD 存储应用的高端标准，通常称为 AVS1. 0 标准；另一部分是面向移动、无线应用的 AVS－M 低端标准。

关于 AVS 标准的性能，AVS 工作组对 MPEG－2、H. 264/AVC 和 AVS 三个视频标准从技术方案、主观测试、客观测试、复杂度等四个方面进行了对比，概括其主要结果如下：

1. AVS 与 MPEG 标准的客观测试

对高清逐行序列（1080p）和标清隔行序列（576i）测试的结果是：在相同码率条件下，AVS 编码相对于 MPEG－2 编码峰值信噪比平均提高 2. 56dB，相对于 H. 264/AVC 标准 main profile 编码效率略低，峰值信噪比平均有 0. 11dB 的损失。

另外,采用高清隔行序列(1080i)测试比较了AVS与H.264/AVC的编码性能,结果是:在隔行编码方面,由于AVS视频标准目前只支持图像级帧/场自适应编码,峰值信噪比平均有0.5dB的差距。

2. AVS主观测试

2005年4月至9月,国家广电总局广播电视规划院受AVS工作组挂靠单位中国科学院计算技术研究所委托,对经过AVS参考软件编解码后的标准清晰度和高清晰度视频进行主观评价。测试结果为,AVS码率为现行MPEG-2标准的一半时,无论是标准清晰度还是高清晰度,编码质量都达到优秀。码率不到其三分之一时,也达到良好到优秀。因此,在相对于MPEG-2视频编码效率高2~3倍的前提下,AVS视频质量已完全达到了应用所需的"良好"要求。对比MPEG标准组织对H.264 /AVC的测试报告,AVS在编码效率上与其处于同等技术水平。

3. 复杂度对比

大致估算,AVS解码复杂度相当于H.264/AVC的30%,AVS编码复杂度相当于H.264/AVC的70%。

上述H.264/AVC、VC-1、AVS三个标准在编码效率上都明显优于MPEG-2,被称为新一代编码技术。VC-1和AVS的算法和模式都比H.264/AVC简单,性能和适用范围却都比不上H.264/AVC。可以说,H.264/AVC是目前编码效率最高、性能最完善的视频编码标准。

2.5　常见流媒体的封装格式

流媒体技术为传统媒体在互联网上开辟了更广阔的空间,广播电视媒体节目通过网络,使观众观看电视节目更为方便,网上音视频直播也得到广泛运用。在网络电视中,用户端根据自己的需要,通过浏览器向服务器端发起请求,在网络上观看视频节目。为了充分利用网络这一重要的传输平台,视频编码标准的目标也逐渐发生转变,由主要面向存储的MPEG-1,发展到存储与传输并重的MPEG-2,再到主要面向传输的MPEG-4,而H.264/AVC更是直接将网络抽象层定义为标准的一部分。

读取流媒体文件时,流媒体音视频文件要采用相应的封装格式,不同格式的文件需要用不同的播放器来播放。目前,流媒体文件格式并没有统一的标准,采用流媒体技术的有代表性的音视频文件主要有以下三大类[7]。

2.5.1　Microsoft公司的ASF(Advanced Stream Format)

这类文件的后缀是.asf和.wmv,与它对应的播放器是微软公司的"Media Player”。用户可以将图形、声音和动画数据组合成一个 ASF 格式的文件，也可以将其他格式的视频和音频转换为 ASF 格式，而且用户还可以通过声卡和视频捕获卡将诸如麦克风、录像机等外设的数据保存为 ASF 格式。

微软 Windows Media Video 采用的是 MPEG－4 视频压缩技术，音频方面采用的是 Windows Media Audio 技术。Windows Media 的关键核心是 MMS 协议和 ASF 数据格式，MMS 用于网络传输控制，ASF 则用于媒体内容和编码方案的打包。目前 Windows Media 在交互能力方面是三者之中最弱的，自己的 ASF 格式交互能力不强，除了通过 IE 支持 smil 之外就没有什么其他的交互能力了。Windows Media 流媒体技术的实现需要 3 个软件的支持，Windows Media 播放器、Windows Media 工具和 Windows Media 服务器。总的来说，如果使用 Windows 服务器平台，Windows Media 的费用最少。

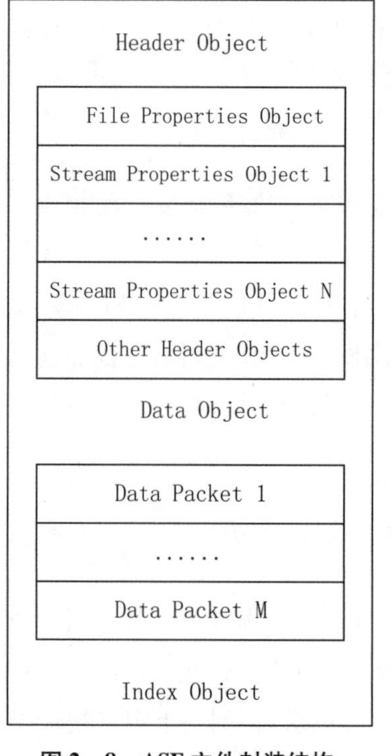

图 2－8　ASF 文件封装结构

ASF 文件由文件头对象（Head Object），数据对象（Data Object）和可选的索引对象（Index Object）三部分组成，其中文件头对象包含了该 ASF 文件的基本信息，以及存储在数据对象内的多媒体数据信息，数据对象包含了 ASF 文件所有的媒体数据。

ASF 数据对象由若干个定长的数据包（Packet）组成，媒体数据存放在一个个独立的数据包内。数据包是基于时间的，比如一个 ASF 文件播放 10 秒，则媒体数据可能包含在 100 个 Packet 中，每个 Packet 持续 100 毫秒。每个 Packet 包含若干个负荷（Payload），Payload 分属各个媒体流，通常一个 ASF 文件包含一个音频流和若干个视频流，所以数据包内媒体数据是交织的，其中索引对象是可选的。ASF 流媒体文件基本封装结构如图 2－8 所示。

2.5.2　Real Networks 公司的 Real Media

Real Media 包括 Real Audio、Real Video 和 Real Flash 三类文件，其中 Real Audio 用来传输接近 CD 音质的音频数据，Real Video 用来传输不间断的视频数据，Real Flash 则是 Real Networks 公司与 Macromedia 公司联合推出的一种高压缩比的动画格式，这类文件的后缀是. rm，文件对应的播放器是“Real Player”。

Real Media 发展的时间比较长，有很多先进的设计。如可伸缩视频技术（Scalable Video－Technology）可以根据用户电脑速度和连接质量而自动调整媒体的播放质量。

两次编码技术(Two - pass Encoding)可通过对媒体内容进行预扫描,再根据扫描的结果来编码从而提高编码质量。特别是 Sure Stream 自适应流技术,可通过一个编码流提供自动适合不同带宽用户的流播放。Real Media 音频部分采用的是 Real Audio,该编码在低带宽环境下的传输性能非常突出。Real Media 通过 smil 并结合自己的 Real-Pix 和 Real Text 技术来达到一定的交互能力和媒体控制能力。Real 流媒体技术需要3个软件的支持,Real Player 播放器、Real Producer 编辑制作、Real Server 服务器。下面分别介绍下 Real Networks 的流媒体系统的主要组成部分:

1. Real Producer:视频编码器

Real Producer 将已有的音频和视频文件或者现场采集的音频和视频信号转换成 Real 格式(一种由 Real Network 制定的专用音视频格式),最低为65Kbps,最高为 MIb-Ps,分别用于不同带宽的用户;可将 MPEG - 1、MPEG - 2、MP3 等格式的文件转换成 Real 格式的音视频。

2. Real Server:视频服务器

负责直播或点播 Real 格式的音频或视频。网上现场直播使用了一种叫 sure-stream 的技术,能让 Real Server 和 Real player 动态地根据网络带宽进行沟通,调整码流速率。

3. Real Player:客户端播放软件

除了能播放 Real 格式的媒体外,还支持 MPEG - 1、MPEG - 2、MPEG - 4 等标准格式和 Mov、Wav 等其他公司的专有格式。播放器可以通过插件的形式增加新的功能。

4. Real DRM:数字版权管理系统(Digital Right Management)

用于控制媒体的使用权限和用户身份认证,防止媒体资源被非法播放、复制和分发,保护著作权所有人的合法权益。

5. Real SDK: Real 流媒体系统的软件开发包

提供开发者扩展和自定义 Real 流媒体系统的公共接口,该 SKD 允许开发者开发基于 Real 流媒体系统的应用和插件。

Real Networks 的流媒体系统所包含的五个部分是一个成熟的流媒体系统都要包含的部分,具有普遍性。其他一些流媒体解决方案,可能各部分功能有所不同,但本质上来说,这些解决方案都是大同小异的。一个最简单的流媒体直播系统,至少也要包含媒体服务器和媒体播放器两部分。自 1995 年推出第一个 Internet 流媒体播放器以来,Internet 流媒体应用有了爆炸性增长,互联网的发展更是决定了流媒体市场的广阔前景。一个全球化的流媒体市场和竞争格局已经初步形成，如何在这个市场取得份额，成为当前诸多企业关注的焦点。各个公司的积极介入，将使流媒体市场更加活跃，更加成熟。

2.5.3　Apple 公司的 QuickTime

这类文件扩展名通常是 .mov，它所对应的播放器是“QuickTime”。QuickTime 是一个非常老牌的媒体技术集成，是数字媒体领域事实上的工业标准。QuickTime 是一个开放式的架构，包含了各种各样的流式或者非流式的媒体技术，它的技术实现基础需要 3 个软件的支持，即 QuickTime 播放器、QuickTime 编辑制作、QuickTimeStreaming 服务器。

QuickTime 是最早的视频工业标准，1999 年发布的 QuickTime4.0 版本开始支持真正的流式播放。由于 QuickTime 本身也存在着平台的便利（MacOS），因此也拥有不少的用户。QuickTime 在视频压缩上采用的是 SorensonVideo 技术，音频部分则采用 QDesignMusic 技术。QuickTime 最大的特点是具有包容性，使得它是一个完整的多媒体平台，因此，QuickTime 可以使用多种媒体技术来共同制作媒体内容。同时，它在交互性方面是三者之中最好的。例如，在一个 QuickTime 文件中可同时包含 midi、动画 gif、flash 和 smil 等格式的文件，配合 QuickTime 的 WiredSprites 互动格式，可设计出各种互动界面和动画。

具体来讲，mov 文件的基本单元是原子（atom），原子是一个独立的单元，包含自己的类型、尺寸信息和数据；mov 文件由多个原子组成，典型 mov 文件中的原子呈树状结构排列。mov 文件中包含的最主要的两个原子是：moov 原子和 mdat 原子。其中 moov 原子用于记录 mov 文件的各种信息，例如文件的长度、媒体的编解码方案，以及如何从文件中取得每一个轨（track）的媒体数据等。mdat 原子里存放的是真实媒体数据，这些数据是可以解码和播放的多媒体码流，他们按照时间顺序存放在 mdat 中。服务器必须依靠 moov 原子中的各种信息才能将 mdat 中的数据区分和辨别，即只有通过 moov 原子里提供的信息和查找数据的映射关系，服务器才能准确地获得所需要的有用数据。mov 流媒体文件基本封装结构如图 2－9 所示。

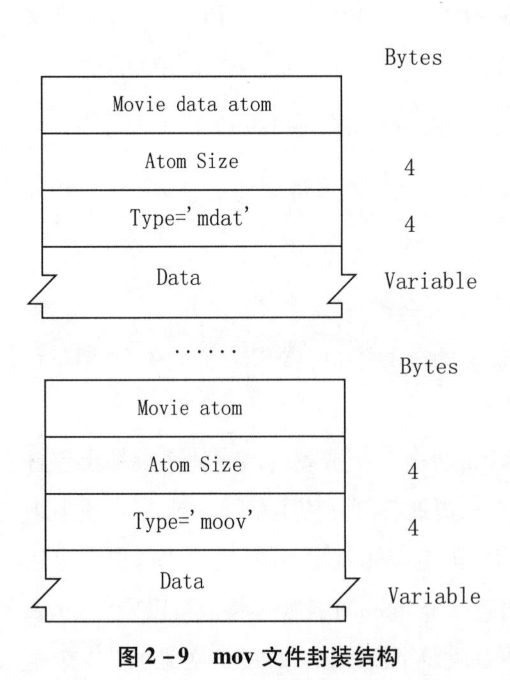

图 2－9　mov 文件封装结构

此外,MPEG、AVI、DVI、SWF 等都是适用于流媒体技术的文件格式。由于流媒体技术在一定程度上突破了网络带宽对多媒体信息传输的限制,因此被广泛运用于网上直播、网络广告、视频点播、远程教育、远程医疗、视频会议、企业培训、电子商务等多种领域。

常用的流媒体文件格式如表 2-3 所示:

表 2-3　常用流媒体文件格式

文件扩展名	媒体类型	公司	客户端播放器
asf	Advanced Streaming Format	Microsoft	Microsoft Windows Meadia Player
wmv	Windows Mesia Video	Microsoft	Microsoft Windows Meadia Player
wma	Windows Mesia Audio	Microsoft	Microsoft Windows Meadia Player
rm(rmvb)	Real Video/Audio	Real Networks	Real Player
ra	Real Audio	Real Networks	Real Player
rp	Real Pix	Real Networks	Real Player
rt	Real Text	Real Networks	Real Player
swf	ShockWave Flash	Macromedia	ShockWave 插件
qt	QuickTime	Apple	QuickTime Player

其他格式还有:

AVI:微软在 90 年代初创立的封装标准,是当时为对抗 Quicktime 格式(mov)而推出的,只能支持固定 CBR 恒定比特率编码的声音文件。

FLV: 针对于 H.263 家族的格式。

MKV:万能封装器,有良好的兼容和跨平台性、纠错性,可带 外挂字幕。

MOV: MOV 是 Quicktime 封装。

MP4:主要应用于 MPEG-4 的封装。

TS/PS: PS 封装只能在 HDDVD 原版。

2.6 小　结

本章主要在流媒体基本概念的基础上介绍了网络电视中视频的流化和封装等相关技术,包括流媒体系统的组成、视频流化时面临的问题、适合流化的视频编码技术、主要的压缩标准和流媒体封装的格式等。

目前,对网络电视来说,视频的流化封装技术还不是很完善,它同时也受制于整个流媒体系统技术的发展,比如播放系统能够支持的视频流格式有多少,对于点播、直播视频源内容播放终端的响应速度和缓冲长短有多长,流媒体传输时对网络带宽资源的利用情况如何,以及视频节目的认证和版权等问题。

参考文献

[1] http://www.isma.tv/

[2] http://www.ietf.org/

[3] http://www.baike.com/

[4] 肖友能:网络电视中的关键技术研究,复旦大学博士论文,2006。

[5] http://www.avs.org/

[6] http://www.3gpp.org/

[7] http://www.realnetworks.com/products/index.html

思考与练习

1. 流式传输技术与下载-回放技术有什么不同?

2. 试画出流媒体基本的五个分层结构,并详述每一层的基本功能。

3. 流媒体文件在流化之前为什么不适合在互联网上传输?视频文件在流化的时候面临的主要问题是什么?

4. 试举出三种适合多媒体流化的视频编码技术,并解释每种技术的主要功能。

5. MPEG-4 和 H.264 在进行视频压缩编码时有什么主要的区别?

6. 目前世界上主流的流媒体封装格式有哪些?它们有什么异同?

第 3 章　视频转码及播出技术

本章要点：

1. 视频转码的关键技术
2. 媒资管理系统
3. 播出系统组成及关键技术

随着网络视频的高速发展，视频格式的种类越来越多，大量的视频数据在不同应用环境采用了不同的视频数据编码标准。在网络电视中，由于电视机、个人电脑、手机等各种智能终端都有可能成为观看电视节目的工具，如何有效地在不同终端上为用户提供服务，实现用户和系统的完美交互，高质量的视频转码技术及相关的播出技术是关键。

3.1　视频转码技术

在网络电视系统中，一方面，不同的终端设备在存储能力、运算能力和显示能力上差别很大；另一方面，影音播放器对视频格式的支持具有局限性，而大量的视频数据又采用不同编码标准生成和存放。因此，要实现不同终端用户按照自身需求来发布和接收视频数据，就需要视频数据根据应用环境的不同在异构网络和不同终端间灵活转换。这一目标的完成需要使用视频格式转换软件对不同格式的视频文件进行码流变换，即视频转码。视频格式转换原理是通过视频格式编码规范对视频进行解码，再根据目标格式编码规范重新编码的技术。

目前，很多数字电视节目都是以 MPEG－2 多路节目传输流的形式传输，以 DVB－S/ MPEG－2 模式卫星接收，以 DVB－C/MPEG－2 有线接收，地面数字电视以 DVB－T 广播到用户端，移动终端以 DVB－H 接收，但 MPEG－2 占用带宽较高，而很多网络电视(如IPTV、手机电视和移动电视)都会把MPEG－2的节目源进行转码,采用H.264等进行传送。

3.1.1 视频转码的分类

视频转码技术的核心是利用已有的压缩视频码流,根据实际需要,快速而保质地完成另一种格式、码率、分辨率以及帧率的视频码流转换。在网络电视中,多种多样的视频文件及不同的播放平台使得视频转码技术得到了广泛的应用。视频转码技术从不同的角度有不同的分类方法[1,2,3]。

1. 按照实现方法

根据视频转码技术的使用目的及实现手段的不同,大致上可以分为两类:

(1)相同的视频编码压缩标准的码流间转换

相同视频编码标准压缩的码流间转码,指不改变编码格式,只通过转码手段改变其码流或头文件信息。

例如将MPEG－2全I帧50Mbps码流的视频数据转码为MPEG－2 IBBP帧8Mbps码流的视频数据,直接用于播出服务器播出。或者将基于SONY视频服务器头文件封装的MPEG－2全I帧50Mbps码流的视频文件,改变其头文件和封装形式,使之可以在基于MATROX系列板卡的编辑系统上直接编辑使用。

这种转码方式的复杂度较低,并且在视频工程上具有可操作性。

(2)不同视频编码压缩标准的码流间相互转换

不同视频编码压缩标准码流间的转码,指通过转码方法改变视频数据的编码标准。通常这种数据转码会改变视频数据现有码流和分辨率。

例如将基于MPEG－2格式的视频数据转换为MPEG－4或其他编码标准。转换时可以根据其转码目的,指定转码产生视频数据的码流和分辨率。可以将MPEG－2全I帧50Mbps的视频数据转换为一个300×200低分辨率的MPEG－4文件,使用REAL或者微软的WMV格式进行封装,通过互联网络传输至远端浏览器。

这种转码方式设计的算法较为复杂,其实质上是一个重新编码的过程。其算法复杂度和系统开销是由转码所需图像质量以及转码前后两种编码方式的相关度所决定的。

2. 按照作用域

视频转码按照作用域可以分为两类:像素域转码和变换域转码。

(1)像素域转码

视频转码最简单的实现方式就是将输入的压缩视频流完全解码,然后再按照输出格式的要求直接压缩成另一种格式的视频流。如将一个 MPEG－2 的视频数据转换成 MPEG－4 的视频数据,可以先将 MPEG－2 的视频解压缩成单帧的图像序列,再将其重新压缩编码成为 MPEG－4 的视频数据。这种转码方式是在像素域中进行的,被称为像素域转码。

像素域转码的结构如图 3－1 所示,其解码回路、编码回路和变换处理模块相互独立,因此在转码时具有很大的灵活性,可以很容易地实现各种技术要求的转码,包括图像尺寸变换、扫描格式变换、编码格式转换等,转码输出的视频质量较好。但是这种转码方式由于需要全解码和再编码,运算复杂度高,远远不能满足实时应用的要求。

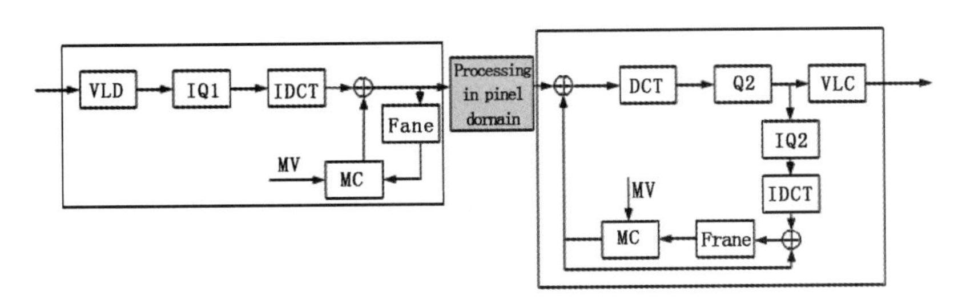

图 3－1　像素域视频转码

(2)变换域转码

现有的视频编码标准,大都采用了基于块的运动补偿的帧间预测和变换编码相结合的编码方法,各种标准之间在编码算法上有很多相通的地方,如在 DCT 变换、运动估计、运动补偿 MC 等方面有许多可以公用的地方,并不需要将其完全解码成独立的图像序列,就可利用不同编码方式间的相关性进行转码工作。于是,人们提出了一些简化变换计算的转码方法,这些方法大都是在变换域中进行的,被称为变换域转码。图 3－2 给出了的变换域为 DCT 域的转码结构,其中 MC－DCT 为 DCT 域的运动补偿。

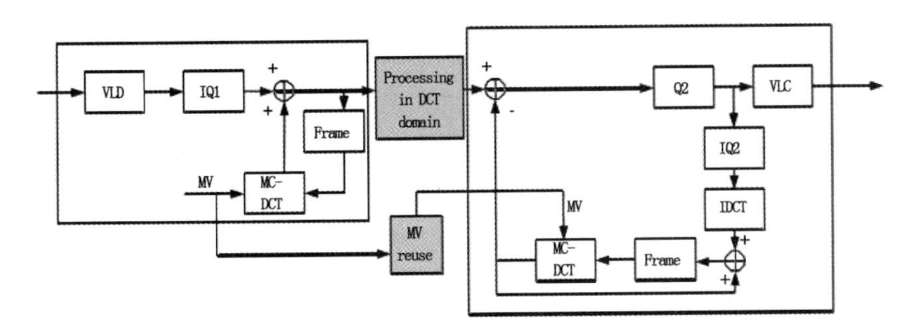

图 3－2　DCT 域视频转码

整个转码系统就只需要分别进行一次变换和反变换,且变换域的运动补偿还可以利用先前码流中的运动矢量信息,省去了运动估计和 DCT 的系统消耗。这样转码系统的复杂度大幅度降低，而实时性大幅度提高。变换域转码的缺点在于灵活性受到一定限制，例如当要求运动矢量、编码类型、分辨率等改变时，就很难采用这种体系结构。

3. 按照应用背景

根据应用背景的不同，视频转码通常可以分为：码率转码、时间分辨率转码、空间分辨率转码和语法转码等几种类型。

（1）码率转码

用户在观看网络电视时，由于网络带宽不同，需要调整输入视频的码率来满足不同带宽的需求。码率转码的目标是根据给定的目标码率重新调整压缩码流中的量化系数来降低码率，主要有开环结构的转码和闭环结构的转码两种。

（2）时间分辨率转码

由于人眼的视觉特性，对不同大小图像的连续性要求不同。对于高清晰度的视频，需要每秒50帧以上看起来才连贯舒服，而对于小尺寸的图像，帧率降低到每秒15帧都感觉不到视频的不连续性。对于网络电视来讲，观看视频的用户使用的终端也有很大差距，有时候在家中使用高清电视观看，而有时候则使用手机观看。利用终端的差异，降低时间分辨率可以应对网络拥塞等状况。时间分辨率转码又称帧率转码，主要是通过降低码流帧率来适应解码器的处理能力、存储能力以及显示能力，也是一种间接地降低码率以满足传输网络带宽要求的一种方式。

（3）空间分辨率转码

视频终端的显示能力差别很大，4K电视的空间分辨率可达到4096 * 2160，而手持终端的空间分辨率一般只是CIF格式（352 * 288），两者相差甚远，显然根据显示终端的空间分辨率来调整视频码流可以节约开销。空间分辨率转码的目标是指通过改变输入码流中图像的空间采样率，将图像从一种分辨率转换为另一种分辨率以满足视频终端显示要求。空间分辨率转码的关键技术包括：图像纹理数据下采样、新运动矢量重建、新宏块类型判定，以及转码误差消除等。

（4）语法转码

语法转码是为了解决不同的编码标准在语法上的差异，使转码后的码流遵循与输入码流不同的编码标准，以实现不同标准码流的交互，即各个标准之间的转码，又称为异类转码，而在同一种语法标准之间码流变换的码率转码、空间分辨率转码、帧率转码、抗误码转码等，通称为同类转码。异类转码过程中往往也会伴随着如图像类型、图像分辨率、帧率等同类转码技术。由于输入输出视频流的语法格式不同，语法转码的运动补偿模块会更加复杂。异类视频转码包括以下内容：①视频流的头信息调整；

②视频数据从一种语法转换为另一种语法;③因不同的视频标准、不同的系统同步所要求的必要的码流转换和填充。

3.1.2 视频转码的新技术

1. 目前视频转码面临的挑战

(1)视频数据格式更加多样化

随着三网融合的进一步推进,网络用户可以通过个人电视、电脑、手机、移动终端等多屏方式进行网络视频访问,这对网络视频提出了支持多视频格式的要求。要想达到三屏合一的境界,网络视频服务提供商需要能够向网络视频运营商提供不同编码格式视频内容(AVI、MP4、MPEG、MOV、RMVB、VOB、MKV、FLV),提供不同的视频编码速率(从 64K Kbps 、128Kbps、384Kbps、1.5Mbps、3.75Mbps 到高清的 8Mbps 或 20Mbps),提供支持不同码率和格式的媒体服务器及媒体播放器等。

(2)视频数据转码的海量化

互联网技术飞速发展的今天,传统电视节目视频可在互联网和移动互联网上播放。移动互联网的视频要想在互联网和电视上播放,互联网的视频要想在电视和移动互联网上播放,由于不同网络带宽和终端播放设备及软件的各不相同,就需要进行统一的视频转码。三网融合后,三网中的视频文件达到百亿级,供大概 2 亿网络视频用户观看,其转码的存储量达到 100PB 级,转码计算量也达到 P 级。

(3)视频网站访问高并发化

大规模的网络视频网站需要支持上千万乃至上亿的用户并发,这使网络视频运营商的建设和运维成本非常高。同时,网络用户处于不同地域,在不同地域访问网站视频内容,数据往往会跨越多个运营商网络,难免造成访问延迟和丢包丢帧,严重影响用户视频观看的质量。

2. 云计算平台

云计算是一种基于互联网的计算方式,通过互联网将资源和信息按需提供给用户,而用户不需要知道支持这些服务技术的基础设施“云”。云计算将计算任务平行分布给大量计算机组成的集群上,使所有的应用程序可以得到需要的计算能力、存储空间和各种软件服务。云计算的核心思想是大量计算资源的统一管理和调度,构成计算资源池,为用户按需服务。

云计算服务根据不同的对象分为两大类,公共云和私人云。前者是指服务范围广泛的云计算服务,一般具有社会性,公益性和普遍性等特点;而后者则一般是指社会单位为自己的需要构建自己的云计算服务模式,具有行业性的特征。从服务的类型和层次上看,云计算主要包含 IaaS、PaaS 和 SaaS 三个层次的含义:① IaaS(Infrastructure as a Service)把最基本的计算资源、存贮资源、网络资源,用虚拟化的方法以租用方式提供给用户;② PaaS(Platform as a Service)把开发、部署应用环境作为服务来提供给用户;③ SaaS(Software as a Service)采用多租赁(Multitenant)方式通过浏览器把程序传给成千上万的用户。

云计算平台中有代表性的是 Hadoop,它是 Doug Cutting(Apache Lucene 创始人)开发使用的分布式系统基础架构。我们以 Hadoop 为例,介绍下云计算平台的主要组成部分。Hadoop 充分利用集群高速运算和存储,被设计运行在商业硬件上,这就意味着用户不再受限于卖方昂贵的硬件,甚至可以从任何大范围的卖家中选择标准普通、可用的硬件来创建自己的集群。Hadoop 的主体是用 Java 写的,因此它能运行在任意一个有 JVM 的平台上,可移植性好。Hadoop 实现了 MapReduce 以及其分布式文件系统(HDFS)。MapReduce 是一种用于数据处理的编程模型,主要处理大型数据集。HDFS 是通过流数据访问大文件的文件系统,在集群上运行,拥有存储大文件的特性,具有流数据访问和多用户同时写的特点。HDFS 的块默认为 64M,比磁盘的块大,目的是为了减少寻址开销。

HDFS 集群有两种节点,以管理者 - 工作者的模式运行,即一个名称节点(管理者)和多数据节点(工作站)。名称节点管理文件系统的命名空间,它维护这个文件系统树及这个树内所有的文件。Hadoop 通过把作业分成若干个小任务来工作,其包括两种类型的任务:map 任务和 reduce 任务。有两种类型的节点控制着作业执行过程:jobtracker 和多个 tasktracker。Jobtracker 通过调度任务协调 tasktracker 上运行的作业。Tasktracker 运行任务的同时,把进度报告传送给 jobtracker,jobtracker 则记录着每项任务的整体进展情况。如果其中一个任务失败,jobtracker 可以重新调度任务到另外一个 tasktracker。Hadoop 把输入数据分成等长的小数据发送给 MapReduce,称为输入分片或分片。Hadoop 为每个分片创建一个 map 任务,由它来运行用户自定义的 map 函数并分析每个分片中的记录。

Hadoop 的容错处理机制也比较完善。当 tasktracker 崩溃或运行过于缓慢而失败时,它会停止向 jobtracker 发送心跳。Jobtracker 没有接收到 tasktracker 发送心跳,就会在等待任务调度池中删除它。Jobtracker 会通知已成功运行完成的 map 任务返回,如果是没有完成作业,因为中间输出结果的问题出在 tasktracker 上,reduce 任务也不能访问,任何正在运行的任务也将重做。即使 tasktracker 不会失败,jobtracker 也可以把它放进黑名单。如果在它上面的任务失败次数远远高于集群平均任务失败次数,它就会被放进黑名单。被放入黑名单中的 tasktracker 可以通过重启,从 jobtracker 的黑名单中被移除。jobtracker 的失败是所有失败中最严重的,但目前 Hadoop 并没有用于处理 jobtracker 失败的机制。

对于海量电视节目的网络电视来说,使用云平台处理视频格式转码,由于每一个视频任务需要同时做多次,需要构建的平台、需要的资源也比较多,适合大量用户访问。视频会被分成多个小块进行处理,系统管理也非常方便。

3. 基于云平台的分布式转码系统

分布式技术是云计算技术的显著特征之一,在云平台架构方面,分布式技术将所有服务器资源、存储资源、网络资源和软件资源等按照客户的需求进行分配和调整。采用分布式云计算技术,云平台可以在视频转码中心,同时进行几十个相互独立的视频转码进程,分别按照不同视频网站用户需求、不同格式、不同码率进行分布式转码,因此分布式云计算能保证不同类型网站用户独立、安全、高效的共享视频转码资源。

可以在基于云平台的分布式转发系统中构建分布式视频云服务平台。利用云计算技术,可以实现云直播、云转码、云存储、云推送、云播放器等云服务功能。该视频云服务平台分为三层架构:最底层是 IT 基础架构层(IAAS),中间层是平台架构层(PAAS),最上层是服务应用层(SAAS)。(1)IAAS:基础架构层提供 NAS 存储、数据库、网络资源、监控系统等基础架构系统服务功能;(2)PAAS:平台架构层提供媒资管理、系统设置、全文搜索、系统日志、播放器管理、转码服务、用户管理、统计分析等平台功能;(3)SAAS:服务应用层提供视频云直播、视频云储存、视频云转码、视频云分发、播放器云服务等功能。具体构架如图 3 -3 所示:

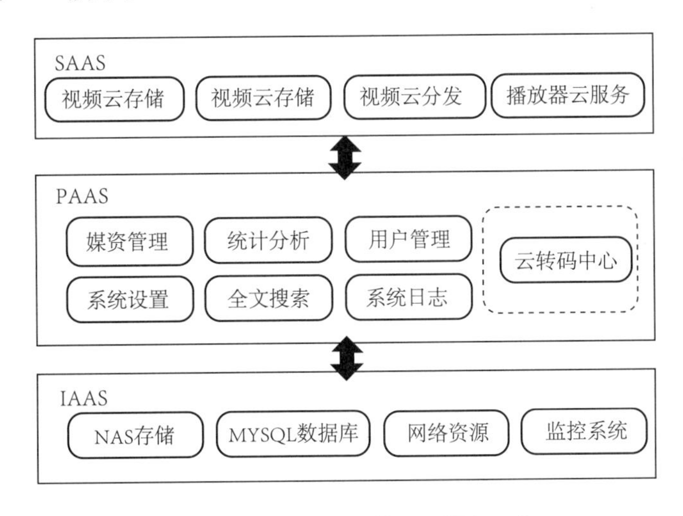

图 3 -3　分布式视频转码云服务平台

3.2　元数据规范

广播电视的发展经历了从模拟电视到数字电视又到网络电视的历程,在技术上从数字摄录、非线性编辑系统、数字虚拟演播室、数字转播车、全数字自动播出系统、计算机多媒体制作系统日益广泛使用,到逐步建立以媒体资产管理系统为平台的制、播、存、管一体化的网络,为节目制作数量、质量、效率的提高以及播出方式的变化提供了更多的支持,元数据就是伴随着媒体资产管理系统而诞生的。

3.2.1 元数据概念

元数据最本质、最抽象的定义为:关于数据的数据(data about data)。对于媒体制作领域而言,元数据可定义为:关于媒体信息的格式化的描述信息。即前一个“数据”是指记录媒体信息的数据,后一个“数据”是指该媒体信息的格式化的描述。元数据是一种广泛存在的现象,在许多其他领域也有其具体的定义和应用。

在网络电视节目制作过程中,许多重要的信息在电视制作系统和信息系统中收集、处理、展示和传播,这些信息被称为元数据。

在图书馆与信息界,元数据被定义为:提供关于信息资源或数据的一种结构化的数据,是对信息资源的结构化的描述。其作用为:描述信息资源或数据本身的特征和属性,规定数字化信息的组织方式,具有定位、发现、证明、评估、选择等功能。

在数据仓库领域中,元数据被定义为描述数据及其环境的数据,是在数据仓库建设过程中所产生的有关数据源定义、目标定义、转换规则等的关键数据。它有两方面的用途:首先,元数据能提供基于用户的信息,如记录数据项业务描述信息的元数据能帮助用户使用数据;其次,元数据能支持系统对数据的管理和维护,如关于数据项存储方法的元数据能支持系统以最有效的方式访问数据。

在软件构造领域,元数据被定义为:在程序中不被加工的对象,是通过其值的改变来改变程序行为的数据。它在运行过程中起着以解释方式控制程序行为的作用。

根据不同领域的数据特点和应用需要,90年代以来,许多元数据格式在各个不同领域出现。例如:

网络资源:Dublin Core、IAFA Template、CDF、Web Collections

文献资料:MARC(with 856 Field),Dublin Core

人文科学:TEI Header

社会科学数据集:ICPSR SGML Codebook

博物馆与艺术作品:CIMI、CDWA、RLG REACH Element Set、VRA Core

政府信息:GILS

地理空间信息:FGDC/CSDGM

数字图像:MOA2 metadata、CDL metadata、Open Archives Format、VRA Core、NISO/CLIR/RLG Technical Metadata for Images

档案库与资源集合:EAD

技术报告:RFC 1807

连续图像:MPEG - 7

不同领域的元数据处于不同的标准化阶段:在网络资源描述方面,Dublin Core 经过多年国际性努力,已经成为一个广为接受和应用的事实标准;在政府信息方面,由于美国政府大力推动和有关法律、标准的实行,GILS 已经成为政府信息描述标准,并在世界若干国家得到相当程度的应用,与此类似的还有地理空间信息处理的 FGDC/CS-DGM;在某些领域,由于技术的迅速发展变化,仍然存在多个方案竞争,典型的是数字图像的元数据,现在提出的许多标准都仍处于完善阶段。

英国的图书馆信息网络部专门对现有的多种元数据类型进行了分析和比较,并把它们分为三个级别,如表 3 - 1 所示。

表 3 - 1　元数据的三个级别

	一级	二级	三级
记录	简单格式	结构化格式	复杂格式
特征	私有(非开放的)	成为逐渐形成的标准	已成为国际标准
	全文索引	结构化字段	详细标识
记录格式	Lycos	Dublin Core	ICPSR
	Altavista	IAFA Templates	CIMI
	Yahoo etc.	RFC 1807	EAD
		SOIF	TEI
		LDIF	MARC

级别一的元数据是未经结构化的,例如:从资源中自动抽取并索引的数据,一般是由搜索引擎产生的。当利用这种元数据进行查询时,实际上是对元数据进行全文检索,因此用户必须对查出的大量资源进行筛选,这些产生的元数据没有使用适当的术语进行索引,可能会使用户错过一些潜在相关的资源。由于音视频数据中不含有文本信息,所以无法利用搜索引擎产生级别一的元数据。

级别二的元数据对其属性集的元素进行了语义定义,并且元数据已被结构化并支持字段查询。因此使用者不用对资源进行检索,就能对资源的潜在用途或重要性进行判断。更重要的是,这些简单的数据记录能让非专业用户自己来创造和维护,而不需要特定的学科知识。

级别三的元数据具有比较专业和复杂的描述格式,主要用于精确的定位和发现。它们一般应用于研究与学术活动,需要专业知识来创造和维护,以满足专家们在特定领域的要求。

3.2.2　元数据的分类及特点

1. 分类

从我国各电视台发展现状来看,元数据的功能仍未充分的展现和利用,影响了节目制作向信息化管理的进程。通过有效的管理手段,元数据能为我们节省大量时间、成本和人力,尤其在网络电视中,电视节目比以前更频繁地重复发布,在多个频道中投放的背景下,元数据可以涵盖非常广泛的应用场合,对元数据可以分为以下几种常用类型:

(1)描述性元数据:用于描述一个文献资源的内容及其与其他资源的关系的元数据。总体说来,可以认为元数据都是描述性的,但其中直接描述资源对象固有属性的一些元素,常称为描述性元数据。例如资源的名称、主题、类型等。

(2)结构性元数据:用于定义一个复杂的资源对象的物理结构,以利于导航、信息检索和显示的元数据。例如描述各个组成部分是怎样组织到一起的属性。

(3)存取控制性元数据:以保存资源对象为目的的元数据,例如与资源对象长期保存有关的属性元素。

(4)管理性元数据:以管理资源对象为目的的属性元素,通常称为管理型元数据,包括资源对象的显示、注解、使用、长期管理等方面的内容,例如:

- 所有权权限的管理;
- 产生/制作时间和方式;
- 文件类型;
- 其他技术方面的信息;
- 使用或获取方面的权限管理。

2. 特点

尽管对于元数据的定义不统一,但我们可以归纳出元数据应用的一些共同点:

(1)元数据一经建立,便可共享;

(2)元数据的结构和完整性依赖于信息资源的价值和使用环境;

(3)元数据的开发与利用环境往往是一个变化的分布式环境;

(4)元数据要求使用起来简单,一个元数据方案通常只用于描述一种或几种类似的数字对象上;

(5)元数据首先是一种编码体系,元数据是用来描述数字化信息资源的编码体系,这导致了元数据和传统的基于印刷型文献的编目体系的根本区别,元数据最为重要的特征和功能是为数字化信息资源建立一种机器可理解框架。

元数据开发应用经验表明,很难有一个统一的元数据格式来满足所有领域的数据描述需要;即使在同一个领域,也可能为了不同目的而需要不同的但可相互转换的元数据格式。同时,统一的集中计划式的元数据格式标准也不适合 Internet 环境,不利于充分利用市场机制和各方面力量。但在同一领域,应争取"标准化",在不同领域,应妥善解决不同格式的互操作问题。

3.2.3 媒体元数据的主要标准

元数据是信息系统和网络实现数据共享的关键环节,其标准化有利于促进各种信息实现规范化、标准化共享,盘活大批信息资源,减少重复建设,提高信息资源的开发利用水平,大幅度降低信息化的成本;同时,可以为各类信息系统的数据采集、存储、归档、编目、查询提供基础规范,指导有关部门、组织和个人向社会发布规范化的元数据;此外,数据字典、资源库的建立、数据的注册和术语的统一都离不开元数据标准。

Moving Picture Experts Group (MPEG), TV - Anytime Forum, DVB, Dublin Core Group, SMPTE/EBU Task Force 等组织分别提出了一些媒体元数据标准。表 3 - 2 给出了各种媒体元数据描述标准的制定机构、特点简介及应用领域。

表 3 - 2 媒体元数据主要标准

标准名称	制定机构	特点简介	应用领域
MPEG - 7	MPEG 组织	描述多媒体内容数据的标准,可支持对多媒体信息在不同程度和层次上的解释和理解,从而根据用户需要进行传递和存取。	• 数字图书馆 • 多媒体编辑 • 多媒体服务 • 广播媒体 • 电子商务 • 家庭娱乐
TV - Anytime	TV - Anytime Forum	针对多媒体数字存储设备个人数字录像机(Personal Digital Recorder, PDR) 实现个性化节目指南的电视元数据,对用户已获取的和可获取的大量视/音频信息进行处理和管理的规范。	• 个人电子节目指南 • 交互式目标广告 • 虚拟频道
DVB - SI	DVB Consortium	目前应用最广泛的电视节目元数据标准(主要在欧洲),一般情况下它只提供必需的最小的信息。	• 电子节目指南
Dublin Core Metadata	Dublin Core Metadata Initiative	通过对信息数字化及网络资源的描述、管理和定位及评估,为非专业用户提供易于掌握和使用的网络资源著录格式和更多的检索途径,从而提高网络资源的开发利用率。较全面地概括了电子资源的主要特征,简洁、规范、实用。	• 数字图书馆
SMPTE	SMPTE	用于和格式无关的节目交换。是目前在影音工业中得到广泛应用的时间码概念。该码用于设备间驱动的时间同步和计数方式。	• 电影电视节目交换

续表

标准名称	制定机构	特点简介	应用领域
SMEF	英国国家广播公司(BBC)	媒体素材交换框架,覆盖媒体文件的制作、传送、分发、管理等过程,提供以内容为中心的数据定义的初始集合。	• 广播媒体管理
P/Meta	欧洲广播联盟(EBU)	一种通用方法,在音/视频素材的制作和分发期间嵌入元数据,使与节目有关的信息标准化并便于交换。	• 广播媒体管理

1. SMEF 和 P/META

标准媒体交换框架(Standard Media Exchange Framework,SMEF)由 BBC(英国广播公司)媒体数据组开发。SMEF 最初仅是 BBC 使用的数据模型,后来发展成为一个媒体素材管理框架,即交换模型。SMEF 元数据模型包含 142 个实体和 500 个属性,覆盖了整个内容生命周期,包括媒体文件的制作、传送、分发、管理等过程,它是目前各级电视台中应用比较广泛的数据模型。

P/META 是欧洲广播联盟(EBU)的项目,其目标是开发一种通用方法,在音/视频素材的制作和分发期间嵌入元数据,使与节目有关的信息标准化并便于交换。该项目分析了广播机构、内容提供商、消费者之间的信息交换需求,以 BBC 的 SMEF 作为核心信息模型,开发出用于 EBU 成员之间进行媒体交换的商业处理框架(称为欧洲 SMEF)。该项目在媒体生产和分发过程中应用 SMPTE 的新元数据标准,研究创建针对内容和元数据的统一交换格式的可行性,并在元数据中采用了唯一标识符,作为打包媒体文件和嵌入数据流间连接的关键工具。

2. SMPTE 元数据字典

美国电影电视工程师协会(Society of Motion Picture and Television Engineers,SMPTE)开发了 SMPTE 元数据字典作为获取和交换元数据的标准。SMPTE 元数据字典主要用于和格式无关的节目交换,其应用最广泛的是影音工业中的时间码。SMPTE 元数据字典仅提出了概念模型,并没有提供具体的数据模型、编目协定或描述方案,它是一个动态的文档,支持引入新的定义,SMPTE 扮演注册组织的角色。

3. 都柏林核心集

都伯林核心(Dublin Core,DC)是由美国 OCLC 公司发起,由国际性合作组织都柏林核元数据促进会(Dublin Core Metadata Initiative,DCMI)设计,由参与合作组织的成员共同维护和修改的一种元数据方案。它是 1995 年在都柏林召开的第一次元数据会议上被提出的,以后每年都召开工作会议以讨论并完善该标准。1998 年 9 月,IETF(因特网工程专题组)接受 DC 的 15 个元素,将其作为一个正式标准予以发布(RFC

2413)。RFC 2413 是第一个正式的关于 DC 语义的说明。它阐述的 15 个 DC 元素集被看成是 DC1.0。

DC 已经被一些政府所接受,目前已有澳大利亚、加拿大、丹麦、芬兰、爱尔兰和英国等国家把 DC 当作国家级和地方级的政府官方文件描述基础。同时还有许多专业性的元数据方案是基于 DC 的,它们通过扩展其 15 个基本元素的限定词来满足在特定行业中的应用。DC 元数据主要是为了能够以比较简单的方式来描述网上各种主题的电子资源,能较好地解决网络资源的发现、控制和管理问题,使之成为一个较好的网络资源的发现描述元数据集。DC 被认为是网上最有发展前景的元数据之一。

4. DVB - SI

DVB - SI(服务信息)是针对数字电视的元数据。服务信息与广播信号(视频内容)一起发送到用户端,用 TS(传输流)包运送 SI 各个部分,不同的包标识符用来识别 SI 中不同的部分。服务信息帮助接收器/解码器或观众浏览其提供的数字服务。

DVB - SI 是目前应用最广泛的电视节目元数据标准(主要在欧洲),它的潜力仍很大。但是,DVB - SI 提供的描述性工具在实际中并没有得到充分利用,经常没有使用内容描述符对节目进行分类,仅简单提供当前和接下来的事件信息,而不提供几天内以及多个频道的节目信息,导致观众不知道接下来或其他频道都有哪些节目。此外,DVB - SI 以二进制形式与视频内容一同发送给用户,不易扩展,互操作性差。

5. TV - Anytime

TV - Anytime 是由 TV - Anytime Forum 提出的,是针对多媒体数字存储设备 PDR(个人数字录像机)实现个性化节目指南的电视元数据,是对用户已获取的和可获取的大量音视频信息进行处理和管理的规范。它采用 CRID(内容标识符)来描述节目,通过位置解析,根据每个节目所特有的 CRID 来获取节目信息。它不受节目播放时间的限制,使用户可在需要时,以自己喜欢的方式,收看想看的节目。TV - Anytime 的目标是不仅能使观众浏览节目信息,还能符合广告商以及电视价值链中所有成员的利益,包括内容创作者、广播商、网络运营商、存储设备制造商。

TV - Anytime 的核心是三个规范:内容参考、元数据、版权管理和保护。TV - Anytime 定义了三种类型的元数据:内容描述元数据、实例描述元数据、用户描述元数据。内容描述元数据包括节目名称、类别、概要等;实例描述元数据包括位置或者称为播放事件(播放时间、频道)、使用规则、传输参数等;用户描述元数据包括用户偏好、观看历史、个人书签等。TV - Anytime 元数据规范基于 MPEG - 7 的描述定义语言、描述方案和描述符,与 MPEG - 7 类似,为了便于信息交换以及与其他标准的互操作,TV - Anytime 采用 XML 作为元数据文本表示机制,同时也提供二进制表示。

在广播与通信融合的时代，面对多媒体节目互通系统的实现，TV－Anytime 标准规定了重要的技术概念和框架结构。TV－Anytime 高级网络扩展系统模式如图 3－4 所示，该模式可实现广播业务与通信业务的真正融合，接收终端可以根据 Internet 链路信息，自动存储 Web 上的信息，与广播节目形成联动，这是制定该标准的最终目标。

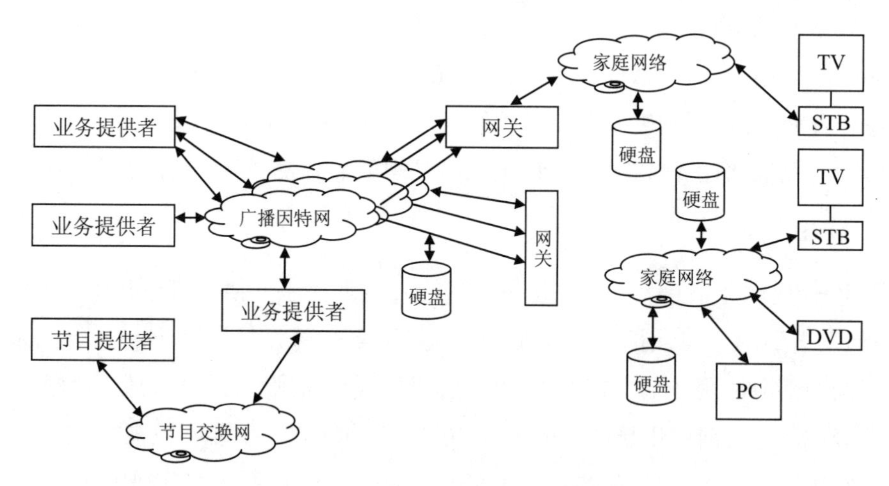

图 3－4　TV－Anytime 高级网络扩展系统模式

6. MPEG－7

“多媒体内容描述接口”（Multimedia Content Description Interface），是运动图像专家组（Moving Picture Experts Group，MPEG）提出的用来描述多媒体内容的标准，简称为 MPEG－7。其目标是创建一种描述多媒体内容数据的标准，满足实时、非实时以及推－拉应用的需求。这种描述能对信息的内涵进行某种程度上的解释，而且能被计算机或其他信息设备传递或访问。

MPEG－7 并不是为内容描述提供一个单一的、一成不变的系统，而是为不同的音视频内容描述方法提供一系列的手段和工具。以此为原则，MPEG－7 将其他多种标准纳入了考虑范围，如 SMPTE 元数据字典，Dublin 核心元数据，P/Meta 和 TV－Anytime。这些标准都是侧重于具体的应用或应用领域的，MPEG－7 则要尽可能保证通用性，从而实现描述工具的可扩展性。MPEG－7 于 2001 年正式成为国际标准 ISO/IEC 15938，MPEG－7 的功能与其他 MPEG 标准互为补充，MPEG－1、MPEG－2 和 MPEG－4 是内容本身的表示，使信息内容变得可用，而 MPEG－7 是有关内容的信息，可以使用户找到想要的信息内容。MPEG－7 可以独立于其他 MPEG 标准来使用，甚至可以用来描述模拟电影。

MPEG－7 可以在不同的感知和语义的级别上描述音视频内容，一般来说，低级别的特征（如颜色和结构性特征）可由程序自动提取，而高级别的特征，尤其是语义信息，则需要更多的人工交互。MPEG－7 内容描述的处理流程分为三步：(1)特征提取；(2)MPEG－7 内容描述；(3)检索引擎。特征提取和检索引擎这两部分不属于 MPEG－7 标准化的范畴，这是因为特征提取和检索服务等技术的研究还有待继续发展，其标准化的时机也尚未成熟，所以 MPEG－7 保留这两部分的工作以鼓励业界的竞争并促进技术的进步。

7. 新标准规范

2013 年初，国际电信联盟(ITU)与国际电工委员会(IEC)合作完成了一项新的元数据标准，实现了网络电视(IPTV)业务中版权信息的互操作性。该标准为拥有版权等的通信数据提供了一个框架，进而确保多媒体内容能够在不同的平台上做到合法共享。

ITU－T H.751 建议《IPTV 业务中版权信息互操作性的元数据》与 IEC 62698《多媒体家庭服务器系统 － IPTV 版权信息互操作性》在技术上保持一致。两个标准是 IEC TC100(音频、视频和多媒体系统与设备技术委员会)与 ITU－T SG16(多媒体编码、系统和应用第 16 研究组)专家间合作的产物。

“元数据”在 ITU－T Y.1901 建议中的定义是“描述信息承载实体特性帮助识别、发现、评价和管理被描述实体的结构化的、编码的数据”。IPTV 元数据是多媒体业务和内容的信息，为管理包括音频、视频、文本、图形和数据等 IPTV 业务提供了描述性和结构化的框架。“版权信息元数据”特指那些授予终端用户多媒体内容版权，规定包括允许看/听、复制、修改、记录、引用、举例、储存或分发内容的预定义“使用功能”，允许内容播放、观看和听取的时间限制以及关于付费义务的信息。

ITU－T H.751 和 IEC 62698 为弹性数字分配提供了明确的机制和规则，允许内容的简单交换、帮助服务提供商实现版权信息的共同解释及整合。新标准以互操作性为目标，确保服务提供商和设备制造商能够在当前的内容管理系统中轻松实现版权信息的互换。新标准为版权信息互操作(RII)元数据给出了高水平的规范，定义了 RII 的通用场景和核心要素。新标准中还规范了用于连接版权相关元数据的版权相关信息，如“内容 ID”“许可发行人 ID”和“许可接收人 ID”。ITU－T H.751 和 IEC 62698 中包含的版权信息包括版权以及 ITU T H.750 建议《IPTV 业务元数据的高级要求》中描述的与安全相关的元数据。

3.2.4　元数据的格式

有多种技术可用来实现元数据的存储和交换，比较通用的有以下几种：XML、UMID、MXF 和 AAF。其中 UMID、MXF、AAF 由广播工业机构研发并为广播电视应用优化的数据格式。XML 则是一种通用的 IT 技术，由 W3C 组织管理,已经被 MPEG－7 和 MPEG－21 标准采用,用于描述媒体文件,在广电领域内的应用也在迅速发展中。

（1）XML（eXtensible Markup Language）：可扩展标记语言,很容易通过文件或者网络交换或传递。XML 的优点是其开放性,因简单易行得到广泛的支持,现时有许多的 XML 工具可用来方便的读写 XML 信息,开发成本低,研发周期短。XML 的弱点则是相对冗长的代码量导致带宽、存储效率较低,幸运的是这两方面的成本都在快速下降。另外,必要时也可以将其转化为 BiM 格式二进制文本,改善这方面的性能。XML 是一种基础编码技术,并非针对广电业务设计,因此,如同在其他应用场合一样,使用 XML 技术必须首先进行数据建模。

（2）UMID（Unique Material IDentifier）：是标准化的实体数据标签（Label）。其意义在于,与元数据直接交织在媒体数据中相比,UMID 是一种关于媒体文件的可被查找的标识符,或者说是媒体文件存放在数据库中的一个指针。其优点是不需要（尤其是没有必需的存放空间时）直接将元数据存放在磁带或者数据流中。而缺点是,相应的,需要一个数据库软件负责在制播环节的许多个点上操作 UMID 数据,这被认为是个相当复杂的数据库设计,至今还没有定论在实际的制播链路上是否可行。因此, UMID 目前还是用在工作流程中局部使用,如拍摄、上载环节。

（3）MXF（Material Exchange Format）流媒体文件格式：采用了将元数据和实体数据直接绑定在一个文件中的方式。同时,MXF 也被设计为可用的流媒体格式。MXF 最大的优点是元数据和实体数据的捆绑,可以贯穿在制播的全局使用,可以在包括文件和流媒体的系统之间跨系统使用。现存的文件系统都可以储存和传输 MXF,因此, MXF 是广电业务中相当重要的关键技术。

（4）AAF（Advanced Authoring Format）：此框架定义了丰富的元数据描述,可用于记录描述制作过程中的信息,如素材的编辑结构信息等,可以将完整项目或是半成品在制作环节之间或者制作平台之间交换。AAF 可视为 MXF 的父集合,完全包含 MXF 的内容,同时还定义相对完整的结构元数据对象,可以完整地描述制作项目。基于业内大多数主要技术厂商的直接支持,AAF 将成为制作领域内关键性的技术。

在进行电视节目制作过程的每一个环节,都可能会收集元数据,或者是使用元数据。通常,与使用现成的数据信息相比,收集信息环节都是需要付出更多的努力,所以这些环节需要提供有效的实施手段,尽可能地降低其复杂程度。

3.2.5 元数据的规范方法

对元数据进行规范的行为叫"编目"。编目工作分为著录和标引。编目的目的是为了更好地检索,所以,为检索服务的编目是检索的基础。因此,怎样选择一个合适的编目结构,对于日后的使用和检索至关重要。编目系统往往是系统管理运行中占用资源较多的一个环节,该环节设计的好坏,直接影响到系统的整体运行效率。

1. 编目的作用

(1)有利于信息的有序化和系统化;

(2)有利于信息检索和信息的再利用;

(3)有利于数据交换和信息资源共享。

2. 标题

标引工作比较繁琐,一般的编目数据库结构具备十个甚至上百个字段,而这些字段的内容有些是非常简单的物理特征,而有些则需要编目人员具有高度的专业知识才能完成标引。一般来说,媒体资料的标引可以从总体上分为几个层面:

(1)基本层:描述媒体资料的物理特征,例如:磁带的排架号、磁带类别、编码格式、时间长度等;

(2)信息层:描述媒体资料的信息特征,例如:节目名称、制作部门、播出方式等;

(3)具体内容层:描述媒体信息的具体内容,例如:子节目名称、相关责任人等;

(4)主题层:描述每个具体内容的主体和分类,例如:主题词、分类号、场景描述、镜头描述等;

(5)深入主题层:对于一些较为专业的内容进行深层次多手段的描述(非文字方式)。

3. 多层次编目的优点

不同的资料在编目过程中的处理方式并不相同,用户可根据自身的需要进行不同类别的多层次编目,例如:某些对用户不太重要的资料可以只进行到具体内容的编目即可满足检索要求,而某些非常重要的资料可以继续进行主题的标引描述,各个层次在编目过程中并不独立。采用多层次的编目具备以下优点:

(1)编目结构和工作流程清晰;

(2)资源使用效率较高,专业编目人员可以只从事高层次编目工作,避免资源浪费;

(3)数据处理层层把关,编目质量较易控制;

(4)编目责任明确,工作管理较为方便;

(5)在层次化编目的基础上,系统同时引入编目签章和审核签章的概念,用于控制编目流程与编目质量,每个编目人员根据自身的签章权限,可以对已经完成的内容进行签章确认。这样的管理方式使得数据层层受检,大大降低了出现错误的概率。

因此,层次化编目可以充分利用现有的资源,实现数据质量的控制和管理,是一个很好的解决方案。

4. 编目重点

根据音视频资料不同的分类方法,编目重点各异:

(1)从节目类型方面看

电视台的节目资料一般分为新闻、素材、综艺、专题、体育、影视等类型,电视台的媒资重点也会根据节目的重要度分先后,一般情况是具有自主知识产权的、利用价值高的节目资料为重点编目项目,比如新闻节目、素材和专题。相对而言,综艺类、影视或体育类节目重播率较高,编目要求则简单,时间上也无紧迫感。

(2)从历史年限看

从节目生产历程来看,电视台的资料无非是历史资料和即时产生的节目资料。对于已建有媒资网(或者制作网、新闻网)的单位来说,历史资料需要上载、入库再编目,这个工程比较浩大。同时,每天不断新增一定数量的新节目,如不及时处理,它们也会成为历史资料而积压在媒资库。因磁带老化问题,磁带资料的数字化编目工作比较紧迫。

(3)从资料管理利用方式来看

音像资料保管单位,因其职能不同,资料管理利用方式上也存在一定差异,综合而言,主要有三种:

- 节目生产型:主要是与日常节目生产密切相连,比如新闻共享系统。它的编目工作特点是及时编目,即时提供节目制作。
- 资料馆型:主要工作是对历史节目资料的管理,其编目工作特点是对历史资料的规范化、规模化操作。
- 综合型:资料管理单位既与日常生产密切联系,同时还肩负电视台所有历史资料的管理,集生产与管理于一体。综合型资料管理单位的编目工作特点是:消化当日生产,及时提供利用;抢救历史资料,挖掘历史资源。

(4)从实施方式看

从编目实施地点来看,一般分为本地编目和异地编目。本地编目是指在自有的媒资系统平台开展编目工作。比如中央台新闻共享系统、中央台音像资料馆、上海文广新闻传媒集团。异地编目是指在自有媒资系统以外的系统上开展。异地编目又因在数字化和编目标引流程上的不同,有两种方式:

- 上载、编目全在异地方式。顾名思义,将磁带运输到异地编目系统,上载、编目一气呵成。编目工作完成后,将磁带、含有高码率的数据流磁带和编目信息一同交还电视台。数据流磁带放入电视台带库内,编目信息导入数据库即可。

- 本地上载,异地编目方式。电视台/电台的历史资料受日常生产利用因素限制,不能将磁带全部运输到异地实施数字化上载和编目工作,为此,部分电视台将上载工作放在本地实施,而编目则在异地开展,主要是将低码率文件和相关编目信息导出到异地编目系统,等编目数据完成后再导入电视台媒资系统。

媒体资产管理系统的数据编目必须同时支持自动和手动两种方式。自动方式主要用于基本编目数据的提取,应能自动提取切换镜头的转换帧,应能自动继承业务系统中产生的元数据,如素材的压缩格式、时码、人员信息等,手动来配合自动方式使用。

3.3 媒资管理

所谓媒资,是指媒体运行发展过程中积累下来的一些有形无形的资产。媒资中有些是珍藏多年的资料,有些是独一无二的资源,其价值甚至已经远远超过电视台固定资产的价值。媒体资产的管理是媒体建设发展中一个重要的部分,每个电视台都有一套自己的媒体资产管理方式。传统的媒体资产管理中,节目制作中产生的成片、素材以及故事板等资源往往以音视频信号磁带来保存,但随着电视制作节目方式的变化,及网络电视的迅速发展,需要存储的节目内容包括了多格式的音视频素材、文件、图文字幕、资料文档等各类媒体形式,传统的存储管理方式已经无法满足广电技术发展信息化、现代化、科技化的需求,电视行业需要一套适应广播电视发展的统一化、网络化的节目内容管理系统。

3.3.1 媒资管理系统的结构

广播电视体系的媒资管理系统,是为了对各类文字、图片、视频、音频等媒资内容进行管理而建立的一种信息化平台,能通过数字化存储、编目检索、回调使用、资源发布等实现对媒资进行统一管理。虽然媒资系统发展至今已经衍生出多种类型,但媒资管理系统总体层次结构是大体相同的。从技术架构角度上看,媒体资产管理系统的核心功能模块包括数据层、中间层和应用层三个层次(如图3-5)。

1. 数据层

数据层负责系统中的媒体数据的存储和传输。该层次模块是媒资管理系统的硬件环境,它包括存储和网络两大系统:

(1)存储系统:媒体数据的数据量非常大,特别是对于电视台来说,每天的媒体信息吞吐量非常大。对于海量数据存储首先有一个安全性的问题,要保证在系统不中断的情况下及时发现并纠正错误,维护系统的稳定安全运行;其次,在媒体数据的不同使

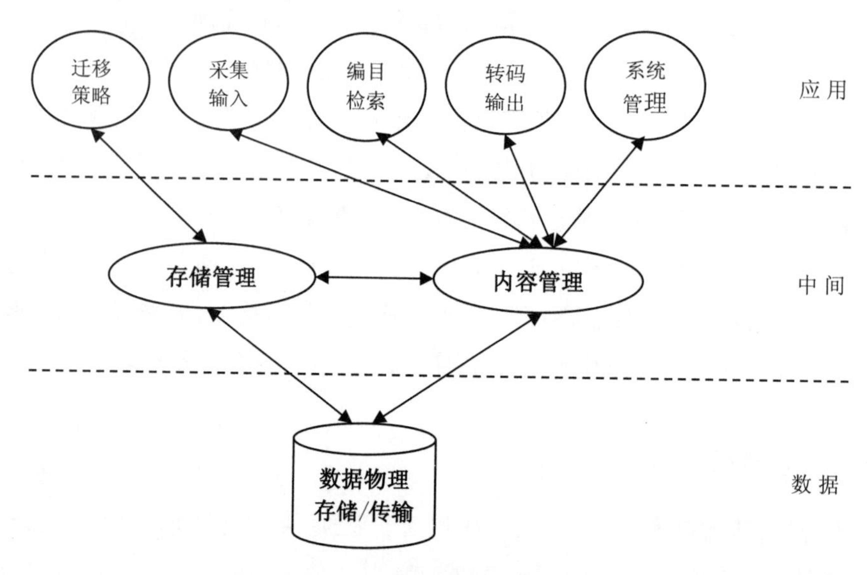

图3-5 媒资管理系统的层次

用阶段的使用要求是不同的,因此,需要一个经济有效的数据存储方式。这种方式就是所谓的三级存储方式,采用在线、近线、离线的方式管理媒体数据。

(2)网络系统:由于整个系统是由多个服务器、多个客户端及多个数据存储器所组成,它们的运行需要通过网络传递各种媒体数据,即整个媒资管理系统是架构在高性能的网络系统之上的。由于媒体数据具有数据量大和实时性要求高等特点,而且在媒体数据使用的不同阶段对网络的需求也有所不同,所以媒资管理系统的网络环境比较复杂,一般采用局域网和城域网相结合的混合网络模式,而且还要满足广域网的数据传送要求,以求最大限度地满足编辑与播出的需求。

2. *中间层*

中间层是媒资管理系统的核心层,一方面是应用层各模块的运行平台,另一方面肩负着数据层管理的职责。其主要模块是内容管理与存储管理。

内容管理负责对系统的元数据和媒体数据进行管理,响应所有应用层面的数据请求,并通过对资源及流程的管理满足应用层各应用模块对媒体数据访问的需求。内容管理所包含的功能比较多,如媒体信息生命期的管理、工作流管理、版权管理等等。

存储管理是完成对媒体数据的存放、提取、迁移及安全的需求。存储管理通过存储迁移策略以及内容管理的数据I/O请求进行媒体数据的存储管理,并直接将媒体数据发送到应用层。

3. *应用层*

应用层主要包括系统所有与业务相关的应用软件,如:采集、编目、检索、数据迁移、转码、系统管理等。应用层根据业务的需求以及实际的工作流程向中间层发出数据对象请求,中间层接到请求后进行相应的处理并将处理结果返回应用层。

这些应用可称为服务,下面介绍几个常用的服务:

(1)采集:负责媒体数据的上载录入。这个采集模块通常包括录像机上载、卫星收录、直播节目录制、网络文件接收等多种方式。

(2)编目标引:按照编目标准对上载素材进行编目标引。编目标引是对媒体数据的分类管理,编目标引的过程就是元数据著录的过程,为基于元数据的媒体数据检索提供方便。

(3)数据迁移:由于媒体数据存储的存储方式有多种,如在线、近线和离线方式,分别对应媒体数据的不同使用需求。媒体数据需要在不同存储介质之间进行数据迁移,这个迁移可以按照事先设计好的策略自动进行。

(4)检索:检索是为了将所需要的媒体数据查找出来。检索分为两种方式,一是基于元数据的检索,另一种是基于媒体内容的检索。基于媒体内容的检索即根据所要检索的媒体内容特征到库存媒体数据中去查找。

(5)发布:负责媒体数据的下载输出。媒体数据发布的方式有多种,例如:文件拷贝、录像机录制、流媒体输出、光盘刻录等等。发布的过程就是实现资产价值过程。

3.3.2　媒资管理系统的应用模式

我们知道,媒资管理系统源自数字图书馆技术,这种资料共享的模式移植到广电行业自然就成了资料馆型的媒资系统。随着媒资管理技术的深入发展,电视台各部门都希望使用媒资系统来改善数字化工作方式,提高自动化水平。于是就诞生了各种类型的媒资系统。由于在各个电视台的媒资建设的规模不同,使用要求也有差异,所以其工作模式也多种多样。尤其到了网络电视诞生以后,每套系统的要求都不完全一样,媒体资产管理系统的主要应用模式可划分为以下两类:

1. 资料馆型媒资系统

这类媒体资产管理系统通常相对其他生产系统比较独立,或通过较为松散的耦合方式进行一些资源交互,以节目资料长期保存、稳定地提供节目或素材为主。此种类型的媒资系统主要是为电视台的后期制作系统服务。典型的案例如中国广播电视音像资料馆等。这类媒体资产管理系统主要包含以下几个特点:

- 系统存储容量巨大,资料类型较为全面,并以成品节目存储为主;
- 面向的用户类型广泛,数据再利用模式不确定;
- 针对系统节目资料的检索需求较高,检索手段多样;

- 可以对外开放，支持非特定人员或非特定需求的检索需求。

音像节目资料馆由于定位在资料的长期馆藏存储，并面向社会，因此节目类型收集一般较全且种类较多。另外，这种类型的音视频节目资料存储管理系统虽然也承担着电视台内部的资料保存和再利用业务，但由于同时面向的用户层面更广，因此在数据再利用模式上也非常灵活且不确定，并由此带来对系统在检索等方面的要求也就较高。

2. 生产型媒资系统

这种类型的媒资管理系统，与业务系统结合紧密，针对内容生命周期中某个或者某些环节，以提高相应环节的处理效率和质量为主要目的。此类媒资管理系统根据业务不同分成各种不同用途的媒资系统，如：

- 支持新闻及制作的媒资管理系统——新闻媒资系统。
- 支持后期节目制作的媒资管理系统——后期制作媒资系统。
- 支持播出业务的媒资管理系统——播出媒资系统。

新闻媒资系统是典型的生产型媒资系统，是直接为一线的新闻节目制作系统（制播系统）提供服务的媒资系统，其业务定位与节目制作的特点息息相关，强调的是资料的快速回调和及时更新，注重的是资料的交换速度。新闻媒资系统的建立用流程管理促使新闻节目的生产按照严格的生产线方式进行节目生产，起到了提高生产效率、减少差错的作用。资料馆型媒资系统比较容易界定，而生产型媒资系统则应用环境复杂，构建差异较大。

3.3.3 媒资系统的整体设计

媒体资产管理系统主要用于对具有保存价值的音视频节目及素材进行收集、整理、存储和开发再利用，一般涉及音视频资料数字化、资料的存储、编目、管理、检索和发布等主要功能。不同业务系统的用户通过统一认证授权，可以随时随地访问媒体资产管理系统，方便地检索查询到他们想要的节目资料，并通过良好的素材输出接口，实现网上调阅、资源共享、再利用和远距离传输，甚至实现节目的网上发布、交换出售等增值服务。

从目前发展趋势来看，电视台的媒体资产管理系统逐渐定位于全台业务的基础，与其他业务系统的关系如图 3－6 所示。

由于媒资系统与各种业务系统交互，为了确保各自业务系统的独立性和灵活性，必须要做到边界清晰、功能明确、协同运作、易于调整，因此，良好的体系架构十分重要。

业内的主流厂商大多采用了以面向服务体系架构（SOA）为基础的设计。SOA 要

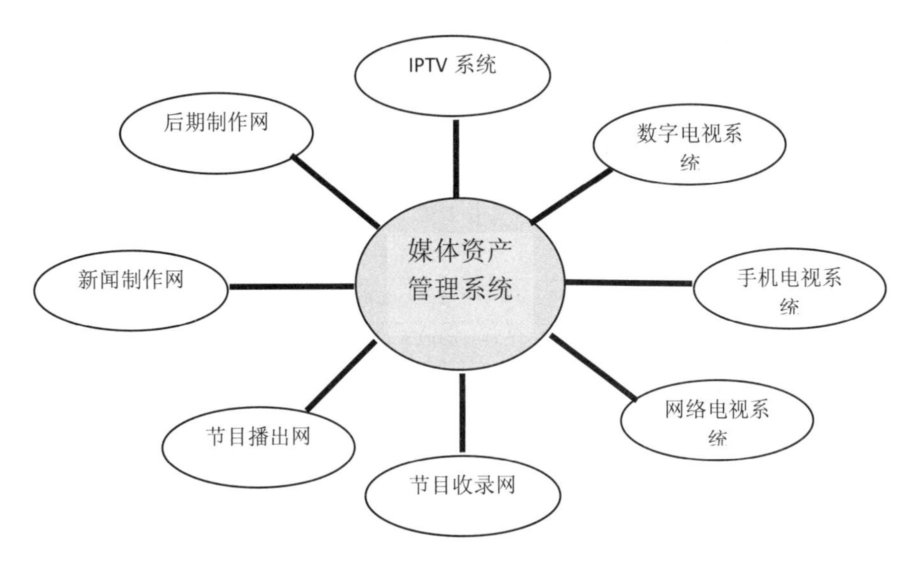

图 3－6　电视台以媒资系统为核心的架构

求将各个应用系统的功能都封装为一种服务组件，通过开放的 XML 语言来定义功能模块的服务接口。SOA 强调服务之间的连接是一个松耦合的模式，利用 ESB 将所有的应用系统连接起来，通过流程服务来对总线上所有的服务进行整合，以完成企业的具体业务应用。在这种结构下，当某一个应用系统发生改变的时候，只需要开发一个接口，将改变后的系统接入企业服务总线就可以正常工作了。

Web 服务是实现面向服务体系架构的典型方式，各功能模块以 Web 服务的模式对外提供接口。应用系统通过组合这些公开的 Web 服务，来实现实际的业务流程。ESB 企业服务总线负责服务路由、协议转换和质量监控等。各业务服务子系统接入到同一的 ESB 服务总线中，通过 ESB 进行服务的路由和管理。符合 SOA 规范的子系统可直接连接到 ESB 中，一些传统的子系统则可以通过相应的适配器进行协议转换，再连入 ESB 中。电视台业务系统整合的典型框架如图 3－7 所示。

基于 SOA 设计的媒资系统，将面向电视台内部所有的业务应用，提供统一的内容管理服务，从而实现：

- 不同的编目细则，统一的编目实现手段；
- 不同的应用对象，统一的用户访问门户；
- 不同的存储位置，统一的媒体资产管理；
- 不同的数据格式，统一的数据展现形式；
- 不同的应用范畴，统一的服务调用方法；
- 将内容管理与数据交换相结合，扩大媒资面向的对象；
- 可灵活定制的工作流组件，根据业务流程进行调整。

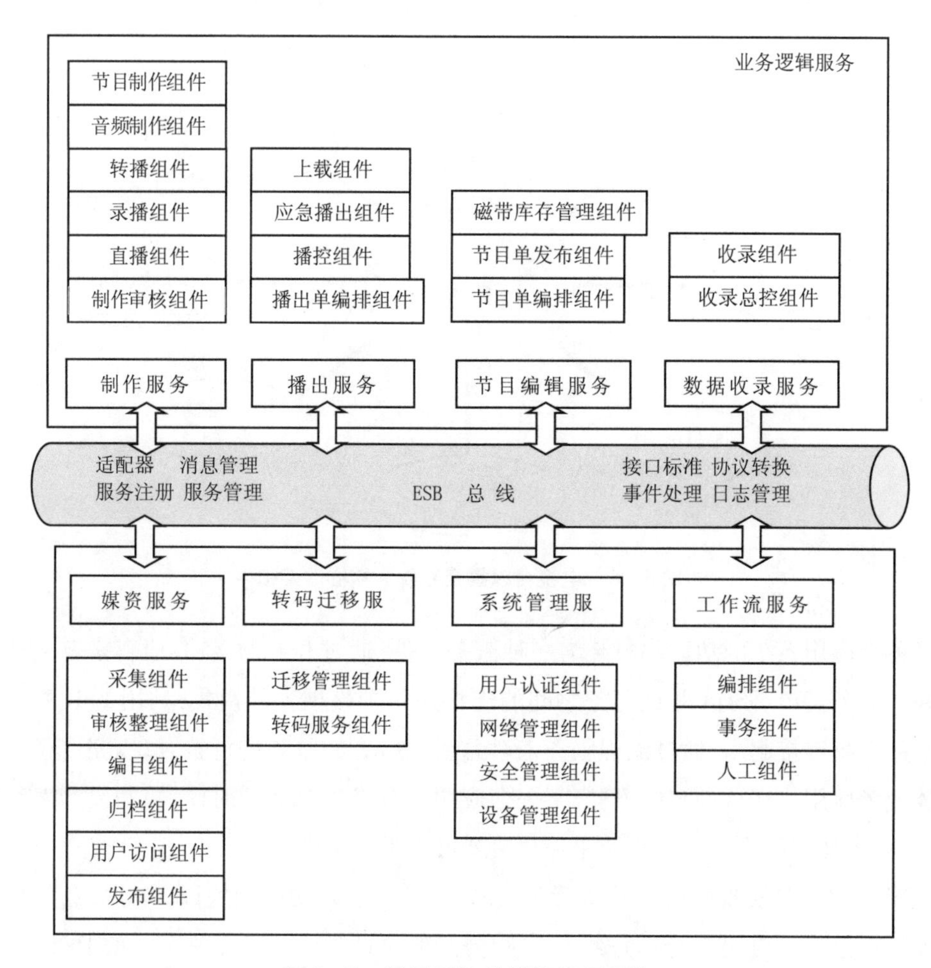

图 3－7　基于 ESB 的媒资管理系统

这种面向 SOA 的媒资系统，一般具有模块化程度高、适应性强、稳定可靠等优点，整个系统根据用户需求可分解成内容采集整理、编目、检索、存储管理和网管等子系统。

3.3.4　基于网络电视的新媒资管理

网络电视的出现对媒资管理系统提出了更高的要求，需要针对网络电视的特点而设计新媒资系统，新媒资管理系统可以为 IPTV、互联网电视、手机电视等业务提供一整套的内容资产管理，并专门针对音视频媒体文件的采集、存储、转码、审核、分发等环节而有相应的设计，功能更加灵活和完备。基于网络电视新媒资管理系统是在传统广播电视媒资管理系统上的个性化设计和升级，应该能提供以下几个基本功能：

(1)多格式、多码流的转码

在内容资产的生产过程中，根据不同的业务需求（如 IPTV、互联网电视、手机电视等需要不同格式的内容)，系统实行多格式实时转码。

(2)完备的技审流程

为了保证内容安全，系统可根据业务需求配置审核工位，对内容资产做在线技审、元数据审核等，并及时反馈审核状态。

(3)实时的监控

系统对每一个工位进行实时监控，及时记录每一个工位的生产状况，帮助工作人员及时了解系统状态。

(4)完善的还原备份

系统对媒体文件的还原、备份具有完善的管理体制，可根据业务需求进行实时调度。大幅度提高了媒体文件的还原备份效率。

3.4　播出系统

电视播出作为电视台工作的最后一道流程，任务是将电视节目传输到外面的世界去，是电视台和观众见面的一个窗口。播出系统是电视台的核心业务系统，安全性是播控系统设计的永恒主题。一个合理的硬盘播出系统应在满足电视台各频硬盘播控要求的前提下，综合考虑系统的安全性、应急能力、播出功能、与电视台其他系统的兼容、播出功能的扩展等技术指标，还要针对电视台播出流程和管理模式，设计出适合电视台控制及管理软件系统，这是一个庞大的体系。

3.4.1　电视台典型播出系统框架

随着互联网技术的高速发展，电视播出系统数字化、网络化的步伐也是越走越快。早期数字播出系统由硬盘播出、播控、总控、传输编码等环节构成，播出的节目主要采用直播或本地信号上载的方式形成信号源。但随着《中国电视台数字化网络化建设白皮书》的发布，不少广电媒体正在进行制播系统的网络化建设和改造。在收录采集、新闻网络、综合制作、媒资网络等生产业务板块建立后，播出系统通过增加内容管理系统作为文件交换接口，用媒体文件的传输取代以磁带为介质的节目传输，打通了各板块与播出之间的环节，播出系统的工作模式也由独立工作方式发展成为多部门协同工作的模式。目前，电视台采用的典型播出系统如图3－8所示。

3.4.2　网络电视播出系统特性

网络电视的概念融合了广电NGB的VOD电视、IPTV、OTT TV等系统，是一个复杂和全新的系统，其功能和要求都对传统电视台的播出系统提出了挑战。基于网络电

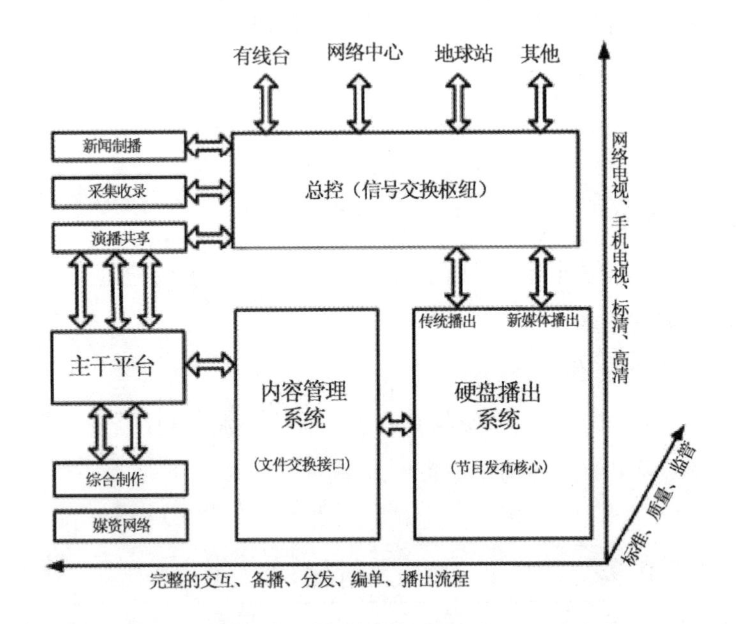

图 3－8　电视台典型播出系统

视的播出系统在保障系统安全的前提下，进行了很多的技术更新，应具有以下特性[10,11]：

1. 全台交互、互联互通

近些年，很多省市电视台都建立了自己的全台网系统，并通过网络化的手段实现了素材、文稿、串联单、工程文件等媒体资源的共享，有效地降低了节目制作成本，实现了制播业务流程化，并因此改善了节目制播的生产手段，提高了节目制播的管理水平。

在条件允许的情况下，将多年来一直处于孤岛式地位的播出系统融入到全台制播体系中，与制作、新闻、媒资等板块形成安全高效的交互，是现代网络电视播出系统设计阶段首先要考虑的问题。互联互通接口体系由网络层、信号层、媒体数据层、媒体信息层、应用层等五个层次组成，包括全台网架构分析、媒体对象实体定义、服务接口规范制定方法等等。

2. 重点频道、分级保障

在系统设计阶段，资金投入量很大程度上决定了最终的系统方案，在有限资金下，现代播出系统的设计应采用重点频道、分级保障的策略。分级保障主要体现在分频道设计上，根据频道的重要程度，采取不同安全级别的播控系统设计方案，既对重要频道安全播出提供足够的保障，又考虑到整体系统的经济适用性。判断频道的重要程度，可从频道宣传重要性、创收任务、日常播出事务量、直播节目数量、人员配置等多方面综合考虑。一般情况下，我们可以将卫星频道定义为一级保障、地面频道为二级保障、数字付费频道为三级保障。

3. 上载分离、备份升级

在早期的设计方案中，无论基于 Pinnacle MSS 系列，还是 GVG Profile，抑或是国产视频服务器，比较流行的做法是充分利用内置于服务器主机内的编解码通道，同一台服务器既做上载，又负责播出。此种设计方案在当时的确有较大的优点，比如上载播出共享，节省存储空间、减少上载播出间的迁移带宽消耗等，但上载与播出通道在后期运维过程中互相影响也是不争的事实。随着技术发展、设备性价比大幅度提升，存储和带宽的技术问题将不再是阻碍。

近年来，上载播出分离设计的方法开始使用，图 3 －9 是上载播出分离的硬盘播出系统架构图。

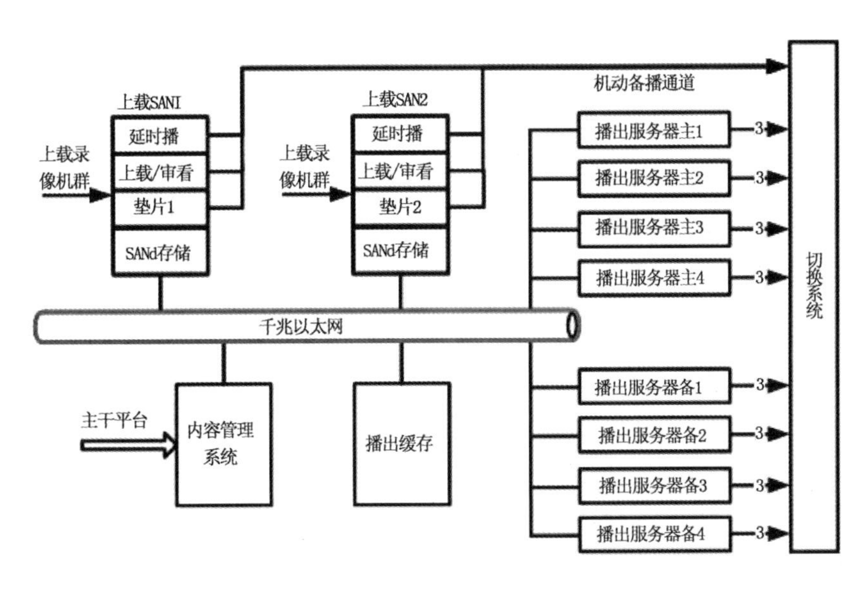

图 3 －9　上载播出分离的硬盘播出系统

主、备服务器均采用单机结构，上载服务器采用两个独立 SAN 架构，上载的素材审看完毕之后立即迁移至内容管理系统，然后完成后续的节目分发。随着安全播出要求逐级提高，各电视台针对最主要的信源——硬盘播出系统投入也相对加大。同时，在全台网发展、制播一体化逐渐推进的今天，送播介质由磁带过渡为文件，缺少了录像机信源作为备播，完全有必要在主备硬盘之外再增加一重保障，这层保障在播出单硬盘故障以及服务器设备维护的时候能够起到关键作用。

4. 弱化总控、缩短环节

众所周知，播出系统设计，环节越多、故障点越多，缩短播出环节是播出系统设计的目标之一。随着目前各频道专业化程度越来越高，频道间的资源共享越来越少，包括前期演播室,在数量增加的同时,灯光、布景、音响等设备配置也更加面对专业化节目的制作。再加上电视周边设备成本的大幅降低,从而推动了“弱化总控系统参与播出”理念的诞生,如图3-10所示。

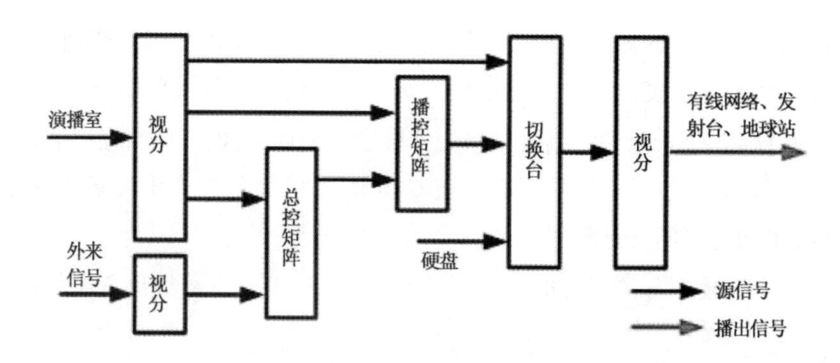

图3-10 弱化总控后的播出系统

在此模式下,总控矩阵在大多数时间内不再参与到实际的播出工作中去,它可更加专注于全台信号调度中心的职能与定位。

3.4.3 SMG新一代电视播出系统

SMG新一代电视播出系统经过几代的发展,已经成为完整、有代表性的电视播出系统。该系统融和了全新的播出思想及先进技术,开创了全新的工作模式,系统的庞大和复杂开创国内之最,其高智能化程度也开创国内播出系统先河。该系统向上可跟众多制作平台进行互联,实现节目的智能化送播,同时支持异地节目制作,可满足未来制播分离的趋势;向下可满足众多发布平台的个性化需求,适应了三网融合的发展趋势。

1. 业务流程

整个播出系统根据业务流程,可划分为播出信息服务系统、播出服务系统、辅助服务系统、支撑服务系统等,通过采用“化整为零”的思想将庞大的播出系统分为较小的子服务系统,再通过在不同的子服务系统上应用各种冗余措施和异构手段来保证播出系统不出现单一溃点,确保系统的高安全性和高效性。

(1)播出信息服务系统

播出信息服务系统包含协同编单平台和播出信息子服务系统两个部分。

①协同编单平台

协同编单平台是面向全集团的播出信息处理平台,通过建立协同编单平台,将节目编排、格式宣传编排、图文编排、广告编排等编排业务集中到本平台上进行,实现集中协同编排、统一播出、集中信息发布等一系列功能。

②播出信息子服务系统

播出信息服务系统通过接口从协同编单系统接收播出串联单,并向其反馈更新后的播控单及播后单,通过接口方式可以将播出内网跟外网隔离,而接口服务器采用linux系统,避免病毒入侵,保证播出系统不受外网干扰。

(2)播出服务系统

播出服务系统分为两大部分,准备子服务系统和播控子服务系统。[12]

①准备子服务系统

准备子服务系统负责所有播出素材的备播、质量审核和存储管理以及直播信号的调度,包括向常规播出频道的节目准备、向应急备份播出频道的节目准备和调度。

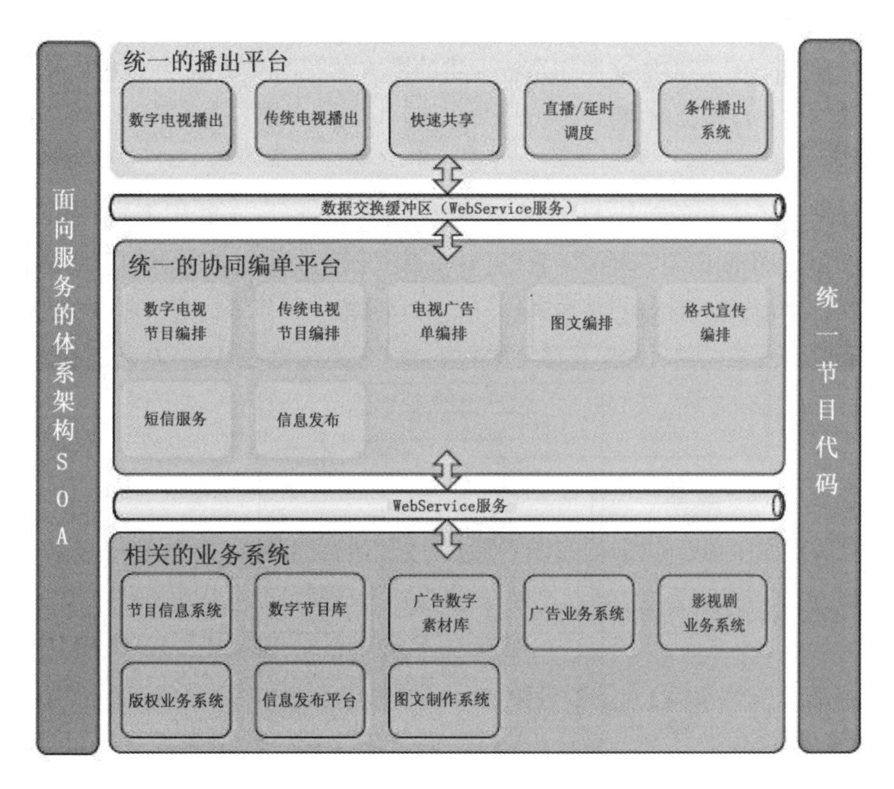

图3-11　业务系统规划图图

节目整备阶段是整个播出业务的关键阶段,它直接关系到后续阶段的安全播出,是播出阶段节目的主要来源。准备子服务系统根据总编室节目单,按照临近播出日期的顺序进行待播出节目文件的自动准备,在此过程中,能实现节目文件的迁移、MD5校验、技检等功能。

②播控子服务系统

播控子服务系统的设计包含对外和对内两个部分。对外:由于播控子服务与其他子服务的互联均属于整个电视播出系统项目的内部交互，无需采用接口方式，而直接采用消息机制进行通信，既高效又降低了各个系统间的耦合度。对内：主要包括播出视频服务器子系统、播出控制子系统、机动备播子系统、快速共享播出子系统、延时播出子系统、垫片播出子系统、图文播出子系统，以及 CUE TONE 设计。

播控子服务系统内部主要围绕着依据播出准备子服务及播出信息子服务提供的节目文件及播控单信息，为切换系统输出实时参与播出的信号源，并对信号源进行控制处理。播控子服务系统以数据库为支撑，播出控制为主线，从节目调单开始，在播出过程中实现各个频道的正常播出、节目单的更新及应急修改、共享模块调度控制播出、延时垫片信号处理、图文播出，以及 CUE TONE 信号的叠加等应用。

同时，播控子服务系统需要与播出准备子系统进行文件交换、与播出信息子系统实现播控单的交互、获取图文制作系统提供的图文单及图文文件，并为辅助系统提供实时的状态信息反馈预留接口。

(3)辅助服务系统

辅助服务系统主要负责对整个常规播出系统中的软件、设备、信号、流程、人员、环境进行监控，提供问题预警和故障报警，并提醒工作人员及时进行处理。辅助系统中还包含运营管理功能，如播出介质管理、值班管理等。

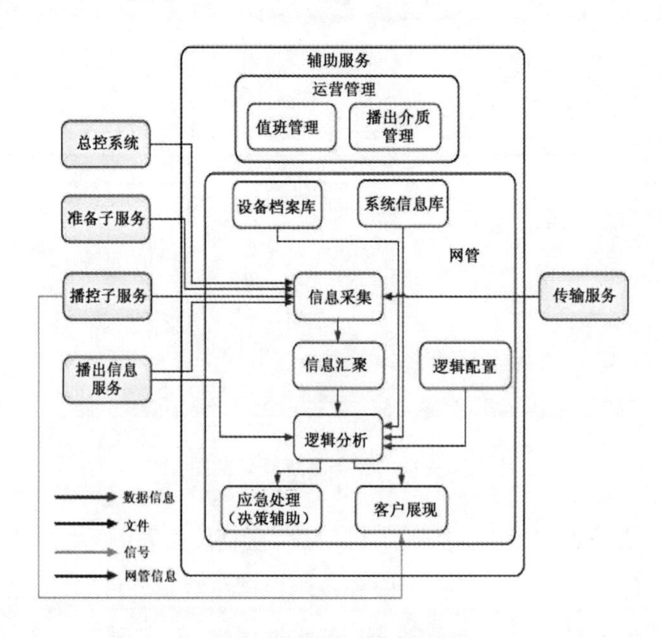

图 3-12　辅助服务架构图

网管子服务系统负责电视播出系统的信号、设备、应用程序、流程和人员操作的监控，是安全播出的重要保障，它通过对关键点的信号监测、对播出设备的监控和对应用程序以及各种服务软件的监控,结合报警策略、应急处置提示策略、故障点判断策略等给出应急操作提示,并可以定位故障点。

(4)支撑服务系统

支撑服务系统是整个数字电视播出系统的基础平台,主要分为四个部分,即基础网络部分、媒体存储部分、数据库部分及应用服务器部分。[12,14]

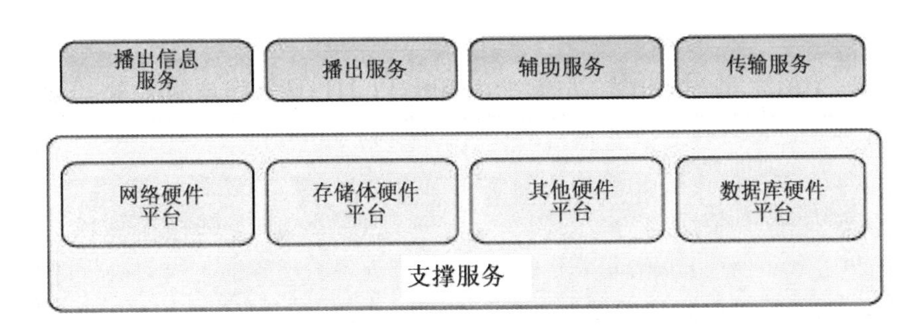

图3-13　支撑服务架构图

基础网络是整个播出系统的基础平台,所有业务应用都依赖于基础网络的信息交换,所有的业务实现都基于基础网络的安全、高效、稳定运转。媒体存储部分主要负责播出节目的保存及管理。数据库部分作为系统的数据核心载体,存储系统内部所有的基本数据和信息,所有业务应用的驱动都源自数据库的信息调用。应用服务器部分,为系统各种应用和管理软件提供硬件运行平台。

2.技术特点

(1)系统规模大

①频道数量多

在建设规模上,系统设计为常规情况下共有40个标清频道、20个高清频道进行日常播出,最多可满足80个频道的正常播出,频道规模为国内之最。

②频道节目单量大

纯节目单信息对数据库最大的存储空间需求已达1.5TB。

③存储容量大

当80个频道全部启用时,待播节目在整个播出周期的存储容量达160TB。

④传输量大

(2)系统效率高

①分布式软件架构

在整个节目备播过程中,播出准备系统负责对备播文件的接收、催要、文件的迁移优先级调整、存储策略、质量校验等进行总体掌控，是全台播出系统的重要组成部分。该系统对性能的要求很高，因此我们采用了分布式的软件架构模式，这样可根据实际业务量部署软硬件，同时也便于通过扩充软件或硬件的方式实现性能提升。

②负载均衡机制

由于准备子服务系统肩负处理大量任务的职能，因此在设计该系统时也充分考虑了任务的负载均衡处理，对迁移任务、技审任务、上载任务、外系统素材的提取等均做了负载均衡处理，即通过任务调度模块进行任务的生成或提取，然后转发给相对空闲的执行节点进行处理，充分考虑了任务的优先级以及当前任务队列的排队情况，既保证了硬件系统性能的充分发挥，又保证了各类任务的执行优先级。

③任务智能处理机制

在素材上载、迁移、技审、人工复检、头尾检测等各类任务的生成和执行过程中，首先对当前节目的开播时间进行排序，遵循先播节目先处理的原则；在任务执行过程中若出现错误，软件会对该任务进行智能分析判断，以决定重试次数和重试时机，保障任务的顺利执行。

④“一枪式”智能节目上载

为提高上载人员的工作效率、降低人力资源的投入，进而出现了“一枪式”上载工作模式，即上载值班人员只需通过扫描枪扫描磁带 ID 便可完成上载任务提取、校验、上载、节目单关联信息更新、迁移任务提交等等后续任务的处理，大大提高了上载人员的工作效率。

3. 安全性高

(1)完整的质量保障体系

在整个备播流程中，节目文件的传输和存储涉及前端制作系统存储、备播接口缓存、备播缓存以及视频服务器本地存储几个环节，为确保节目文件无误的播出，就要保证这几个环节的传输处理都不会出现问题，因此我们先后采用了 MD5 校验、自动技审、头尾检测等多种方式保证文件的可播性。

(2)整个播出系统采用异构模式

整个播出系统采用平台级的异构模式，主播系统内部主要采用大家熟悉的 Windows 操作系统，方便业务人员使用；另外设计了采用 Linux 系统的应急备播系统和对外接口系统，保障整个系统的安全性和可靠性；应急备份系统是整个播出系统的热备系统，是平台级的备份，作为播出系统的异构备份，拥有稳定、独立、完整的播出功能，当主播平台瘫痪或主播平台某几个频道故障需较长时间恢复时，启用应急备份系统。

内部服务和外部服务之间通过接口进行交换，保障了通信上的安全性，内部服务采用消息中间件，保障高效性和低耦合性。

(3)播控子服务系统内均为主备模式

播控子服务系统设计中，播出视频服务器、快速共享播出、机动备播、延时播出以及垫片播出几个子系统是整个播出系统的“信号源”部分，细化到每个子系统内部，都采用主备冗余备份机制；而从全局看，每个“信号源”部分均可作为主备方式承担不同故障状态下的播出任务，即当某一硬件故障时，均有热备的设备无缝顶替；当某一子系统瘫痪时，也可以由其他子系统来顶替播出，从细节到全局，保证系统的安全性能和故障的智能处理。

系统设计采用模块化的构架，播出通路上的关键设备采用稳定可靠的产品，设置了电源冗余、硬盘冗余、散热冗余、控制独立、断电旁通、热插拔、可监控等功能，系统安全整体设计为主备镜像及机动备播方式，应急处理简单快速。播出视频服务器是播出系统中最主要的信号源设备，播出视频服务器采用单机主备方式，故障发生时无缝切换，存储为内置方式，满足每频道3天的存储量及高倍速传输的带宽。机动备播系统作为播出系统的热备份，平时独立于播出系统自动播出或待播，在平时系统检修时，可整模块替换播出，而当发生故障时，可快速进行部分或完全的替换播出，与常规播出频道的硬件设计完全一致。

快速共享播出子系统用于热炒带的播出，实现80个频道共用若干个介质录像机的共享播出，快速播出设备兼容多种播出格式，包括IMX、DVCPRO、蓝光等。图文播出子系统承担所有频道的图文播出功能，采用网络化图文系统架构，通过键信号叠加方式，满足系统不同类别的图文需求。

制作平台生产的成品广告存储于广告文件存储系统中，符合统一的播出文件格式，备播策略和通常的节目文件策略相同，即备播缓存存储7天以内的广告素材、播出视频服务器存储3天以内的广告素材，广告和节目文件使用同一个播出视频服务器播出，节目播出和广告播出不采用时间窗口切换方式，为实现广告异地替换需求，采用“Cue Tone”控制技术实现异地广告的替播功能。

(4)紧急播出的快速共享播出

若播出带或者硬盘节目送到机房经播出审核后，距开播时间过短，来不及上载或传输时，可采用快速共享的播出方式进行播出。快速共享播出系统主要针对共享介质录像机设计，为60个标清频道设立20台标清热炒介质，20个高清频道设立10台高清热炒介质，在紧急情况下采用共享录像机播出，这样即解决了应急播出问题，又无需为每一个频道配置一台录像机，避免了浪费。

(5)开刀节目信息智能合并与处理机制

开刀节目是SMG项目中的一个难点也是重点，很多疑难问题均跟开刀节目相关。

开刀节目要求对同一磁带ID的节目进行素材入出点信息的合并、上载任务入出点信息的合并，并根据合并后的节目信息对节目单中的播出条目的入出点信息进行动态调整，节目技审信息也要根据开刀点信息进行故障点过滤。但由于开刀节目的随意性，而且涉及跨节目、跨频道的问题，且每次的开刀位置均不固定，即便是在播节目单也要实时根据开刀点位置变更信息、实时调整，一旦出现错报或漏报，会造成严重的播出事故，还有自动技审也要根据开刀点位置的变更智能的进行故障点过滤，否则会造成误报或漏报。

4. 整备方式多样化

(1)同时支持多系统节目整备

素材整备主要分为两种类型，一种是播出内部的常规VTR上载、磁盘文件直接导入；第二种是素材整备子系统根据节目单以及节目的开播时间主动到外部各系统拉素材，如到广告系统拉广告素材、到互动电视媒资系统拉高清素材、到东方购物系统拉取相应节目信息等。

(2)素材送播形式多样化

播出系统支持多种方式的素材送播，如：常规频道的磁带上载、星空等频道的磁盘文件导入、广告节目的素材送播、互动等频道的文件自动送播等。由于本地上载素材出自同一个网络，因此可直接进行素材的迁移和审核；而异地上载素材处于同一个城市的不同地点，该类节目可通过播出系统内部的素材整备模块进行异地素材的直接自动导入。

5. 其他特点

(1)异地联播的广告替换

可通过CUE TONE设备实现异地联播，如在星空频道通过播控控制CUE TONE设备，可将节目中的广告内容置换成香港本地广告，在广告结束后再实现两地同节目联播。

(2)高标清同播

播控根据节目单中的AFD信息实现高标清节目的同播。

(3)高效的MD5码生成方式

由于生成MD5即耗时又耗带宽，采用在上载的过程中直接生成MD5的方式，可以在采集完成时同时生成MD5码，大大提高了MD5的生成速度并减少传输代价，一举两得。

3.5 小 结

本章介绍了在新的三网融合模式下,网络电视的转码系统构成、元数据、媒资管理系统及播出系统的基本概念、特点和典型应用等。

首先从网络电视转码技术入手,介绍了转码技术分为相同的压缩标准的码流间转换,以及不同压缩标准的码流间相互转换两大类。而视频转码从不同的角度出发,有不同的分类方法,比如从作用域可以分为:像素域转码和变换域转码;又可以从技术层面上分为:码率转码、时间分辨率转码、空间分辨率转码和语法转码等几种类型。

元数据是描述数据的数据,是一种信息管理工具。网络电视中元数据的管理必不可少,元数据有三个级别:简单格式、结构化格式和复杂格式。而元数据的常用类型有描述性元数据、结构性元数据、存取控制性元数据、管理性元数据等。

随着电视台数字化、网络化技术的深入发展,媒体资产管理系统在网络电视体系中起到了构建数字化平台的作用。媒资管理系统的设计是以网络与存储为基础,内容管理为核心,包括各项应用模块的媒体资源管理中心。媒资的基础设施包括网络存储、数据库管理、分级存储等系统。

最后,本章介绍了广播电视的播出系统,并以新一代电视播出系统“SMG”为案例,详细给出了整个播出系统业务流程,分别为播出信息服务系统、播出服务系统、辅助服务系统、传输服务系统,以及支撑服务系统等。

参考文献

[1] 余圣发,陈曾平,庄钊文. 针对网络视频应用的视频转码技术综述[J]. 通信学报,2007(1)

[2] 袁禄军. 视频转码技术的研究及其应用[D](博士论文). 中国科学研究院,2005

[3] 邬震宇. 视频转码新技术研究[D](博士论文). 电子科技大学,2011

[4] 徐品. 媒体资产管理技术,电子工业出版社,2012 年

[5]於志文,周兴社. 媒体描述元数据技术综述[J]. 节目制作与广播,2004(5)

[6]刘淼. 基于元数据的视频案例管理系统的研究与设计[D](博士论文). 首都师范大学,2007

[7] 李松斌,陈君,王劲林. 面向流媒体服务的视频资料元数据模型[J]. 电信科学,2008(11)

[8] 宋培义. 媒体资产管理系统在电视节目生产中的应用分析[J]. 现代电视技术,2007 (11)

[9] 金旭. 媒体资产管理系统几种典型的应用架构分析[J]. 广播与电视技术. 2008(2)

[10] 邱海生、张玉娟. 电视播出系统中视频服务器的选购. 电视技术,2006(4)

[11] 杨诚. 电视全台网自动播出系统—后台管理子系统的设计与实现[D](硕士论文). 电子科技大学,2012

[12] http://www. dayang. com. cn/Technologycorridor/SuccessStories/2013 - 03 - 28/1662. html.

[13] 程筱呈. 新媒体环境下 SMG 电视产业的转型与发展——以东方卫视中心为例[D]. 复旦大学,2014 年

[14] 任甜甜,宋超. 探索 SMC 制播分离的发展之路—从制播分离对比 SMG 和 BBC 的媒介融合[J]. 传媒调查报告,2011(08):41 - 43

思考与练习

1. 在网络电视的传输和播出过程中,为什么要使用视频转码？它的主要作用是什么？

2. 视频转码从技术的角度,有几种分类方法？

3. 就网络电视而言,视频转码面临什么新的挑战？目前出现了什么新的相关技术？

4. 试画出分布式视频转码云服务平台的系统框图,并解释每一部分的主要作用是什么？

5. 英国的图书馆信息网络部对元数据的类型进行了整理和划分,元数据被分为几个类别？每个类别的特点是什么？

6. DVB -SI(服务信息)是针对什么而设计的元数据规范？它的主要内容描述是什么？

7. 2013 年以后,国际电信联盟(ITU)和估计电工委员会(IEC)共同出台了哪些新的元数据规范？它们定义了哪些新的范畴？

8. 媒体资产管理系统的核心功能模块包括应用层、中间层和数据层三个层次,试画出每个层次所包含的主要功能模块,并论述每个功能模块的特点。

9. 基于网络电视的新媒资管理系统是在传统广播电视媒资管理系统上的个性化设计和升级,它能提供的新功能有哪些？

10. 典型的电视台播出系统包括哪几部分？基于网络电视的播出系统与传统电视台播出系统有什么异同？试分别论述。

11. 什么是 SMG 新一代电视播出系统？它由哪几部分组成？试画出整个播出系统的业务流程规划图。

12. 在 SMG 电视播出系统中,什么是开刀节目？它的技术难点是什么？

第 4 章　网络视频的传输与优化

本章要点：

1. TCP/IP 网络协议的组成
2. TCP 协议和 UDP 协议的特点
3. 与网络视频传输相关的协议及功能
4. 内容缓存技术基本原理
5. CDN 与 P2P 基本原理及其在流媒体的应用

本章首先介绍视频网络传输的基本原理及基础的网络协议，针对互联网、移动网、广电网等不同网络中视频传输的特点以及存在的问题，介绍有关的服务质量保障 QoS 技术，如内容缓存技术、CDN 流媒体、P2P 流媒体等。有关流媒体基本概念详见第二章相关内容。

4.1　网络协议基础

网络协议即网络中传递、管理信息的一些规范，是网络上的通信设备之间相互通信需要共同遵守的规则。例如，IBM 公司开发完成的 NetBEUI 协议（NetBIOS Extended User Interface）、Novell 公司开发的 IPX/SPX 协议（Internetwork Packet Exchange/Sequence Packet Exchange，网际包交换/顺序包交换协议）。目前，最常见的协议之一就是国际互联网中采用的 TCP/IP（Transmission Control Protocol/Internet Protocol，传输控制协议/互联网络协议）。随着信息业务 IP 化，各种通信网络（如电信网、移动网、有线广播电视网络 B 平台等）正在全面向 IP 化演进，即不同类型的、需要通过链路传输的信息流，都需要被转换为 TCP/IP 数据流，并通过 TCP/IP 网络协议传输。

4.1.1 TCP/IP 网络协议概述

TCP/IP 参考模型用来描述 TCP/IP 协议族,共分为四层,如图 4-1 所示。

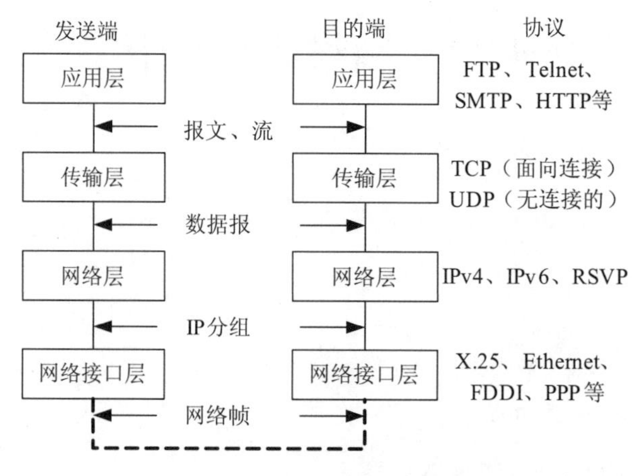

图 4-1 TCP/IP 参考模型

应用层包含各种网络应用协议,如 HTTP(超文本传输协议)、FTP(文件传输协议)、Telnet(远程终端协议)、SMTP(简单邮件传送协议)、DNS(域名解析协议)、SNMP(简单网络管理协议)等。传输层(也称为传送层)负责在网络设备及其目的设备的应用程序间提供端到端的数据传输服务,主要有 TCP、UDP 两个传输协议。网络层负责将 IP 分组独立地从信源传送到信宿,主要解决路由选择、拥塞控制和网络互联等问题,最主要的协议是 IP 协议。网络接口层负责将 IP 分组封装成帧格式交给不同的底层网络,如 Internet 中使用较多的点到点协议(Point-to-Point Protocol, PPP)。当前,几乎所有的物理网络上都可以运行 TCP/IP 协议,如各种局域网络、卫星网络、无线网络等。

TCP/IP 的基本工作原理如图 4-2 所示,图中描述了使用 TCP 协议在以太网上传送文件(如 FTP 应用)的过程。在源端,假设应用数据为 1000 字节的信息单元,传输层为应用数据加上 TCP 首部后,形成 TCP 数据报,并交给网络层;网络再加上 IP 首部

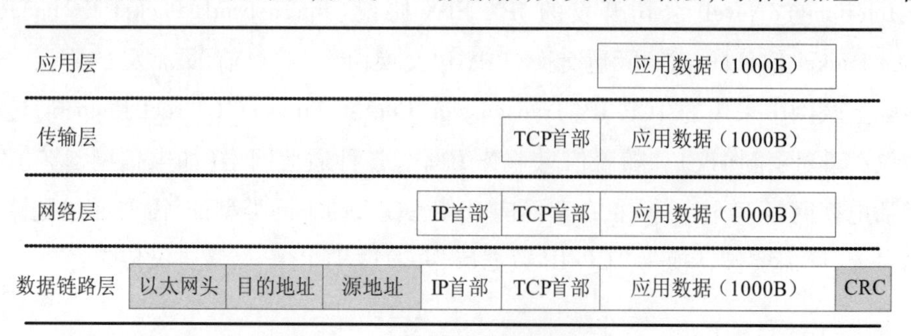

图 4-2 TCP/IP 协议数据流

后,形成IP分组,并交给数据链路层;数据链路层进一步封装IP分组,形成以太网帧,发往接收端或IP路由器。在接收端,数据链路层将帧头去掉,将IP分组交给网络层;网络层检查IP分组首部,当校验和一致时剥离分组首部,将TCP数据报交给TCP层;TCP层根据首部的顺序号判断TCP数据报是否正确,并做出处理,对正确的数据报剥离其TCP首部,将字节流传给应用程序。

TCP/IP参考模型很少关注网络接口层,对其他三层更为关注,这是因为上面三层对提供给用户的连续媒体流(如音频流、视频流等)的服务质量(QoS, Quality of Service)有重要的影响,其中QoS特性包括了对时延特性、差错率等方面的要求。在正常情况下,如果网络只用于特定的、无时间限制的应用系统,则不需要QoS,比如Web应用,E-mail或上面提到的FTP文件传送应用等。但是对关键应用和连续媒体应用就十分必要,当网络过载或拥塞时,QoS能确保重要业务量不受延迟或丢弃,同时保证网络的高效运行。

4.1.2 TCP/IP网络层协议

运行在TCP/IP网络层的协议包括IP协议、ARP(Address Resolution Protocol,地址解析协议)、RARP(Reverse Address Resolution Protocol,反向地址转换协议)、ICMP(Internet Control Message Protocol,互联网控制报文协议)等。IP协议是一种不可靠的无连接协议,用于“主机-主机”间的通信,提供“尽力传送”的服务,其本身不提供差错校验或跟踪服务,如果确实要求可靠传输,IP协议必须和某个高可靠性的协议(如TCP)配套使用。

网络层不关心数据报的具体内容,只是负责将多个网络连成一个互联网,并把高层的数据以多个数据包(也即IP分组)的形式通过互联网独立地分发出去。网络层(也称为IP层)提供两个基本的服务:寻址和路由;数据报的分段与重组。

寻址和路由。寻址功能依靠两点实现,一是每一个入网的终端都被分配了一个全局唯一的IP地址;二是IP协议提供在所有互联的网络中对入网终端进行全局寻址的能力。

实际上,在一个局域网内,点到点的消息传送可以容易地实现,而当信息要发送到另一局域网的终端时,就需要一个中间设备来转发,如网关或路由器。其中网关位于局域网边缘,可以发送IP分组到局域网网络接口和广域网网络接口,从而与其他局域网的终端通信。路由器则是一个可以接收IP分组,并将它们发送到同类网络中相应目的地址的设备。这个中间设备都用路由表来指示信息传送到的目的IP地址。路由表指明包达到目的地地址的最佳路由上的下一个路由器。由于最佳路由会随着节点的可用性、网络拥塞程度和其他因素而改变,路由器必须相互通信来决定当前IP分组的最佳路由,这种相互的通信是通过 ICMP 实现的。

数据报的分段与重组。当一个 IP 分组要通过只能接收较小分组的网络的时候,需要进行分组的分段,即 IP 分组会被分割成符合要求的小包,然后通过网络发送到下一个中继段,然后在那里重新排序组装。

目前运行的 IP 协议包括 IPv4 和 IPv6 两个版本。

1. IPv4

IPv4 是 IP 协议的第四版(RFC791,1981),也是第一个被广泛使用,构成现今互联网技术的基础协议。

(1)IPv4 报文结构

IPv4 的报文结构如图 4-3 所示。一个 IPv4 数据报由报头和数据两部分组成,其中数据为需要传输的高层数据,而报头是为了正确传输高层数据而增加的控制信息。报头的前一部分是固定长度,共 20 字节,是所有 IP 数据报必须具有的。在报头的固定部分后面是一些可选字段,其长度是可变的。

<table>
<tr><td rowspan="5">固定报头</td><td>版本(4)</td><td>长度(4)</td><td>服务类型(8)</td><td colspan="2">数据包总长度(16)</td></tr>
<tr><td colspan="3">标志符(16)</td><td>标志(3)</td><td>分段偏移量(13)</td></tr>
<tr><td colspan="2">生存期(8)</td><td>传输协议(8)</td><td colspan="2">报头校验和(8)</td></tr>
<tr><td colspan="5">信源地址(发送端)(32)</td></tr>
<tr><td colspan="5">信宿地址(目的端)(32)</td></tr>
<tr><td>可变报头</td><td colspan="2">选项(变长)</td><td colspan="3">填充(变长)</td></tr>
<tr><td></td><td colspan="5">数据(变长)</td></tr>
</table>

图 4-3 IPv4 报文结构(单位:比特)

IPv4 报文中主要字段的含义为:

- 版本 4bit,指 IP 协议的版本。不同 IP 协议版本规定的数据报格式不同,通信双方使用的 IP 协议的版本必须一致。这里的 IP 协议版本为 4.0(即 IPv4)。
- 长度 4bit,指 IP 数据报报头的长度。以 32 位(4 字节)长度为单位,当报头中无可选项时,报头的基本长度为 5(20 字节),整个报头的长度应该是 32 位的整数倍,如果不是,需在填充域加 0 对齐。
- 服务类型 8bit,主机要求通信子网提供的服务类型。包括一个 3 位长度的优先级;4 个标志位 D、T、R 和 C,分别表示延迟、吞吐量、可靠性和代价;另外 1 位保留。通常文件传输更注重可靠性,而数字、声音或图像的传输更注重延迟。
- 数据包总长度 16bit,包括头部和数据,以字节为单位。数据报的最大长度为 216 -1 字节,即 65535 字节(64KB)。
- 标志符 16bit,标识数据报。当数据报长度超出网络最大传输单元(MTU)时,必须要进行分割,并且需要为分割段(fragment)提供标识,所有属于同一数据报的分割段都要被赋予相同的标识值。

- 标志 3bit，指示数据报是否可分段。
- 分段偏移量 13bit。有分段时，指示该分段在数据报中的相对位置。片偏移以 8 字节为偏移单位，即每个分片的长度一定是 8 字节(64bit)的整数倍。
- 生存期 8bit。数据报在网络中的寿命，以秒来计数，建议值是 32 秒，最长为 $2^8-1=255$ 秒。生存时间每经过一个路由结点都要递减，当生存时间减到零时，分组就要被丢弃。设定生存时间是为了防止数据报在网络中无限制地漫游。
- 传输协议 8bit，指示传输层所采用的协议，如 TCP、UDP 或 ICMP 等。
- 报头校验和 16bit，用来检验数据报的报头(不包括数据部分)。采用累加求补再取其结果补码的校验方法。若正确到达时，校验和应为零。
- 选项，可变长(1B ~ 40B)。支持各种选项，提供扩展余地。
- IPv4 地址 32bit。源地址与目标地址分别表示该 IP 数据报发送者和接收者地址。在整个数据报传送过程中，无论经过什么路由，无论如何分片，这两个字段一直保持不变。

(2) IPv4 地址

IPv4 使用的 32 位(4 字节)地址通常被写作点分十进制的形式，如 127.0.0.1。地址空间中有 2^{32} 个地址。每个 IPv4 地址都由 3 部分组成，如图4－4 所示。其中，类型标识表示该地址的用途，网络 ID 表示所在的网络地址，主机 ID 表示该网络上计算机的地址，即主机地址。

类型标识	网络 ID（NetID）	主机 ID（HostID）

图 4－4　IPv4 地址的组成

IPv4 地址的分类由类型标识部分确定，共分 5 类：

A 类：第 1 个字节以 0 开头，如图 4－5(a)所示，可提供 126 个网络地址，每个 A 类网络可分配 16777216 个主机 ID；

B 类：第 1 个字节以 10 开头，如图 4－5(b)所示，可提供 16384 个网络地址，每个 B 类网络可分配 65534 个主机 ID；

C 类：第 1 个字节以 110 开头，如图 4－5(c)所示，可提供 2097152 个网络地址，每个 C 类网络可分配 254 个主机 ID；

A、B、C 类为单播地址(unicast address)，即用于 one－to－one 通信。互联网络中的主机只能使用 A、B、C 类 IP 地址作为网络通信的逻辑地址。

D 类：第 1 个字节以 1110 开头，如图 4－5(d)所示，为多播地址；

E 类:第 1 个字节以 1111 开头,如图 4 - 5(e)所示,为保留地址。

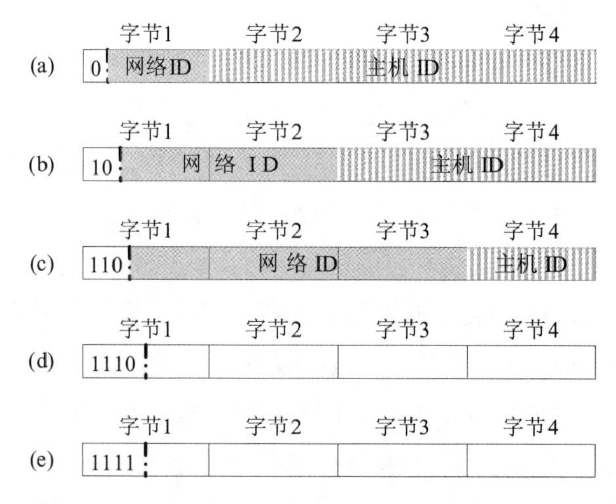

图 4 - 5　IPv4 地址的分类

虽然 IPv4 理论上可提供 2^{32} 个地址,不过,一些地址是为特殊用途所保留的,如专用网络(约 18 百万个地址)和多播地址(约 270 百万个地址),这减少了可在互联网上路由的地址数量。随着地址不断被分配给最终用户,IPv4 地址枯竭问题也在随之产生。2011 年 2 月 3 日,在最后 5 个地址块被分配给 5 个区域互联网注册管理机构之后,IANA(The Internet Assigned Numbers Authority,互联网数字分配机构)的主要地址池空了。同时,Internet 上的骨干路由器的路由表中通常有超过 85000 条的路由,为 IPv4 提供安全性保证的 IPSec 是可选的,还广泛存在很多并非通用的安全解决方案;IPv4 对实时数据传送缺乏有效的支持,这些限制都促使了 IPv6 的部署。

2. IPv6

IPv6 是 IP 协议的第六版(RFC2460,1998),是 IETF(Internet Engineering Task Force,互联网工程任务组)设计的、用于替代现行版本 IP 协议(IPv4)的下一代 IP 协议。

(1) IPv6 报文结构

IPv6 的报文结构如图 4 - 6 所示。

IPv6 报文中主要字段的含义为:

- 版本号 4bit,指示 IP 协议版本号,这里其值为 6。
- 通信量类型 8bit,也称为优先级,用于指示通信量的类别,以支持差别服务(Differetiated Service,DS)(详见本章第 2 节)。注意,IPv4 中也有服务类型字段,但是该字段很少被路由器实现和使用。
- 流标识 20bit,是 IP 层实现 QoS 保障和资源预留的重要字段。用来标识属于相同数据流的分组,使得源端和目的端可以建立一种具有某种特性和满足特殊要

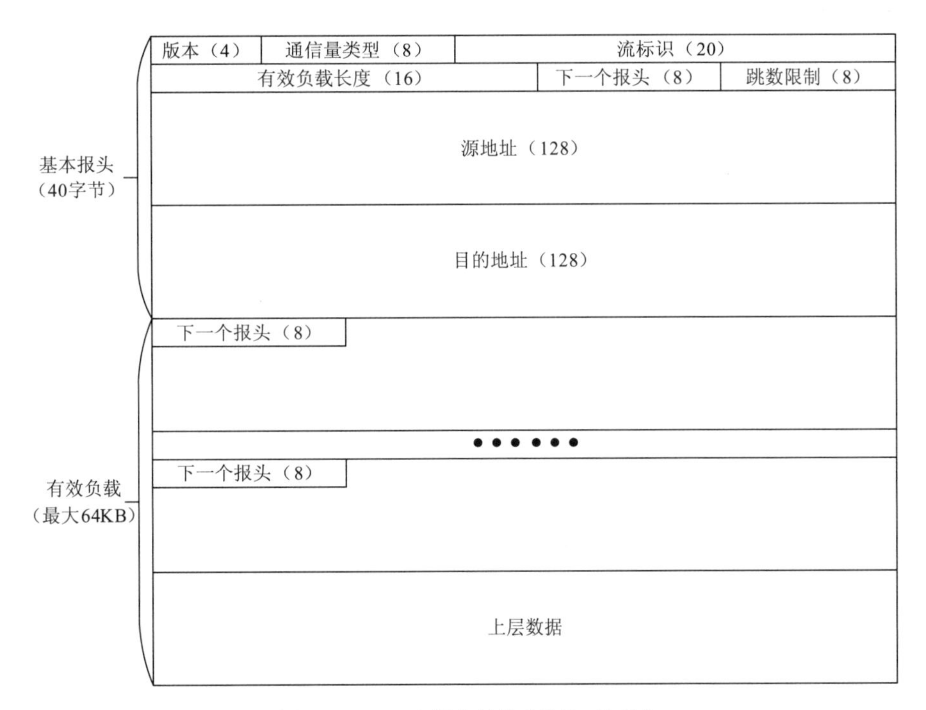

图 4－6　IPv6 报文结构(单位:比特)

求的“伪”连接,以实现 QoS 协商机制(详见本章第 2 节)。

- 有效负载长度 16bit,指示所有扩展头加上传输层 PDU 的总长度。
- 下一个报头 8bit,指紧随基本报头的下一个报头的类型代码。所谓“下一个报头”或者是扩展报头,或者是上层协议(如 UDP 或 TCP)的报头。这个字段在 IPv4 数据报头中称为“用户协议”(protocol)。
- 跳数限制 8bit,功能同 IPv4 中的“生存期”。跳数值为 0 时该数据报被自动丢弃。
- 源地址 128bit,发送本数据报的源主机的 IP 地址。
- 目的地址 128bit,接收该数据报的目标主机的 IP 地址。如果存在“源路由”扩展报头,则这个字段为下一个路由器的 IP 地址。

直观地看,IPv6 首部由 13 字段减少到 7 个字段;取消了 IPv4 中“首部长度”字段,而是固定 40B;不常用字段列为可选,放在扩展首部,而不是 IP 首部;取消分片字段,而是由 IPv6 主机动态确定发送数据包大小,这主要是因为主机发送合适大小的数据比路由器分片效率高,如果数据太大时直连路由器直接反馈错误信息即可;取消了“校验和”字段,这是因为光纤及现代网络设备的广泛使用,使网络差错率显著降低。上述改进,提高了分组处理速度,增加了网络吞吐量,进而减少了数据包的时延和时延抖动。

(2)IPv6 地址

IPv6 地址长度为 16 个字节,即采用 128 位地址,一般采用“冒号十六进制”的表示形式,如图 4－7 所示。

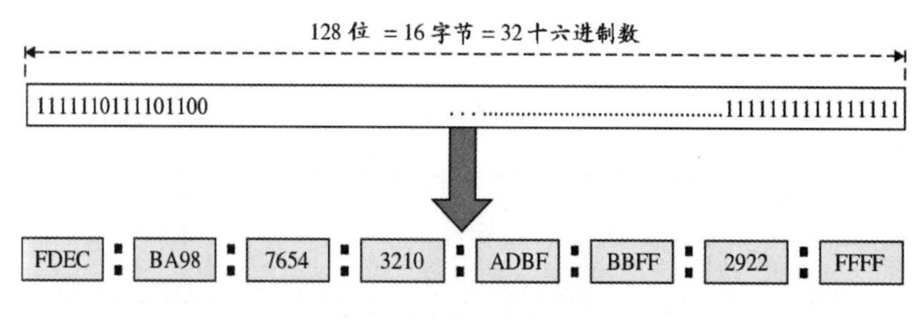

图 4－7 IPv6 地址的表示形式

当各字节左侧为 0 时,0 可以省略,如:

FF03: BA98: 7654: 0074: 3210: 000F: 0000: FCFD 缩写为 FF03: BA98: 7654: 74: 3210: F: 0: FCFFD。

如果连续几个字节都是由 0 组成,还可进一步简化,如: FF03: 0: 0: 0: 0: A123: 0: FCFD 可简化为 FF03 :: A123: 0: FCFD。注意,此简化每个地址只能用一次,如果有两个部分连续为 0,只有一个部分可以如此简化。

有时只需要使用地址的一部分。可采用如下简化方式,如:FF03: 0: 0: 0: 0: F123: 0: FFFF 可简化为 FF03 :: F123/96 (96 表示所需要的地址位数) 。

例如:中国传媒大学目前拥有的 IPv6 地址为 2001: 250: 217 :: /48 以及 2001: DA8: 20E :: /48,中国传媒大学 IPv6 DNS 服务器为 2001: 250: 217: 16 :: 5。

IPv6 地址的分类和 IPv4 有很大不同。IPv6 定义了三种地址类型:单播、任播和组播。

单播:一个单接口的标识符。单播地址规定的是某一台计算机,发给某个单播地址的数据报应该只传送给该计算机。一个 IPv6 单播地址可看成是一个两字段实体,如图 4－8 所示。其中,子网前缀字段用来标识网络,而另一个接口标识符字段则用来标识该网络上节点的接口。接口标识符的长度取决于子网前缀的长度。两者的长度是可以变化的,这取决于谁对它们进行解释。对于非常靠近寻址的节点接口(远离骨干网)的路由器,可用相对较少的位数来标识接口。而离骨干网近的路由器,只需用少量地址位来指定子网前缀,这样,地址的大部分将用来标识接口标识符。当然,IPv6

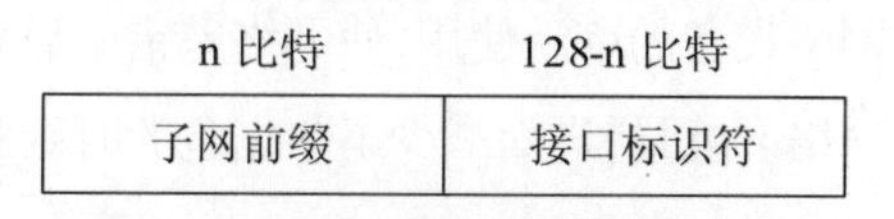

图 4－8 IPv6 单播地址的简单形式

中还规定了结构更为复杂的单播地址，如可集聚的单播地址，本章不再赘述。

任播（也称为泛播）：一组接口（一般属于不同节点）的标识符。任播地址规定的是具有相同前缀地址的某一组节点。例如，所有连接在同一物理网络上的节点都具有相同的前缀地址。发给任播地址的数据报，应该只传送给该组节点中的某一台最靠近或最容易访问者（根据路由协议测量的距离最近的一个）。IPv6 任播地址存在限制：任播地址不能用作源地址，而只能作为目的地址；任播地址不能指定给 IPv6 主机，只能指定给 IPv6 路由器。

组播（也称为多播）：一组接口（一般属于不同节点）的标识符。多播地址规定的是具有或不具有相同前缀地址的某一组计算机，它们可能连接在同一物理网络也可能连接在不同的物理网络上。发给多播地址的数据报应该传送给该组的每台计算机。

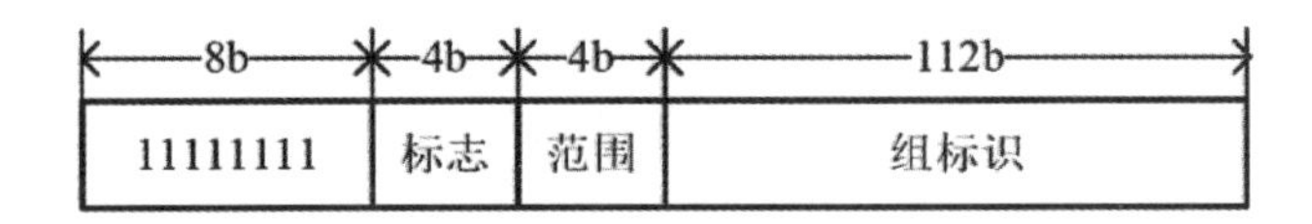

图 4－9　IPv6 组播地址的形式

图 4－9 中前缀（8bit）为 FF；标志（4bit）表示该地址是永久多播地址还是临时多播地址；范围（4bit）则表示了组播通信时 IPv6 网络的作用域，路由器通过该作用域确定是否可以转发该组播通信；组标识（112bit）标识组播组，并且在作用域是唯一的，因此有 2^{112} 个组标识。由于 IPv6 组播地址被映射到以太网多播 MAC 地址，所以 RFC2373 建议从低 32 位指派组标识，并将剩余的组标识置零，以将其映射到唯一的组播 MAC 地址。IPv6 对多播寻址方式的改善，有利于分布式媒体应用的实施部署。

3. IPv4 向 IPv6 的过渡

虽然 IPv6 有众多 IPv4 没有的优点，但是从运营和实现的角度来看，从 IPv4 到 IPv6 一蹴而就是不可能和不现实的。IETF NGTrans 工作组定义了从 IPv4 网络向 IPv6 网络过渡的过程，定义和指定厂商在实现 IPv6 转换的主机、路由器以及其他 Internet 部件时所使用的机制，这些机制是必须或者是可选的。从网络的角度看，从 IPv4 向 IPv6 过渡的技术主要有双协议栈技术、隧道技术、网络地址转换/协议转换技术（NAT/PT）。

（1）双协议栈技术

IPv6 和 IPv4 网络层协议功能相近，都基于相同的物理平台，加载于其上的传输层协议 TCP 和 UDP 又没有任何区别。由图 4－10 所示的协议栈结构可以看出，如果一台主机同时支持 IPv6 和 IPv4 两种协议，那么该主机既能与支持 IPv4 协议的主机通信，又能与支持 IPv6 协议的主机通信，这就是双协议栈技术的工作原理。在节点中同时具有 IPv4 和 IPv6 两个协议栈，这样，它既可以收发 IPv4 的分组，也可以收发 IPv6 的分组。

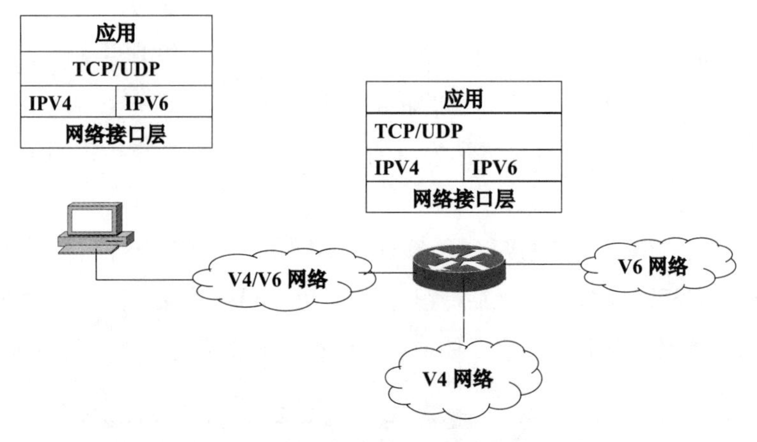

图 4－10 双协议栈技术示意图

(2)隧道技术

在 IPv6 发展的初期，可以通过 IPv4 隧道连接 IPv6 子网，将 IPv6 的分组封装在 IPv4 的分组中，封装后的 IPv4 分组通过 IPv4 的路由体系传输，IPv4 协议就被当作 IPv6 数据传输的一个隧道，该技术的原理如图 4－11 所示。通过隧道，IPv6 分组被作为无结构、无意义的数据封装在 IPv4 数据报中，在 IPv4 网络中传输。由于 IPv4 网络把 IPv6 数据当作无结构、无意义数据传输，因此不提供帧自标识能力，这样只有在 IPv4 连接双方都同意时才能交换 IPv6 分组，否则收方会将 IPv6 分组当成 IPv4 分组而造成混乱。路由器将 IPv6 的数据分组封装入 IPv4，IPv4 分组的源地址和目的地址分别是隧道入口和出口的 IPv4 地址。在隧道的出口处，再将 IPv6 分组取出转发给目的站点。隧道技术只要求在隧道的入口和出口处进行修改，对其他部分没有要求，因而非常容易实现。但是隧道技术不能实现 IPv4 主机与 IPv6 主机的直接通信。

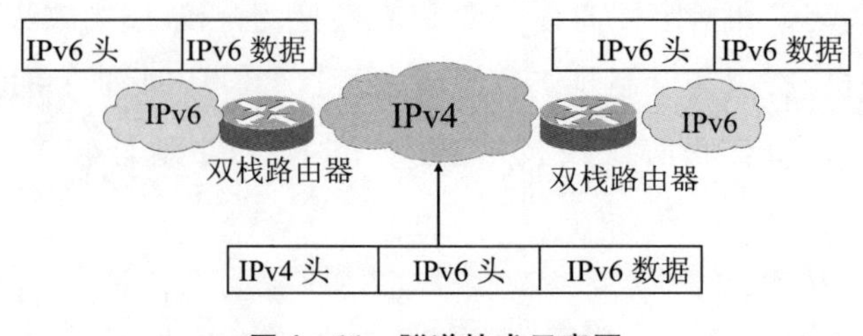

图 4－11 隧道技术示意图

(3)网络地址转换/协议转换技术

当纯 IPv4 终端和纯 IPv6 终端之间需要互通时，所有包括地址、协议在内的转换工作都由网络设备来完成,这就是网络地址转换/协议转换技术(Network Address Translation Protocol,NAT－PT)。该技术通过与SIIT(Stateless IP/ICMP Translation)协议转换和传统的IPv4下的动态地址翻译以及适当的应用层网关相结合来实现。支持NAT－PT的网关路由器应具有IPv4地址池,在从IPv6向IPv4域中转发包时使用。此外,网关路由器要支持DNS－ALG(DNS－Application Level Gateway),在IPv6节点访问IPv4节点时发挥作用。

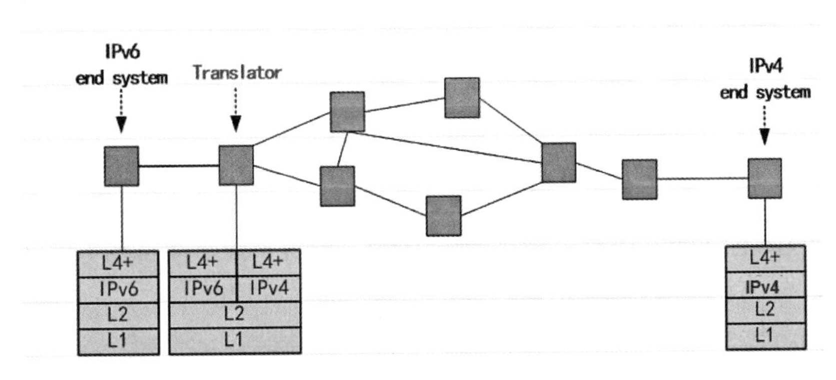

图4－12　NAT－PT技术示意图

NAT－PT方式的优点是不需要进行IPv4、IPv6节点的升级改造;缺点是IPv4节点访问IPv6节点的实现方法比较复杂,网络设备进行协议转换、地址转换的处理开销较大,一般在其他互通方式无法使用的情况下使用。

4.1.3　TCP/IP传输层协议

运行在TCP/IP传输层的协议主要是TCP协议(Transmission Control Protocol,传输控制协议)和UDP协议(User Datagram Protocol,用户数据报协议)。

1. TCP协议

TCP是一种面向连接(连接导向)的、可靠的、基于字节流的传输层通信协议。TCP协议接收到应用层的数据流,首先将其分割成适当长度的报文段(通常受该计算机连接的网络的数据链路层的最大传送单元MTU的限制),之后TCP协议把结果包传给IP层,由IP层通过网络将包传送给接收端实体的IP层,再由接收端对IP报头进行剥离将负荷传到TCP层。

(1)TCP报文格式

TCP报文格式如图4－13所示。

TCP报文中主要字段的含义为:

- 源端口和目的端口:发送方和接收方的TCP端口号。端口号是进程间的通信

<table>
<tr><td colspan="3">源端口（16）</td><td colspan="2">目的端口（16）</td></tr>
<tr><td colspan="5">序列号（32）</td></tr>
<tr><td colspan="5">确认号（32）</td></tr>
<tr><td>首部长度（4）</td><td>保留（6）</td><td>码元比特（6）</td><td colspan="2">窗口（16）</td></tr>
<tr><td colspan="3">校验和（16）</td><td colspan="2">紧急指针（16）</td></tr>
<tr><td colspan="4">选项（可选）</td><td>填充</td></tr>
<tr><td colspan="5">数据</td></tr>
</table>

图 4－13　TCP 报文格式(单位:比特)

标识,每个端口号只对应主机上的一个进程。

- 序列号:该报文数据在发送方的数据流中的位置。当前时间值计算出一个数值作为起始序号。
- 确认号:期望收到对方的下一个报文段的第一个数据字节的序号。
- 首部长度:表示 TCP 报文首部信息的长度。由于首部可能含有选项内容,因此 TCP 首部的长度是不确定的。首部长度的单位是 32 比特或 4 个八位组。首部长度实际上也指示了数据区在报文段中的起始偏移值。
- 码元比特:
  * URG 表示紧急指针字段有效;
  * ACK 置位表示确认号字段有效;
  * PSH 表示当前报文需要请求推(push)操作;
  * RST 置位表示复位 TCP 连接;
  * SYN 用于建立 TCP 连接时同步序号;
  * FIN 用于释放 TCP 连接时标识发送方比特流结束。
- 窗口:窗口通告值。发送方根据接收的窗口通告值调整窗口大小。
- 紧急指针:如果 TCP 通信中,一方有紧急的数据(例如中断或退出命令)需要尽快发送给接收方,并且让接收方的 TCP 协议尽快通知相应的应用程序,可以将 URG 置位,并通过紧急指针指示紧急数据在报文段中的结束位置。
- 校验和:需要包含伪首部。伪首部中的协议类型值为 6。
- 选项:用于 TCP 连接双方在建立连接时协商最大的报文段长度 MSS(Maximum Segment Size)。
- 填充:为了使选项字段对齐 32 比特,可能采用若干位 0 作为填充数据。

TCP 连接包括三个状态:连接建立、数据传送和连接终止。TCP 用三路握手(three－way handshake)过程建立一个连接,用四路握手(four－way handshake)过程来拆除一个连接。关于详细内容,可以参考任意一本计算机网络协议相关的教材或著作。

(2)TCP协议的特点

①在TCP的数据传送过程中,很多重要的机制保证了TCP的可靠性:

A. 应用数据被分割成TCP认为最适合发送的数据块。

B. 当TCP发出一个段后,它启动一个定时器,等待目的端确认收到这个报文段。如果不能及时收到一个确认,将重发这个报文段。

C. 当TCP收到发自TCP连接另一端的数据,它将发送一个确认。这个确认不是立即发送,通常将推迟几分之一秒。

D. TCP将保持它首部和数据的检验和。这是一个端到端的检验和,目的是检测数据在传输过程中的任何变化。如果收到段的检验和有差错,TCP将丢弃这个报文段和不确认收到此报文段(希望发端超时并重发)。

E. 既然TCP报文段作为IP数据报来传输,而IP数据报的到达可能会失序,因此TCP报文段的到达也可能会失序。如果必要,TCP将对收到的数据进行重新排序,将收到的数据以正确的顺序交给应用层。

F. 既然IP数据报会发生重复,TCP的接收端必须丢弃重复的数据。

G. TCP还能提供基于滑窗的流量控制。TCP连接的每一方都有固定大小的缓冲空间。TCP的接收端只允许另一端发送接收端缓冲区所能接纳的数据。这将防止较快主机致使较慢主机的缓冲区溢出。

H. 在拥塞控制上,采用广受好评的TCP拥塞控制算法(也称AIMD算法),该算法主要包括三个部分:加性增、乘性减;慢启动;对超时事件做出反应。

②由于TCP提供的是面向连接的、可靠的字节流服务,使其十分适合提供文件传输、计算机邮件、远程打印等可靠性要求高、时延要求较低的应用,而不适合传输实时的视频流和音频流。主要原因在于:

A. 反馈重发和差错控制机制要求接收端等待重发的报文,增加了媒体流的随机时延;

B. 基于滑窗的流量控制要求发送端在发送窗口满时暂停发送,造成媒体流的不连续性;

C. 基于拥塞窗口的拥塞控制机制在拥塞窗口增大到一定程度、出现超时(拥塞发生)时将其迅速降低到很小,会严重损坏媒体流的平稳性和均匀性。

2. UDP协议

和TCP面向连接的机制不同,UDP是一种无连接的传输层协议,它不提供报文到达确认、排序、及流量控制等功能,因此主要用于不要求分组顺序到达的传输,分组传输顺序的检查与排序由应用层完成,提供面向事务的简单、不可靠信息的传送服务。

由于 UDP 是无连接的，具有资源消耗小、处理速度快的优点，所以在传送音频流、视频流、非重要数据时使用较多，如网络视频会议系统、聊天应用等。当网络条件尚可时，即使偶尔丢失一两个数据包，也不会对接收结果产生太大影响；但在网络环境较为恶劣时，UDP 协议数据包丢失会比较严重。

(1) UDP 报文格式

在交给 IP 层之前，UDP 要在给用户发送的数据加上一个首部，形成 UDP 报文（如图 4－14 所示）。然后，IP 层又给从 UDP 接收到的数据报加上一个首部。最后，网络接口层把数据报封装到一个帧里，再进行机器之间的传送。

源端口（16）	目的端口（16）
UDP长度（16）	UDP校验和（16）
数据	

图 4－14　UDP 报文格式

UDP 报文中主要字段的含义为：

- 源端口和目的端口：发送方和接收方的 TCP 端口号。UDP 协议同样使用端口号为不同的应用保留其各自的数据传输通道。
- UDP 的长度，指包括报头和数据部分在内的总字节数。因为报头的长度是固定的，所以该域主要被用来计算可变长度的数据部分（又称为数据负载）。数据报的最大长度根据操作环境的不同而不同。从理论上说，包含报头在内的数据报的最大长度为 65535 字节。不过，一些实际应用往往会限制数据报的大小，有时会降低到 8192 字节。
- 校验和：与 TCP 校验和计算方法相同，同样需要包含伪首部。

(2) UDP 协议的特点

UDP 协议的主要特点包括：

①UDP 传送数据前并不与对方建立连接，即 UDP 是无连接的，在传输数据前，发送方和接收方相互交换信息使双方同步。

②UDP 不对收到的数据进行排序，在 UDP 报文的首部中并没有关于数据顺序的信息，而且报文不一定按顺序到达，所以接收端无从排起。

③UDP 对接收到的数据报不发送确认信号，发送端不知道数据是否被正确接收，也不会重发数据。

④UDP 传送数据较 TCP 快速，系统开销也少。

由于 UDP 比 TCP 简单、灵活，常用于少量数据的传输，如域名系统（DNS）以及简单文件传输系统（TFTP）等。TCP 则适用于可靠性要求很高但实时性要求不高的应用，如文件传输协议 FTP、超文本传输协议 HTTP、简单邮件传输协议 SMTP 等。

在对媒体流传输的支持上，按道理来说，面向连接的服务更适合媒体流的传输，因为它具有按顺序到达的媒体流特性，以及根据连接可以进行资源预留的特性，这两个特性是无连接服务不具备的。但是 TCP 严重损坏媒体流的平稳性和均匀性，不适合传输实时的媒体流数据（媒体流传输更注重时间特性，而不是可靠性），并且 TCP 的面向连接特性导致其在多播环境中很难扩充容量。虽然 UDP 不建立连接，无流量控制和拥塞控制，可能造成不同报文段到达接收端可能经历不同的时延，到达顺序也可能和发送端不同，但是这种简单特性反而可以用于实时媒体流的传送，不会造成媒体流分组的忽快忽慢的现象。在底层网络的差错率低并且网络不拥塞的情况下，用 UDP 更合适。除此之外，某些高层协议还可以作为有益的补充，如利用实时传送协议（RTP）对媒体分组的传送时间进行控制；利用资源预留协议（RSVP）进行端到端路径上的网络资源预留。

3. RSVP

由于音频和视频数据流比传统数据对网络的延时更敏感，要在网络中传输高质量的音频、视频信息，除带宽要求之外，还需其他更多的条件。使用 RSVP 预留部分网络资源（即带宽），能在一定程度上为流媒体的传输提供 QoS。

RSVP 可以工作在传输层，也可以直接工作在 IPv4 或 IPv6 之上，但不管怎样，RSVP 并不处理传输层的数据。从本质上看，RSVP 更像是网络控制协议，如 ICMP（Internet Control Message Protocol），IGMP（Internet Group Management Protocol）。同样地，RSVP 本身也不是路由协议，只是和点对点传播和多点组播协议一起工作。

RSVP 的实现通常在后台执行，而不是出现在数据传送的路径上。RSVP 进程通过本地的路由数据库来获取路由信息，如在多点组播过程中，主机端送出 IGMP 报文来加入一个多点组播的组群，然后送出 RSVP 报文在组群的传送路径上保留网络资源，路由协议决定报文的走向，而 RSVP 仅关心这些报文在它将走的路径上能否获得满意的服务质量。

考虑异构接收端的需要不同，RSVP 采用接收端发起的预留方式，而不是面向发送端的预留。RSVP 实现预留机制依靠路径（Path）和预留（Resv）两种报文实现。发送端周期性发送 Path 报文，沿着单播或多播路径到达接收端。其中 Path 报文包括发送端的 IP 地址和端口、发送端的通信量特征、从发送端到接收端的端到端路径信息、前一跳转发 Path 报文的 RSVP 结点的地址。一旦接收到 Path 消息，接收端就以单播方式沿着反向路径向发送端发送 Resv 报文。在路径上的每一跳，路由器根据预留请求预留要求的带宽，如果剩余的带宽不够，就返回预留失败的消息。当 Resv 报文传递至发送端，从发送端到接收端沿途路径上的资源就被预留完毕。图 4 – 15 表示了 Path 报文和 Resv 报文的预留过程。

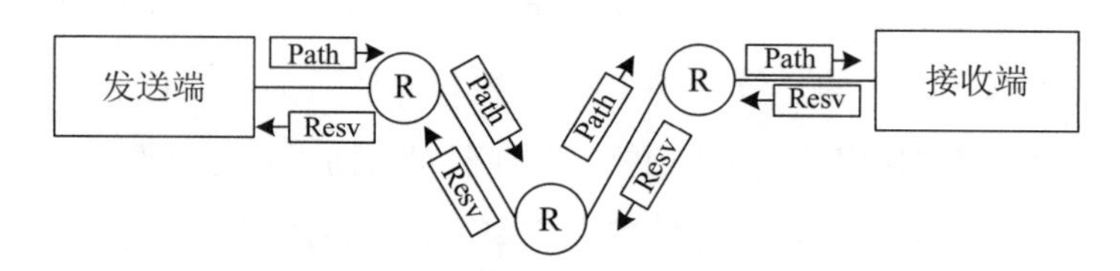

图 4 – 15　Path 报文和 Resv 报文的预留过程

4.1.4　TCP/IP 应用层

正如前文所述，UDP 协议提供高效（但可靠性不高）的无连接的数据报服务，更适合进行媒体流的传输。但是如果要保证媒体流的可靠性以及数据的同步，还需要在 UDP 上层运行其他高层协议进行补充。RTP（Real Time Protocol，实时传输协议）、RTCP（Real – time Transport Control Protocol，实时传输控制协议）、RTSP（Real – time Transport Stream Protocol，实时传输流协议）、RSVP（Resonrce Reservation Protocol，资源预留协议）正是这样的高层（应用层）协议。

1. RTP

RTP 定义在 RFC 1889 中，被广泛应用在单播和多播中以实时传输多媒体数据，如流媒体、H. 323 视频会议。RTP 协议的主要目标是创建时间戳和排序机制来保证数据的有序性。从开发者角度，RTP 是应用层的一部分。RTP 报头格式如图 4 – 16 所示。

0		4		8 9		1516	31
V	P	X	#CSRC	M	有效负载类型	序列号	
时间戳							
同步源（SSRC）ID							
参与流源（CSRC）IDs（可选） ……							

图 4 – 16　RTP 报头格式

RTP 报文由两部分组成：报头和有效载荷。其中各字段的含义为：

- V：RTP 协议的版本号，占 2 位。
- P：填充标志，占 1 位，如果 P = 1，则在该报文的尾部填充一个或多个额外的八位组，它们不是有效载荷的一部分。
- X：扩展标志，占 1 位，如果 X = 1，则在 RTP 报头后跟有一个扩展报头。
- #CSRC，CSRC 计数器，占 4 位，指示 CSRC 标识符的个数。

- M:标记,占1位,不同的有效载荷有不同的含义,对于视频,标记一帧的结束;对于音频,标记会话的开始。
- 有效载荷类型(PT),占7位,用于说明RTP报文中有效载荷的类型,如GSM音频、JPEM图像、MPEG1视频等,在流媒体中大部分是用来区分音频流和视频流的,这样便于客户端进行解析。
- 序列号:占16位,用于标识发送者所发送的RTP报文的序列号,每发送一个报文,序列号增1。这个字段当下层的承载协议用UDP的时候,网络状况不好的时候可以用来检查丢包。同时,出现网络抖动的情况可以用来对数据进行重新排序。这个字段是必需的,比如一个视频数据帧的所有数据报都有相同的时间戳,如果只按照时间戳进行排序的话是不够的。
- 时间戳(Timestamp):占32位,是RTP中最重要的字段。时戳反映了该RTP报文的前八个自己的读取时间(采样时刻),它是由发送者设置的。接收者使用时戳来计算延迟和延迟抖动,并进行同步控制。
- 同步源(SSRC)ID:占32位,用于确定不同的多媒体数据源(比如视频和音频)。如果数据是从同一个源发出的,那么它们便会具有相同的同步源以保证它们的同步。该标识符是随机选择的,参加同一视频会议的两个同步信源不能有相同的SSRC。
- 参与流源(CSRC)标识符:每个CSRC标识符占32位,可以有0~15个。每个CSRC标识了包含在该RTP报文有效载荷中的所有参与传输的数据源,比如音频会议的所有发言。

RTP协议只提供时间信息和实现流同步,也即RTP协议只是规定了音频和视频数据、顺序号和时间戳等信息如何封装在传输层(UDP)分组中,数据传输功能仍是由底层的传输协议完成,如图4-17所示。

图4-17　RTP协议的封装关系

2. RTCP

RTP本身不提供任何机制来确保数据的按时发送或保证服务的质量,甚至不能保证分组的顺序递交。服务质量的保证由RTCP协议来完成。因此RTCP常被称为RTP的孪生协议。RTCP负责向RTP参与者提供QoS反馈,与RTP一起提供流量控制和拥塞控制服务。RTCP分组也使用UDP传送,但RTCP并不对声音或视像分组进行封装。可将多个 RTCP 分组封装在一个 UDP 用户数据报中。RTCP 分组周期性地在网上传送,它带有发送端和接收端对服务质量的统计信息报告。RTCP 分组格式如图 4-18 所示。

Version	P	RC	包类别
长度			

图 4-18 RTCP 分组格式

(1)RTCP 分组中各字段的含义如下:

- Version:识别 RTP 版本。RTP 数据包中的该值与 RTCP 数据包中的一样。
- P 填充(Padding):设置时, RTCP 数据包包含一些其他 Padding 八位位组,它们不属于控制信息。Padding 的最后八位是用于计算应该忽略多少间隙八位位组。一些加密算法中需要计算固定块大小时也可能需要使用 Padding 字段。在一个复合 RTCP 数据包中,只有最后的个别数据包中才需要使用 Padding ,这是因为复合数据包是作为一个整体来加密的。
- RC:接收方报告计数。包含在该数据包中的接收方报告块的数量,有效值为 0。
- 包类别:识别当前数据包的类别。
- 长度:RTCP 数据包的大小。

(2)关于“包类别”字段,RTCP 定义了五种分组类型:

①SR:发送端报告,所谓发送端是指发出 RTP 数据报的应用程序或者终端,发送端同时也可以是接收端。

②RR:接收端报告,所谓接收端是指仅接收但不发送 RTP 数据报的应用程序或者终端。

③SDES:源描述,主要功能是作为会话成员有关标识信息的载体,如用户名、邮件地址、电话号码等,此外还具有向会话成员传达会话控制信息的功能。

④BYE:通知离开,主要功能是指示某一个或者几个源不再有效,即通知会话中的其他成员自己将退出会话。

⑤APP:由应用程序自己定义,解决了 RTCP 的扩展性问题,并且为协议的实现者提供了很大的灵活性。

RTCP 工作过程就是围绕上述 5 种报告进行的。当应用程序开始一个 RTP 会话时将使用两个端口:一个给 RTP,一个给 RTCP。发送媒体流的应用程序将周期性地产生发送端报告 SR,该 RTCP 数据报含有不同媒体流间的同步信息,以及已经发送的数据报和字节的计数,接收端根据这些信息可以估计出实际的数据传输速率。另一方面,接收端会向所有已知的发送端发送接收端报告 RR,该 RTCP 数据报含有已接收数据报的最大序列号、丢失的数据报数目、延时抖动和时间戳等重要信息，发送端应用根据这些信息可以估计出往返时延，并且可以根据数据报丢失概率和时延抖动情况动态调整发送速率，以改善网络拥塞状况，或者根据网络状况平滑地调整应用程序的服务质量。

RTP和RTCP配合使用，它们能以有效的反馈和最小的开销使传输效率最佳化，因而特别适合传送网上的实时数据。

3. RTSP

RTSP是应用层协议，位于RTP和RTCP之上，也可直接由TCP或UDP传输。RTSP常用于媒体流的流式传输控制中（点播或组播均可），即通过定义具体的控制消息、操作方法、状态码等，在媒体服务器和客户端之间建立和控制（播放、暂停、快进）连续的音/视频媒体流。注意，RTSP本身并不提供数据传输功能，其本身仅提供数据的控制功能。RTSP和RTP、RTCP的关系如图4－19所示。

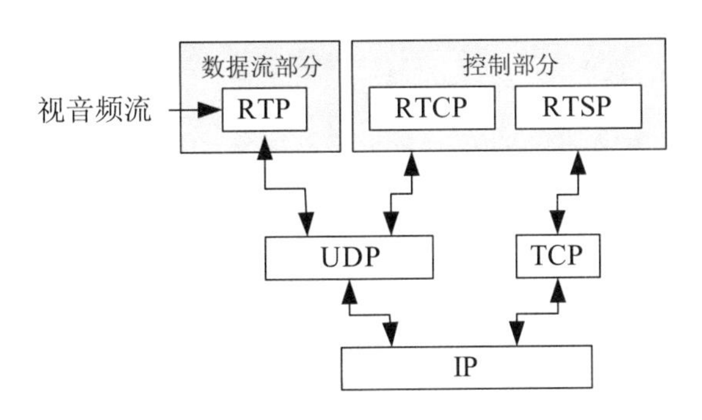

图4－19　RTSP和RTP、RTCP的关系

RTSP提供了一个可扩展框架，使实时数据（如音频与视频）的受控点播成为可能。图4－20为RTSP的交互过程示例。

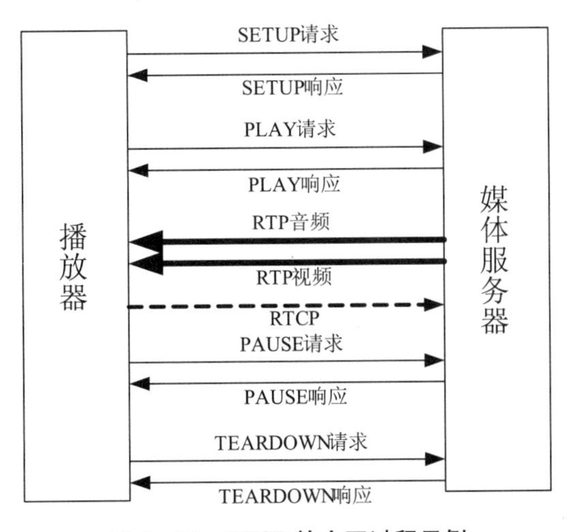

图4－20　RTSP的交互过程示例

媒体播放器根据浏览器交付的表现描述文件得到要求观看的连续媒体文件。在表现描述文件中,用 URL: rstp://… 引用连续媒体文件,说明是采用 RTSP 进行播放控制。

建立会话:播放器发出 SETUP 信息来通知服务器发送目的地的 IP 地址、端口号、协议和 TTL(对于多播)。在服务器端返回一个会话 ID 后,该会话被建立。

请求和接收媒体:当收到 PLAY 消息后,服务器开始使用 PTP 传送音频/视频流。数据流后面是 RECORD(开始从客户端接收数据)或者是 PAUSE 消息(暂停发送数据)。RTSP 还支持其他的 VCR 命令,如 FAST - FORWARD(快进)和 REWIND(快退)等。在会话过程好中,播放器定期向服务器发送 RTCP 数据包来提供接收到 QoS 的反馈信息。

会话关闭:TEARDOWN 用于关闭当前会话。

4.2 内容缓存技术

随着互联网在世界范围的普及以及主干网带宽的快速提升,网络连接情况得到了极大改善,这促进了网络应用情况的变化。Internet 内容服务从传统的网页和小文件下载的形式,转变为大文件交换和在线流媒体等高速、高性能服务。中国互联网络发展状况统计报告指出,截至 2013 年 6 月底,我国域名总数为 1469 万个,网站总数为 294 万个,半年增长率为 9.6%,国际出口带宽为 2,098,150Mbps,半年增长率为 10.4%。我国网络视频应用的网民规模达到 3.89 亿,半年增长率为 4.5%。网民中上网收看视频的比例为 65.8%,与上年底持平。因此,现在的网络内容提供商所面对的是大规模海量用户的服务需求。

这种大规模海量用户服务需求的不断增大,使得传统 Client/Server 架构构建的内容服务系统面临的问题日益突出,即服务器端本身性能和其接入网络带宽容易成为系统可扩展性和服务性能的瓶颈:由于 Internet 的 IP 协议“尽力而为”的特性,服务器进行内容发布的质量保证是依靠在各用户和应用服务器之间能提供充分的、远大于实际所需的带宽来实现的。由于网络访问对于带宽的要求呈现端对端的形式,某段网络带宽瓶颈的限制将造成整个网络的拥塞。如当大量用户同时访问同一台服务器时,一方面,对连接服务器的链路带宽要求将更高,这使得大量宝贵的骨干带宽被占用,另一方面,ICP 的应用服务器负载也变得非常沉重。尽管服务器的部署方式也已从传统的单一服务器,发展到现在的集群服务器、并行服务器以及分布式服务器等方式,但其面临的服务压力仍在日趋增大,在很多领域难以满足不断增长的应用需求。正是由于这个原因,当发生一些热点事件或出现浪涌流量时,就会产生局部热点效应,从而使应用服务器或其链路因过载而退出服务,直接影响到网民的正常生活、工作和学习。

为了解决这些问题,网站运营者们一直在不断尝试各种网站加速技术,为此出现了内容缓存技术。另外,为解决互联网内容分发问题,两种新型的内容分发架构应运而生,它们是对等网络(Peer - To - Peer Networks,P2P)和内容分发网络(Content Delivery Networks,CDN)。其中,对等网络从客户的角度出发,侧重于把客户端组织起来,以互相协作的方式来解决内容服务问题。P2P网络最大的特点就是用户之间是直接共享资源的,这也是提高网络可扩展性、解决网络带宽问题的关键所在,其核心技术是分布式对象的定位机制。CDN则是从服务商的角度出发,构建专用的网络将要分发的内容推送到网络的边缘,从而减少了核心网流量并提高了用户的访问速度。

4.2.1 网站加速技术

1. 扩展技术 Scale up/Scale out

Scale up,是最简单、最直接的方法,就是提高网站服务器的硬件配置,比如增加高速处理器、配置更大的内存和硬盘、或者配置多处理器系统。用户依然是直接访问单台源站服务器,只是服务器能够提供服务的用户数量增加了。这对于解决远距离传输带来的质量问题是无效的,而且往往需要同时对整个系统进行硬件升级,其灵活性和可扩展性都比较差。

Scale out,采用服务器集群。随着网站用户数的不断增长,网站的单台普通服务器再也满足不了大规模用户并发处理的要求,于是产生了集群方案。一个集群由很多台服务器组成,以负载分担的方式处理同一个站点的用户请求。集群内需要引入负载均衡设备,根据用户请求的类型、请求内容、用户名称等,将请求分配到某台服务器上进行响应。

2. 镜像技术 Mirroring

一个磁盘上的数据在另一个磁盘上存在一个完全相同的副本,称为磁盘镜像。镜像是集群技术的一种,是冗余的。镜像主要用于备份,在数字媒体服务和分发领域,是指将数字媒体的服务能力和完整内容都备份到网络上不同地址的另一个地方。

基于镜像技术的主要应用方式是镜像网站,即对整个网站中的内容进行镜像复制,并对镜像网站多点部署。用户在访问网站时可以自主选择速度较快的镜像站点,从而得到更快更好的服务,降低主网站/原始网站的负载。例如,HTTP下载服务器在不同城市或针对不同运营商的IDC可以进行镜像处理,加速分发。

部署镜像站点是一段时间里被广泛采用的网站加速方法,至今一些网站仍在使用。镜像服务器上安装有一个可以进行自动远程备份的软件,每隔一定时间,各个镜像服务器就会到网站的源服务器上去获取最新的内容。这种方法常用来解决源站服务器和用户在不同运营商网络中的问题。镜像站点对主站点起到了用户分流作用和应急备份作用。不过,用户自行选择时往往带有一定的盲目性,有时并不能起到就近服务的作用。另外,对于镜像站点来说,每个镜像都是源站的百分之百复制,所以对体积庞大的网站来说,部署多个镜像站点的成本非常高。

3. *缓存技术 Cache*

缓存是指将访问过的数字媒体存储起来,为后续的重复访问使用。比如某用户 A 通过缓存设备访问了一个网站 www. abc. com 提供的流媒体文件 sample. mp4,当另一个用户 B 也要访问 sample. mp4 时就不用再访问网站 www. abc. com 了,缓存设备直接将已缓存好的流媒体文件 sample. mp4 发送给用户 B。基于缓存技术的主要应用方式有缓存代理和 CDN。有关 CDN 的内容将在其他章节中给予介绍。

缓存代理只能服务一定范围的访问域,访问域内的内容访问请求通过缓存代理执行。缓存代理只缓存被访问过的内容,后续相同内容的访问将直接通过缓存代理获得服务。缓存代理的一种复杂实现形式是部署分层缓存,即在不同的物理位置部署多台缓存服务器,逻辑上采用分层模式,上层缓存作为下层缓存的内容存储器,保证及时向下一级缓存提供所需的内容。直接向用户提供服务的服务器只需向上一层缓存服务器请求内容,而并非直接向源站请求内容。这样缩短了获得内容的时间,同时分担了源站服务器的压力。

4.2.2 缓存技术的工作方式

内容缓存技术是通过对内容副本进行缓存来满足后续相同的用户请求。在实际的网络部署应用中,内容缓存工作是通过 Cache 设备来实现的。通常来说,根据缓存内容的不同,可以将 Cache 设备分为 Web Cache 和流媒体 Cache 两大类。Web Cache 设备主要用于缓存普通网页的内容和对象,同时大多数设备也具备文件下载、流媒体服务等能力;流媒体 Cache 设备主要是针对视频流媒体服务进行加速,功能相对单一。目前,大多数设备厂商在研发 Cache 设备时,不会对主要用于流媒体的 Cache 设备和主要用于网页缓存的 Cache 设备进行产品区分。我们将以 Web Cache 为例,分析和说明内容缓存技术的工作原理。

根据 HTTP 协议的定义,在一次网页访问中,用户从客户端发出请求到网站服务器响应请求内容的交互过程中,通常会涉及 4 个关键的网元,即用户、代理、网关和 Web 服务器。内容缓存技术可以在任何一个中间网元上实现。Cache 设备通常有正向代理、反向代理和透明代理三种工作方式。

1. 正向代理(Forward Proxy)

在正向代理方式下,使用者需要配置的其网络访问的代理服务器地址为 Cache 设备的地址,内网用户对互联网的所有访问都通过代理服务器代理完成。使用者也可以仅对特殊应用设置代理服务器,这样仅该类访问需要通过代理服务器代理完成。通常,正向代理的缓冲设备支持冗余配置,从而保证代理系统的稳定性和可用性。正向代理的工作原理示意图如图 4－21 所示。

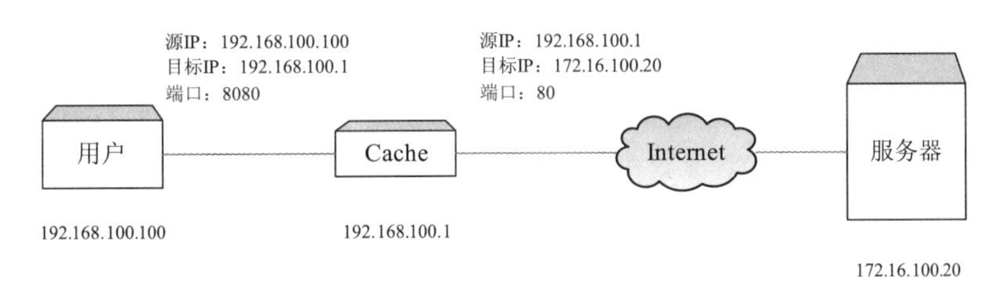

图 4－21　正向代理工作方式示意图

图 4－21 演示了一个正向代理的应用实例。用户主机和代理服务器部署在同一网络环境中,主机地址 192. 168. 100. 100,正向代理服务器的地址 192. 168. 100. 1,用户想要访问外网服务器地址为 172. 16. 100. 20。通常用户需要为所使用的主机配置正向代理服务器地址(192. 168. 100. 1)和服务端口(8080)。之后用户在上网时期主机对外网服务器的数据传输首先要传输给正向代理服务器,代理服务器检查代理缓存中是否保存了用户请求数据,如果有则直接返回给用户,如果没有缓存请求内容,则正向代理服务器负责发送用户主机请求数据到外网目标服务器,同时接收并缓存外网服务器响应数据,将响应数据反馈给用户主机。

正向代理多用于中小企业网络环境,Cache 设备作为企业网的出口网关提供代理服务、内容缓存、Internet 访问控制、安全认证等功能。在正向代理方式下,Cache 设备可以为企业网节省出口带宽,提高企业内部网络的安全性,防止员工滥用网络资源并在一定程度上防御病毒感染。

2. 反向代理(Backward Proxy)

在反向代理方式中,用户不需要配置代理服务器地址,Cache 设备的地址作为被访问域的服务地址写入 DNS 记录,并利用 Cache 设备的内容路由/交换能力完成代理访问。反向代理和其他代理方式的区别是,反向代理专门对定制的内容进行加速,如 www. abc. com 中的所有网页内容或者域名中的所有流媒体内容。

反向代理多用于大型 ISP/ICP 和运营商环境,对于运营商和 ISP,反向代理可以实施透明的内容缓存,增加用户访问内容的速度和提高客户满意度。反向代理的优势在于,用户不会感觉到任何 Cache 设备的存在。同时,反向代理的部署方式有很多变化,ISP 可以通过在服务器集群前部署简单的内容交换设备实现。在反向代理方式下,当 Cache 数量较多,网络规模较大时,需要部署全局负载均衡 GSLB 来对全网中的 Cache 进行负载均衡,并对全网的内容分发策略进行设定。

图 4－22 演示了一个反向代理的应用实例。代理服务器 Cache 和应用服务器部署在同一网络环境中,用户主机地址 192.168.100.100,应用服务器地址 172.16.100.20,反向代理服务器地址 172.16.100.1,应用服务器对外访问地址为反向代理服务器地址,用户直接访问代理服务器获取应用服务器提供的服务,而不需要配置任何代理服务。大致流程为:用户首先发送数据请求到外网的反向代理服务器,代理服务器检查代理缓存中是否保存了用户请求的数据,如果有则直接返回给用户,如果没有缓存请求的内容,则反向代理服务器将用户主机请求的数据发送给应用服务器,接收应用服务器响应数据并反馈给用户,同时缓存相关内容。在执行反向代理功能时,代理服务器响应了大部分应用访问请求,大大减轻了应用服务器的负载压力。

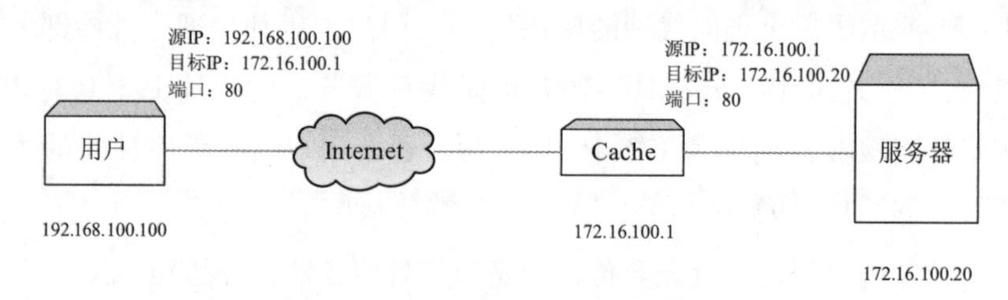

图 4－22　反向代理工作方式示意图

3. 透明代理(Transparent Proxy)

在透明代理方式下,用户的浏览器不需要配置代理服务器地址,用户也不会感觉到任何 Cache 的存在,但是用户的路由设备需要支持 WCCP(Web Cache Control Protocol)协议。路由器配置了 WCCP 功能后会把指定的用户流量转发给 Cache,用 Cache 对用户提供服务。另一种方案是利用 4 层交换机将用户的流量转发给 Cache,由 Cache 设备对用户提供服务。使用 WCCP 或 4 层交换都可以支持负载均衡,可以对多台 Cache 平均分配流量。这样可以扩展网络规模,支持大量的用户访问。

透明代理可以看作是一种通过网络设备或协议实现的正向代理工作方式,因而它具备很多与正向代理相同的特点,多用于企业网环境和运营商环境。Cache 设备作为企业网的 Internet 网关出口提供代理服务、内容缓存、Internet 访问控制、安全认证等功能。在透明代理模式下,Cache 设备可以为企业网节省出口带宽,提高企业内部网络的安全性,防止员工滥用网络资源并在一定程度上防御病毒感染。图 4－23 演示了一个透明代理工作方式的应用实例。

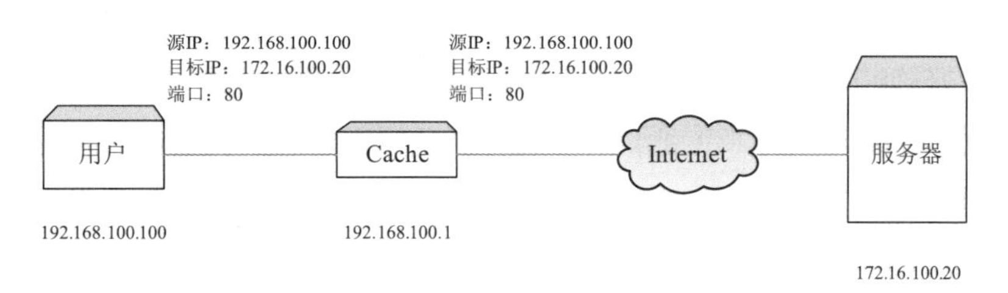

图4-23　透明代理工作方式示意图

4.2.3　Web缓存技术

在Web出现以前，互联网上的信息只有文本形式。人们在进行信息检索的时候，不容易识别，而且索然无味。而现在的Web可以将图形、音频、视频等信息集合于一体。内容丰富、使用方便快捷、简单易懂，这些是Web应用能够流行的很重要的原因。另外，Web具有跨平台特性和良好的交互性。

从技术层面来看，Web架构的精华在于，它用超文本技术（HTML）实现信息与信息的连接，用统一资源标识符（URI）实现全球信息的精确定位，用应用层协议（HTTP）实现分布式的信息共享。

HTTP，超文本传输协议，描述了Web客户端如何从Web服务器请求Web页面，以及服务器如何把Web页面传送给客户的过程和相关消息。一个HTTP请求和响应的基本过程为：当用户通过点击某个HTML页面中的超链接或者直接在浏览器中输入网址来请求一个Web页面时，浏览器把该页面中各个对象的HTTP请求消息发送给服务器。服务器收到请求后，将这些对象包含在HTTP响应消息中作为响应。

HTTP是Web技术中最为关键的应用层协议，也是目前互联网上应用最为广泛的一种网络应用层协议。

1. HTTP协议中的缓存技术

缓存是位于服务器和客户端的中间单元，主要根据用户代理发送过来的请求，向服务器请求相关内容后提供给用户，并保存内容副本，如HTML页面、图片、文本文件或者流媒体文件。然后，当下一个针对相同URL的请求到来时，缓存直接使用副本来响应HTTP请求，而不再向源服务器发送请求。

使用缓存带来三个好处。一是缩短响应延迟。缓存服务器距离用户更近，如果可以直接提供服务，响应时延将大大减少，使用户感觉Web服务器响应更快。二是减少网络带宽消耗。当缓存直接使用副本为用户服务时，缓存与源服务器之间的通信链路带宽消耗大大降低，提供服务的缓存服务器越靠近用户，节约的网络资源越多。三是降低源服务器负载。用户原本需要访问源服务器的大量请求都在缓存中直接得到服务,源服务器的响应次数大大降低。

HTTP 协议定义了各种各样的缓存控制方法。一般来说,缓存可以按照以下的基本原则工作:

✧如果响应消息的头信息告诉缓存不要保留副本,相应内容就不会被缓存。

✧如果请求信息需要源服务器认证或者涉及安全协议,相应的请求内容也不会被缓存。

✧如果缓存的内容含有以下信息,内容将会被认为是足够新的,因此不需要从源服务器重新获取内容。

  ■ 含有过期时间和寿命信息,并且此时内容仍没有过期。

  ■ 缓存内容近期被用来提供过服务,并且内容的最后更新时间相对于最近使用的时间较近。

✧如果缓存的内容已经过期,缓存服务器将向源服务器发出验证请求,用于确认是否可以继续使用当前内容直接提供服务。

✧在某些情况下(如源服务器从网络中断开了),缓存的内容在过期的情况下也可以直接提供服务。

✧如果在响应消息中不存在用于判断内容是否变化的验证值,并且也没有其他任何明显的新鲜度,内容通常不会被缓存。

以上基本原则告诉我们,新鲜度和验证是我们确认内容是否可直接提供服务的最重要依据。如果缓存内容足够新鲜,就可以直接满足 HTTP 访问的需求;如果内容过期,而经源服务器验证后发现内容没有发生变化,源服务器也会避免将内容从源服务器重新传送一遍。

2. Cache 设备关键性能指标

引入 Web Cache 技术的主要目的是通过对内容副本进行缓存来满足后续相同的用户请求,使用 Cache 设备分担用户对源站点访问负载,从而提高 Web 站点的请求响应速度和用户访问并发量。用于衡量 Cache 设备的关键性能指标包括:用户访问并发量(即请求链接数量)、数据分发吞吐量(即带宽)、服务命中率、丢包率和响应时间等。

(1)并发量

采用 Web Cache,一方面能够大大提高 Web 站点并发用户数量,提高 Web 站点的响应速度;另一方面由于 Web Cache 本身硬件配置的高低就限制了其处理性能,因此,在设计 Web Cache 初期就需要规划好其能够处理的用户访问并发量。

(2)吞吐量

Web Cache 的吞吐量是指单位时间内能够处理、转发的数据量大小。吞吐量是衡量缓存设备处理速度的重要性能指标。Cache设备的吞吐量由CPU性能、网络接口卡性能、数据传输总线的大小、磁盘速度、内存缓冲器容量以及软件对这些部件进行管理的有效程度共同决定。在实际应用中,Web Cache所能达到的吞吐量除了受其本身处理性能的限制外,还要依赖于网络传输带宽和应用协议本身的传输效率。

(3)命中率

为用户提供内容服务时,如果该节点已缓存了要被访问的数据,可以直接为用户提供服务,称为命中;如果没有的话,需要到内容源服务器索取,就是未命中。命中率=命中数/总请求数。这里所说命中率是指Cache服务HTTP请求命中率,典型的Web Cache命中率在30%到60%之间。另外一个类似的指标是字节命中率。Cache命中率越高,说明缓存策略越合适,传递给源站的压力越小。所以说,缓存命中率是判断加速效果优劣的重要指标之一。

提高缓存命中率的方法有很多,比如增加Cache磁盘空间,从而可以缓存更多的内容对象,或者改用效率更高的内容更新算法使得Web Cache的单位服务时间内的命中次数更多。

(4)响应时间和丢包率

请求响应时间是指从用户发起内容访问请求到浏览器获取到内容的这段时间,是Web用户体验最重要的因素之一。响应时间主要由以下几个方面决定:

DNS解析时间:DNS解析是用户访问页面或者请求服务的第一步,通常在0.18~0.3秒为正常。

建立连接时间:指浏览器和Web服务器建立TCP/IP连接所消耗的时间,它主要考量服务器硬件的处理性能,通常在0.15~0.3秒为正常。

重定向时间:指从收到Web服务器重定向指令到Web服务器提供的第一个数据包之前的消耗时间,通常小于0.1秒。

收到第一个包时间:指从浏览器发送HTTP请求结束开始,到收到Web服务器返回的第一个数据包消耗的时间,它主要考量动态或回源的性能,通常在0.2~0.4秒为正常。

图片下载时间:通常采用150KB大小的图片下载所使用的时间来测评加速性能,此时间在1~2秒为正常。

页面总下载时间:指页面所有内容全部到达浏览器的时间,它表示页面的总体耗时。不同类型的站点评定标准不同,通常在10秒以内。

丢包率是指Web Cache响应数据传输过程中所丢失的数据包数量占所发送数据包数量的比率。丢包率越高,重传的数据量越大,从而延长了Cache的响应时间。

4.3 CDN 流媒体

流媒体技术是当前在互联网上传播多媒体信息的主要方式。现阶段视频的点播与直播是流媒体主要的应用。以影视节目为主的流媒体业务的引入,给网络运营带来了很大冲击,传统的网络模型和业务模型难以满足流媒体业务的需要。

流媒体业务的属性主要体现在:高带宽需求,高 QoS 保证需求,双向不对称,点对多点的需求,大用户量。

传统的因特网是基于包交换的 IP 网络,它提供的是集中式的服务,不是为流媒体业务属性而设计的,因此直接在互联网承载流媒体业务会产生许多问题,主要表现为以下几个方面:

(1)端到端带宽和 QoS 难以保证。主站提供的带宽有限造成服务的有限性。传送的内容可能需要贯穿多个骨干网,经过相当长的距离才能够到达目的地,也可能会因为一些节点的问题造成内容无法传递,形成拥塞。

(2)网络通常不支持多播,广播型业务需要采用多个点对点传输实现,不但耗费大量的骨干网络带宽,而且对源点也构成极大的压力。

(3)一旦流媒体业务用户量和业务量加大,对现有网络的模型造成很大的冲击,甚至会使得现有网络难以满足常规业务的开展。

(4)SP 的接入是个瓶颈,会影响业务的正在开展,接入带宽、业务访问能力描述。

上述问题在现有网络框架下是难以解决的,引入内容分发网络(CDN)正是为了解决上述问题。另一方面,在宽带流媒体应用的推动下, CDN 发展迅速,流媒体内容取代 Web 内容已经成为 CDN 主要承载的对象。

4.3.1 什么是 CDN

CDN 的全称是 Content Delivery Network,即内容分发网络,其基本思路是尽可能地避开互联网上有可能影响数据传输速度和稳定性的瓶颈和环节,使内容传输得更快、更稳定。在现有的互联网基础之上,通过在网络各处放置节点服务器构成一层智能虚拟网络,CDN 系统能够实时地根据网络流量和各节点的连接、负载状况以及到用户的距离和响应时间等综合信息,将用户的请求重新导向离用户最近的服务节点上。其目的是使用户能够就近取得所需内容,解决 Internet 网络拥挤的状况,提高用户访问网站的响应速度。

CDN 采取了分布式网络缓存结构,通过在现有的 Internet 中增加一层新的网络架构,将网站的内容发布到最接近用户的 Cache 服务器内;通过 DNS 负载均衡的技术判断用户来源,就近访问 Cache 服务器取得所需的内容,解决 Internet 网络拥塞状况,提高用户访问网站的响应速度。CDN 如同提供了多个分布在各地的加速器,以达到快速、可冗余地为多个网站加速的目的。

目前,国内访问量较高的大型网站如新浪、网易等,均使用 CDN 网络加速技术,虽然网站的访问巨大,但无论在什么地方访问都会感觉速度很快。而一般的网站,如果服务器在网通,电信用户访问很慢;如果服务器在电信,网通用户访问会很慢。

4.3.2　CDN 的系统架构与分类

1. CDN 功能架构

从功能上划分,典型的 CDN 系统架构由分发服务系统、负载均衡系统和运营管理系统三大部分组成,如图 4－24 所示。

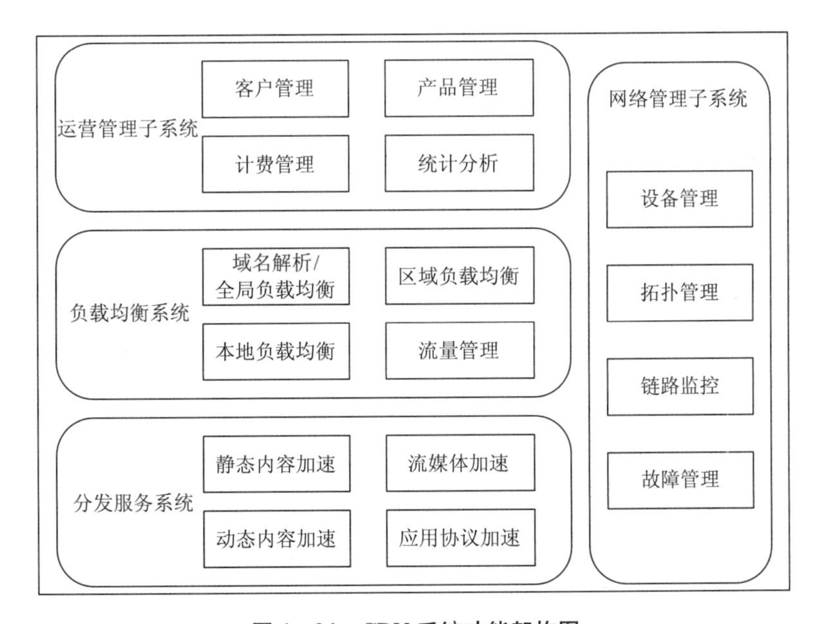

图 4－24　CDN 系统功能架构图

分发服务系统的主要作用是实现将内容从内容源中心向边缘的推送和存储,承担实际的内容数据流的全网分发工作和面向最终用户的数据请求服务。分发服务系统最基本的工作单元就是许许多多的 Cache 设备(缓存服务器),Cache 负责直接响应用户最终的访问请求,把缓存在本地的内容快速地提供给用户。同时,Cache 还负责与源站点进行内容同步,把更新的内容以及本地没有的内容从源站点获取并保存在本地。分发服务系统还需要向上层的调度控制系统提供每个 Cache 设备的健康状况信息、响应情况,有时还提供内容分布信息,以便调度控制系统根据设定的策略决定由哪个 Cache(组)来响应用户的请求最优。根据承载内容类型和服务种类的不同,分发服务系统可分为网页加速子系统、流媒体加速子系统、应用加速子系统等多个子服务系统。

负载均衡系统是 CDN 系统的神经中枢,其主要功能是负责对所有发起服务请求的用户进行访问调度,确定提供给用户的最终实际访问地址。大多数 CDN 系统的负载均衡系统是分级实现的,这里以两级调度体系为例作简要说明。一般而言,两级调度体系分为全局负载均衡(GSLB)和本地负载均衡(SLB)。其中,全局负载均衡根据用户就近性原则,通过对每个服务节点进行“最优”判断,确定向用户提供服务的 Cache 的物理位置。常见的全局负载均衡的实现方式有基于 DNS 解析和应用层重定向等。本地负载均衡负责节点内部的设备负载均衡,当用户请求从 GSLB 调度到 SLB 时,SLB 会根据节点内各 Cache 设备的实际能力或内容分布等因素对用户进行重定向。常用的本地负载均衡方法有基于 4 层调度、基于 7 层调度、链路负载调度等。

运营管理系统分为运营管理和网络管理两个子系统。运营管理子系统是 CDN 系统的业务管理功能实体,负责处理业务层面的、与外界系统交互所必需的一些收集、整理、交付工作,包含客户管理、产品管理、计费管理、统计分析等功能。其中,客户管理指对使用 CDN 业务的客户进行基本信息和业务规则信息的管理,作为 CDN 提供服务的依据。产品管理,指 CDN 对外提供的具体产品包属性描述、产品生命周期管理、产品审核、客户产品状态变更等。计费管理,指在对客户使用 CDN 资源情况的记录的基础上,按照预先设定的计费规则完成计费并输出账单。统计分析模块负责从服务模块收集日常运营分析和客户报表所需数据,包括资源使用情况、内容访问情况、各种排名、用户在线情况等数据统计和分析,形成报表提供给网管人员和 CDN 产品使用者。网络管理子系统实现对 CDN 系统的网络设备管理、拓扑管理、链路监控和故障管理,为管理员提供对全网资源进行集中化管理操作的界面,通常是基于 Web 方式实现的。

2. CDN 部署架构

CDN 系统设计的首要目标是尽量减少用户的访问响应时间,为达到这一目标,CDN 系统应该尽量将用户所需要的内容存放在距离用户最近的位置。也就是说,负责为用户提供内容服务的 Cache 设备应部署在物理上的网络边缘位置,我们称这一层为 CDN 边缘层。CDN 系统中负责全局性管理和控制的设备组成中心层。中心层同时保存着最多的内容副本,当边缘层设备未命中时,会向中心层请求,如果在中心层仍未命中,则需要中心层向源站回源。不同 CDN 系统设计之间存在差异,中心层可能具备用户服务能力,也可能不直接提供服务,只向下级节点提供内容。如果 CDN 网络规模较大,边缘层设备直接向中心层请求内容或服务会造成中心层设备压力过大,就要考虑在边缘层和中心层之间部署一个区域层，负责一个区域的管理和控制，也保存部分内容副本供边缘层访问。图4－25是一个典型的CDN系统三级部署示意图。

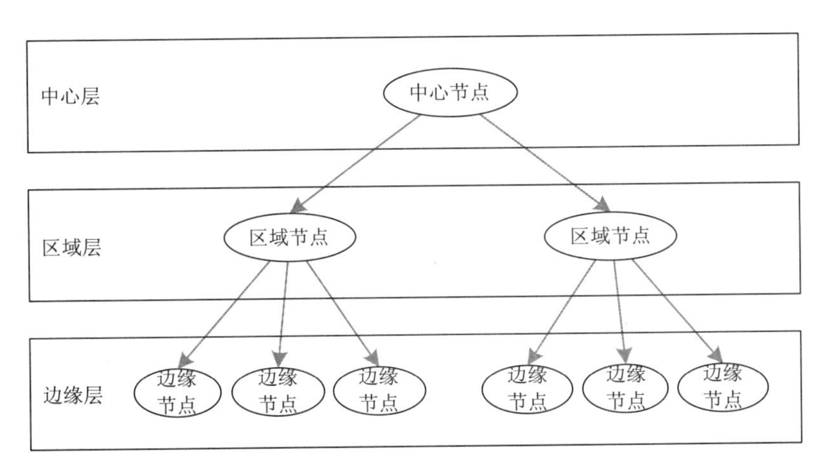

图4－25　三级CDN部署示意图

节点是CDN系统中最基本的部署单元。CDN网络节点有2类，中心和区域节点称为骨干点，主要作为内容分发和边缘未命中时的服务点；边缘节点称为POP（point－of－presence）点，作为直接向用户提供服务的节点。通常，一个CDN系统由大量的、地理位置上分散的POP节点组成，为用户提供就近的内容访问服务。从节点构成上来说，无论是CDN骨干点还是CDN POP点，都由Cache设备和本地负载均衡设备构成。

在一个节点中，Cache设备和本地负载均衡设备的连接方式有两种：一种是穿越方式，一种是旁路方式。在穿越方式下，本地负载均衡（SLB）向外提供可访问的公网IP地址，每台Cache仅分配私网IP地址，该台SLB下挂的所有Cache构成一个服务组。所有用户请求和媒体流都经过该SLB设备，再由SLB设备进行向上向下转发。SLB实际上承担了NAT（Network Address Translation，网络地址转换）功能，向用户屏蔽了Cache设备的IP地址。这种方式是CDN系统中应用较多的方式，其优点是具有较高的安全性和可靠性，缺点是当节点容量大时，SLB设备容易形成性能瓶颈。另外，设备通常较为昂贵。不过近年来，随着LVS等技术的兴起，SLB设备价格有了大幅下降。

在旁路方式下，SLB和Cache设备都具有公共的IP地址，SLB和Cache构成并联关系。用户需要先访问SLB设备，然后再以重定向的方式访问特定的Cache。这种实现方式简单灵活，扩展性好，缺点是安全性较差，而且需要依赖于应用层重定向。

在CDN系统中，不仅分发服务系统和调度控制系统是分布式部署的，运营管理系统也是分级分布式部署的，每个节点都是运营管理数据的生成点和采集点，通过日志和网管代理等方式上报数据。可以说，CDN本身就是一个大型的具有中央控制能力的分布式服务系统。

3. CDN 系统分类

CDN 的发展与互联网的发展相辅相成,互为推手。从技术演进过程来看,互联网应用的每一次突破都要求 CDN 技术产生与之相适应的发展变革,因而 CDN 加速服务技术经历了从静态网页到动态网页,再到流媒体和云计算这样的演变和拓展过程;而 CDN 技术的发展反过来也帮助互联网提高网站访问速度,带给用户更好的服务和上网体验,促进互联网生成更多更新的应用形态。二者的相互促进使 CDN 逐步成为互联网的一项重要的基础性服务,同时也不断产生出新的产品和服务类型。目前,从主流的 CDN 运营商来看,至少都可提供十几种到二十多种基础服务和产品,令人眼花缭乱。不过从技术角度分析,我们可以归纳出一些基本类型的 CDN 系统和服务,其他产品和服务都是从这些基本的服务类型衍生出来的。

我们可以从两个角度来对 CDN 基本服务进行分类。从 CDN 承载的内容类型来看,主要有静态网页内容、动态网页内容、流媒体、下载型文件和应用协议,因而我们将 CDN 服务分为网页加速、流媒体加速、文件传输加速和应用协议加速。

从内容的生成机制来看,互联网上的内容主要有两类:一是静态内容,二是动态内容。主流的 Web 网站系统都能够在逻辑上划分为三个层次,即表现层、业务逻辑层和数据访问层,不同的层次在系统中有不同的功用。CDN 实现网页内容加速主要依赖于内容边缘缓存和功能复制两类机制,本质就是将 Web 源站各个层次上的功能转移到 CDN 边缘 Cache 上完成。根据 CDN 完成的不同层面的 Web 功能转移,将 CDN 分为表示层复制和全站复制两大类。

对于 Web 网站提供的各种类型的静态内容(不论是网页、文件还是流媒体数据),其加速都可以通过在边缘 Cache 上复制 Web 系统的表示层来完成。在实现中,CDN 的 Cache 设备将以反向代理的角色接受用户发来的连接请求,然后在本地复制的数据表示层的静态数据中寻找满足用户需求的数据,直接反馈给用户。在 Cache 上命中的内容,则无须再向源站 Web 系统请求。这种情况下,Cache 上缓存的内容通常是完整的 Web 内容实体,例如网页嵌入内容、多媒体文件等。现在大多数商用 CDN 系统采用的都是这类只处理静态内容请求的网站加速方案。

对于当前日益丰富的动态内容加速,需要在 CDN 上复制和缓存业务逻辑层和后台数据访问层。其中,业务逻辑层在 CDN Cache 上的复制使之能够承担用户请求处理、应用数据计算、动态内容生成等工作,因此这类方法也被称为“边缘计算”。将 Web 应用程序或应用组件直接安装在 CDN Cache 中,目的是在最接近用户的位置完成应用处理,同时也分担了源站的计算压力。在某些应用场景中,动态内容的生成需要大量的数据支持,比如目录服务、交易数据等,仅仅将业务逻辑层复制到边缘服务器中还不足以解决因从源站获取其生成动态内容所需的数据而造成的传输性能瓶颈的问题,因此还需要对数据访问层进行必要的复制,即除了在 Cache 上完成业务逻辑的运算工作外,还要复制源站后台数据访问层的内容,用以加速动态内容的生成。这个过程的关键在于合理解决系统中多个数据副本间的一致性问题。另外,还有一些网站的动态内容是基于具体用户的个性化数据定制生成的,需要在数据访问层对用户数据进行特别的关注。用户数据本身也是依托于数据访问层的存储介质和管理系统存在的,但在访问模式等方面具有独特性,因此 CDN 还需要制订相应的复制和缓存策略,并解决相关的隐私和安全问题。

4.3.3　CDN 的基本工作过程

使用 CDN 能够极大地简化网络的系统维护工作量,网站维护人员只需将网站内容注入 CDN 的系统,通过 CDN 部署在各个物理位置的服务器进行全网分发,就可以实现跨运营商、跨地域的用户覆盖。由于 CDN 将内容推送到网络边缘,大量的用户访问被分散在网络边缘,不再构成网站出口、互联互通点的资源稀缺,也不再需要跨越长距离的 IP 路由了。

1. 没有 CDN 服务

我们先看看没有 CDN 服务时,一个网站是如何向用户提供服务的。图 4 – 26 所示为用户通过浏览器等方式访问网站的过程。

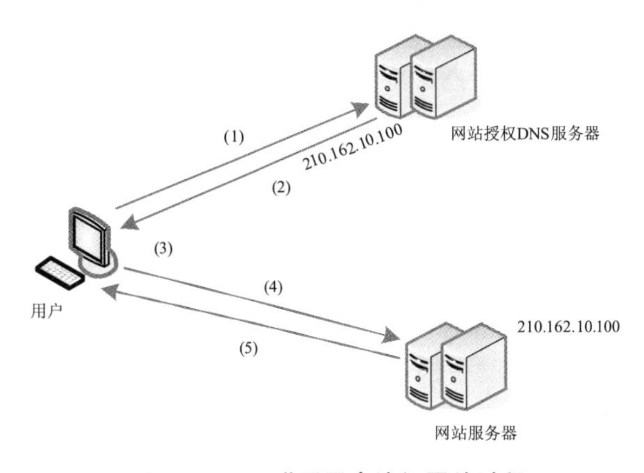

图 4 – 26　互联网用户访问网站过程

(1) 用户在自己的浏览器中输入要访问的网站域名。浏览器向本地 DNS 服务器请求对该域名的解析。

(2) 本地 DNS 服务器中如果缓存有这个域名的解析结果,直接响应用户解析请求。如果没有关于这个域名的解析结果的缓存,则以递归方式向整个 DNS 系统请求解析,获得应答后将结果反馈给浏览器。

（3）浏览器得到域名解析结果,即该域名相应的服务器设备的 IP 地址。

（4）浏览器向服务器请求内容。

（5）服务器将用户请求内容传送给浏览器。

2. 加入 CDN 服务

在网站和用户之间加入 CDN,用户不会有任何与原来不同的感觉。一个典型的 CDN 用户访问调度流程如图 4-27 所示。

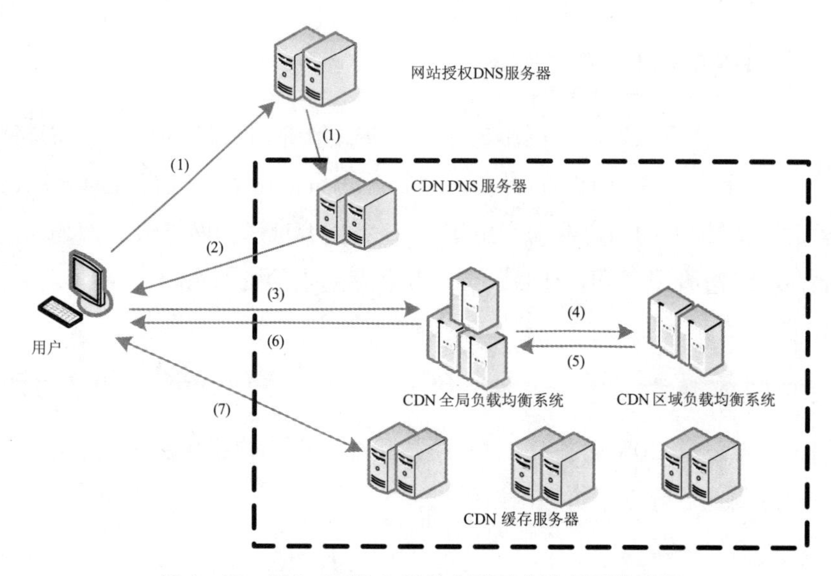

图 4-27　引入 CDN 之后的典型用户访问网站过程

（1）当用户点击网站页面上的内容 URL,经过本地 DNS 系统解析,DNS 系统会最终将域名的解析权交给 CNAME 指向的 CDN 专用 DNS 服务器。

（2）CDN 的 DNS 服务器将 CDN 全局负载均衡系统设备 IP 地址返回用户。

（3）用户向 CDN 全局负载均衡设备发起内容 URL 访问请求。

（4）CDN 全局负载均衡设备根据用户 IP 地址,以及用户请求的内容 URL,选择一台用户所属区域的区域负载均衡设备。

（5）区域负载均衡设备会为用户选择一台合适的缓存服务器提供服务,选择的依据包括:根据用户 IP 地址,判断哪一台缓存服务器距离用户最近;根据用户所请求的 URL 中携带的内容名称,判断哪一台缓存服务器上有用户所需内容;查询各个服务器当前的负载情况,判断哪一台服务器尚有服务能力。基于以上这些条件的综合分析之后,区域负载均衡设备向全局负载均衡返回一台缓存服务器的 IP 地址。

（6）全局负载均衡设备选中缓存服务器的IP地址返回给用户。

（7）用户向缓存服务器发起请求，缓存服务器响应用户请求，将用户所需内容传送给用户终端。如果这台缓存服务器上并没有用户想要的内容，而区域均衡设备已将它分配给了用户，那么这台服务器就向它的上一级缓存服务器请求内容，直至追溯到网站的源服务器将内容拉到本地。

使用CDN服务的网站，只需将其域名解析权交给CDN的GSLB设备，将需要分发的内容注入CDN，CDN采用智能路由和流量管理技术，及时发现能够给访问者提供最快响应的加速节点，并将访问者的请求导向到该加速节点，由该加速节点提供内容服务。利用内容分发与复制机制，CDN客户不需要改动原来的网站结构，就可以加速网络的响应速度。

4.3.4　CDN的特点

与目前现有的内容发布模式相比较，CDN强调了网络在内容发布中的重要性。通过引入主动的内容管理层的和全局负载均衡，CDN从根本上区别于传统的内容发布模式。

在传统的内容发布模式中，内容的发布由ICP的应用服务器完成，而网络只表现为一个透明的数据传输通道，这种透明性表现在网络的质量保证仅仅停留在数据包的层面，而不能根据内容对象的不同区分服务质量。此外，由于IP网的“尽力而为”的特性使得其质量保证是依靠在用户和应用服务器之间端到端地提供充分的、远大于实际所需的带宽通量来实现的。

在传统的内容发布模式下，不仅大量宝贵的骨干带宽被占用，同时ICP的应用服务器的负载也变得非常重，而且不可预计。当发生一些热点事件和出现浪涌流量时，会产生局部热点效应，从而使应用服务器过载退出服务。

CDN网络的优点是显而易见的，它降低了服务器负载，分散了网络流量，减少了内容传递的时间延迟。归纳起来，CDN内容分发网络的主要特点有：

1. 本地Cache加速

满意的用户体验是门户网站吸引和留住用户的必备条件。据统计，如果等待网页打开的时间超过8秒，将会有超过30%的用户放弃等待，造成严重的用户流失，降低了用户的体验度和忠诚度。网络视频站点中含有大量的图片和音视频资源，其访问速度也相应降低。而本地Cache加速将提高网站响应速度，从而改善用户体验，增强用户满意度和粘合度，同时大大提高网站的稳定性。

2. 镜像服务

一台服务器能够承受的访问量,能够支撑的带宽,都是非常有限的。而通过 CDN 系统将服务器上面的内容分发到各个节点之后,这些节点其实就为主站服务器承担了来自当地的访问量,主站的负荷几乎都转移到了各地的镜像节点上,从而大大提高了网站的负载能力,轻松应对突发流量。同时,镜像服务消除了不同运营商之间互联的瓶颈造成的影响,实现了跨运营商的网络加速,保证不同网络中的用户都能得到良好的访问质量。

3. 远程加速

远程访问用户根据 DNS 负载均衡技术智能自动选择 Cache 服务器,选择最快的 Cache 服务器,加快远程访问的速度。

4. 带宽优化

自动生成服务器的远程 Mirror(镜像)Cache 服务器,远程用户访问时从 Cache 服务器上读取数据,减少远程访问的带宽、分担网络流量、减轻原站点 WEB 服务器负载等功能。

5. 节省成本

利用 CDN 技术能够轻松实现网站的全国铺设,不必考虑服务器的投入与托管、不必考虑新增带宽的成本、不必考虑多台服务器的镜像同步、不必考虑更多的管理维护技术人员,从而节省网站分布式架构的支出成本和运维成本。

6. 集群抗攻击

广泛分布的 CDN 节点加上节点之间的智能冗余机制,可以有效地预防黑客入侵。一些针对域名发起的 DDOS 流量攻击被转移到了镜像节点上面,而镜像节点的负载能力通常是比较强的,大部分情况下都可以完全吸收 DDOS 攻击的压力,使得攻击者无功而返。因此,降低了各种 DDOS 攻击对网站的影响,同时保证了较好的服务质量。

目前 CDN 业务在全球都得到了较好的发展,全球性的主要 CDN 运营商包括 Akamai、Digital Island 和 AT&T 等,其中 Akamai 是目前全球最大的 CDN 运营商。日本也有专业的 CDN 运营商 CDN Japan,韩国也有 CDN networks,用于 HTTP 和流媒体流量的推送。世界两大 CDN 服务商,即 Akamai 和 LimeLight 引领着 CDN 行业技术的发展。

国内的主要 CDN 运营商包括公开运营的蓝汛 ChinaCache、网宿科技、帝联科技和快网等,以及主要用于自营业务推送的中国电信和中国网通等。

4.3.5　流媒体CDN系统架构

流媒体业务具有实时性、连续性、时序性的特点。在流媒体应用中，用户不必等到整个文件全部下载完毕，而只需经过短暂的启动延时即可播放。当音视频媒体在客户端播放时，后台继续下载，边下载，边播放。流媒体实现的关键技术是流式传输，它与传统的以固定大小的文件方式提供的Web图片或文字内容差别很大。与传统Web加速相比较，流媒体业务对CDN提出了更高的要求。流媒体CDN与传统Web CDN的差异对比如表4－1所示。

表4－1　流媒体CDN与传统Web CDN的对比

主要差异点		传统Web CDN	流媒体CDN
业务差异	用户行为	下载后浏览	边下载边播放，拖拽暂停等VCR播放控制
	内容类型	小文件、固定大小、QoS要求低	大文件、实时流、QoS要求高
	内容管理	内容冷热度差异不明显，内容生命周期短	内容冷热度差异明显，内容生命周期长
	回源要求	回源比例大	回源比例小

流媒体CDN系统总体上符合CDN系统通用架构，由流媒体服务子系统、内容管理子系统、负载均衡子系统和管理支撑子系统组成，如图4－28所示。

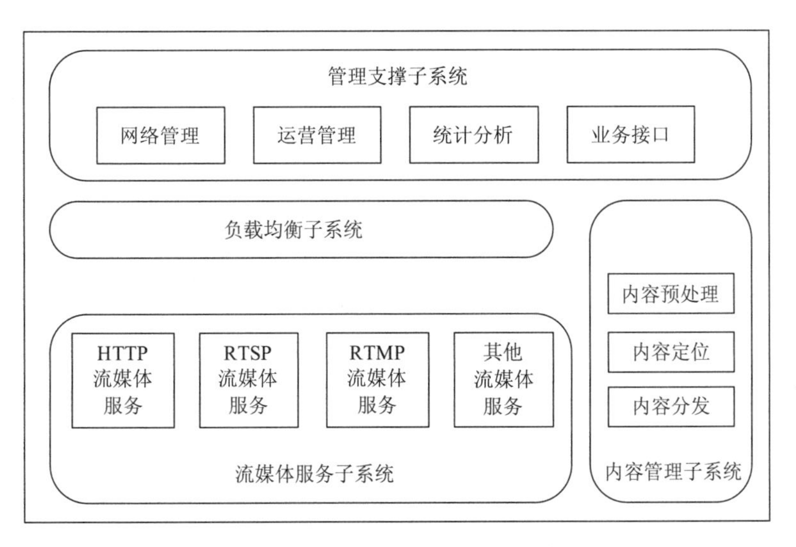

图4－28　流媒体CDN系统架构框图

流媒体服务子系统是指为用户提供流媒体服务的各种设备组成的服务系统，其主要关注的技术是对不同流媒体协议、不同编码格式、不同播放器、不同业务质量要求等的适应。通常,CDN 服务商会在流媒体子系统中采用垂直部署业务能力的方式,即从中心 Cache 到区域 Cache、边缘 Cache 统一部署单独的业务能力。业务能力可以根据不同流媒体协议的适配和对用户提供服务的能力进行细分,也可以根据直播、点播这样的大业务类别来划分。不同的业务能力在实现方式、设备要求、组网方式上往往差别较大,彼此之间无法交叉互通,因此垂直部署的方式更有利于系统功能扩展和日常运维。服务商可以采用专用的流媒体协议服务器来组网,也可以采用私有协议封装不同流媒体协议的方式来组网。

内容管理子系统负责对整个 CDN 网络的内容分布情况进行管理,从内容进入 CDN 网络开始,内容管理子系统就负责对内容进行预处理,以适应 CDN 内部分发要求和业务层面的要求。内容位置管理,用于访问调度时的内容定位;内容在 CDN 全网的分发,保证冷热内容的合理分布,从而使得 CDN 系统对用户提供服务的质量和成本得到优化。

负载均衡子系统负载用户访问调度,根据对用户位置、设备负载、内容位置等信息的判定,执行预先设置的负载均衡策略,将用户调度到最合适的节点设备上进行服务。在流媒体 CDN 系统中,用户访问的调度会更多考虑内容命中,因为流媒体内容文件体积大,业务质量要求高,如果从其他节点拉内容再向用户提供服务会带来额外的延迟,影响用户体验。为了提供命中率,流媒体 CDN 系统普遍采用了对热点内容实施预先 PUSH 的内容分发策略。因此,负载均衡子系统与内容管理子系统之间会有比较频繁的交互查询行为。此外,由于流媒体 CDN 系统通常规模比较大,节点数目多,其调度精确性要求比传统的 Web CDN 更高,这对负载均衡子系统的性能、算法、灵活性都提出了更高的要求。

管理支撑子系统是 CDN 系统的网络管理和业务管理系统,主要功能包括:网络管理、运营管理、统计分析和业务接口。网络管理,提供拓扑管理、节点管理、设备管理、配置管理、故障管理、性能管理以及网络安全管理等,该模块不仅负责对整个系统的日常运维,还负责收集执行业务策略所需的实时统计数据。运营管理,负责客户管理、客户自服务实现、产品/业务能力管理、工单管理、认证管理、计费和结算管理等。统计分析包括日志管理功能和数据筛选、分析功能,以及报表生成功能。统计分析功能按照不同的指标对 CDN 网络运行情况和服务情况进行统计分析,同时以灵活的、有针对性的方式向客户呈现。譬如,网站客户可能比较关注他的网站用户分布在哪些区域,这些区域的人喜欢什么内容,不喜欢什么内容。这些数据只能从 CDN 中提取,网站自己很难获得。CDN 系统的统计分析结果对客户有着非常重要的参考价值。业务接口负责和其他系统之间的接口适配功能,包括与外部系统的接口、与门户系统的接口,并向 SP 提供自助服务接口。

4.3.6　流媒体CDN系统关键技术

虽然流媒体CDN与Web CDN的工作原理和实现机制基本相同，但两者之间的差异使得对流媒体CDN和Web CDN系统设计存在较大差异。现在已投入商用的CDN系统，基本都是同时提供Web CDN能力和流媒体CDN能力，而且这两者能力的实现在系统内部几乎都是互相隔离的。这也足以说明这两条技术路线之间的差别了。下面我们主要从Cache、负载均衡策略、内容分发方式和组网方式分别做简要介绍。

1. Cache设计差异

CDN的Cache设备是直接为用户提供内容的设备，其主要由两个功能，即对内容进行缓存和直接响应用户的内容访问请求。

服务于流媒体CDN的Cache设备与Web CDN设备在功能要求上存在很大差异。普通Cache设备的设计重点在计算性能、数据可靠性保障等；而流媒体Cache的设计重点是对存储设备、内存、存储I/O、CPU运算等多种资源的有效协调，其设计目标和性能衡量指标是用户接收的媒体质量、用户启动延迟，以及传输多媒体数据对网络资源的消耗等。

我们主要从协议实现、缓存算法和存储设计三个方面介绍流媒体CDN的Cache设计差异。

(1)协议实现

当用户请求的内容在Cache上命中时，Cache直接向用户提供流服务，此时Cache设备充当流媒体服务器的角色；当用户请求内容未能在Cache上命中时，Cache会从上一级Cache或源站服务器获取内容，再提供给用户。这个过程是一个边获取边提供的过程，而不是全部获取完成以后再提供给用户，这是流媒体服务器的特殊性。此时Cache在用户与另一个流媒体服务器之间扮演代理的角色，在两个连接之间建立协议转换。

可以看到，流媒体CDN的Cache设备必须支持多种编码方式和流控协议，身兼服务器、代理服务器和客户端的角色，才能完成好任务。要做好流媒体Cache，最重要的一项基本功就是对各种协议(如RTSP、RTMP等)的理解、扩展和优化。

(2)缓存算法

无论对于哪种类型的Cache设备来说，缓存算法都是至关重要的。对于流媒体Cache来说，除了与Web CDN一样要研究缓存替换算法，还要研究媒体预取算法和前缀缓存算法。缓存替换算法是管理缓存的主要手段，也是决定Cache服务器性能的核心因素。传统的替换算法，如LRU(Least Recently Used)、LFU(Lease Frequently Used)等，这类算法以访问频率或最近访问时间判断数据的冷热度，从而决定缓存内容的替换。这类算法是流媒体缓存替换算法的基础,但由于没有考虑流媒体应用的特点,显得不够精细,研究人员在此基础上增加了一些更适用于流媒体内容和业务特征的算法。比如有一种基于资源的缓存算法,它强调缓存容量与磁盘 I/O 的平衡。

用户接收流媒体内容有一定的连续性,一旦启动播放则有很大概率会接收后续媒体数据。在用户接收流媒体的同时,利用空闲网络资源,将后续数据预先下载到缓存 Cache 中,这就是媒体内容预取算法。有服务 Cache 向父 Cache 的预取算法,也有 Cache 和用户之间的预取算法。有代表性的算法是基于滑动窗口的预取算法和预推算法。

在流媒体应用中,用户对服务的启动延时非常敏感,而一旦开始播放之后的后续内容在网络带宽条件好的情况下都可以预先推送到终端进行缓存,等时间到了再播放。另外,节目开始的部分总是最频繁地被访问。将媒体内容的开始部分缓存在距离用户较近的 Cache 中可以有效降低启动延时。我们称之为前缀缓存算法。所谓前缀,就是指媒体内容开始的部分。

(3)存储设计

流媒体 CDN 的 Cache 设备与 Web Cache 对 CPU 性能和 I/O 能力要求差别很大。Web Cache 需要应对小文件、高并发要求,这样的业务特性对 CPU 消耗非常大,而流媒体 CDN 的 Cache 则需要应对大文件持续读写、TCP 长连接维持要求,这对磁盘 I/O 能力要求非常高。另外,Web Cache 通常不需要配置很大的存储空间,而流媒体 Cache 则需要外桂 TB 甚至 PB 级别的磁盘阵列,因为流媒体文件需要巨大的存储空间。

为了保证连续媒体数据的实时磁盘访问,需要将数据以合适的块大小分布在磁盘的各个区域,并以最佳的顺序从磁盘中读取。

分布式存储技术因其大容量、低成本的特点,目前也被业界关注和研究作为流媒体 CDN 系统的存储解决方案之一。常见的分布式存储技术包括分布式文件系统和分布式数据库。由于采用了数据副本冗余、磁盘冗余等技术,通常可以提供良好的数据容错机制。当单台存储设备断电或者单个磁盘失效时,整个存储系统仍能正常工作。

对于流媒体服务的 Cache 的选择,通常会基于一套考虑众多因素的算法。比如基于增益模型的服务器选择算法,其基本思路是以系统增益最大化为目标,若有多个候选 Cache,则增益最大者获选。这里系统增益包括用户增益和网络利用率增益。用户增益是指用户接收媒体流获得的直接增益,由媒体质量子增益、启动延迟子增益和网络消耗子增益构成。网络利用率增益是指避免网络资源过多消耗获得的间接增益。

2. 负载均衡系统

负载均衡的目标是合理地将用户请求分发到合适的服务器上,从而达到系统处理的最优方案,其关键技术包括:负载均衡调度、会话持续性保证、服务器健康检测等。

负载均衡调度算法可以分为静态算法和动态算法两大类。静态算法是指按照预先设定的策略进行分发,而不考虑当前服务器的实际负载情况,其实现比较简单快捷。典型的静态算法有轮询、加权轮询、随机、加权随机、基于源 IP 的 Hash、基于源 IP 端口的 Hash、基于目的 IP 的 Hash、基于 UDP 报文净荷的 Hash 等等。而动态算法能够根据各个服务器实际运行中的负载情况进行连接分发,具有更优的均衡效果。典型的动态算法有基于最小连接、基于加权最小连接、最小响应时间等。不同的调度算法所实现的负载均衡效果不尽相同,可以根据实际应用场景的需求选用不同的算法。

最小连接:根据当前各服务器的连接数估算服务器的负载情况,把新的连接分配给连接数最小的服务器。该算法能够将连接保持时长差异较大的用户请求合理地分发到各个服务器上,适用于集群中服务器性能相当、无明显优劣差异,而且不同用户发起的连接保持时长差异较大的场景。

最小加权连接:在调度新连接时尽可能地使服务器上已经建立的活动连接数和服务器权值成一定比例,其中权值标识了服务器间的性能差异。该算法适用于集群中各服务器性能存在差异,而且不同用户发起的连接保持时长差异较大的场景。

最小响应时间:根据各服务器的响应时间估算服务器的负载情况,把新的连接分配给对用户请求响应时间最短的服务器。该算法适用于用户请求对服务器响应时间要求较高的场景。

会话持续性保证的目标是保证在一定时间段内某一个用户与系统的会话只交给同一台服务器处理。负载均衡设备通过分析四层 TCP 数据包和七层 HTTP 消息中存在的隐式关联关系,确定处理连接请求的服务器,从而实现会话持续性保证。主要有基于源 IP 地址的持续性保持、基于 Cookie 数据的持续性保持、基于 SIP 报文 Call－ID 的持续性保持和基于 HTTP 报文头的持续性保持。

服务器健康检测技术的目标是及时发现和剔除工作状态不正常的服务器,保留“健康”的服务器池为用户提供服务。它的核心是定期对服务器工作状态进行探测,收集相应信息,及时隔离工作状态异常的服务器。负载均衡领域已经使用了非常多的服务器健康检测技术,主要方法是通过发送不同类型的协议报文并通过检查是否接收到正确的应答来判定服务器的健康程度。如发送 ICMP、TCP、HTTP、FTP、DNS 等请求,若收到正确的应答,说明对应的服务器处理正常。一旦发现服务器处理出现异常,可以将其分担的负载通过负载均衡机制转移到合适的“健康”服务器上,保证整个系统的可用性。

负载均衡设备在进行用户访问调度时,需要综合考虑很多静态的、动态的参数,包括 IP 就近性、连接保持、内容命中、响应速度、连接数等。但没有哪个 CDN 会考虑所有参数,而是会根据业务特点进行一些取舍,否则均衡系统太复杂了。在流媒体 CDN 中进行用户访问调度时,会更多地考虑内容命中这一参数。内容是否命中可能在 GSLB 调度时就进行考虑,也可能在 SLB 范围进行考虑。另外,流媒体 CDN 通常网络规模较大,这意味着网络内的节点设备数量多,部署位置也较低。因此,流媒体 CDN 进行负载均衡的颗粒度要求比 Web CDN 要高。

3. 内容分发机制

内容分发是指内容文件在 CDN 内部从中心节点到各个区域、边缘节点的分发,其实现方式分为“PULL”和“PUSH”两种。

PULL 是一种被动的下拉方式,通常由用户请求驱动。当用户请求的内容在边缘 Cache 上未命中时,边缘 Cache 启动 PULL 方法从内容源或者其他 Cache 实时获取内容。边缘 Cache 需要支持边拉边放,即一边从其他位置获取内容,一边将内容流化后提供给用户。

PUSH 是一种主动推送的方式,通常由内容管理系统发起,将内容盲从源或者中心媒体资源库分发到各边缘的 Cache 节点。通过 PUSH 分发的内容一般是访问热度高的内容,这些内容通过 PUSH 方式预推到边缘 Cache,可以迅速响应用户访问请求。这里的关键是分发策略,即什么时候分发什么内容。一般来说分发策略可以由 CDN 的使用者或者 CDN 管理员人工确定,也可以通过智能策略决定,即智能分发。

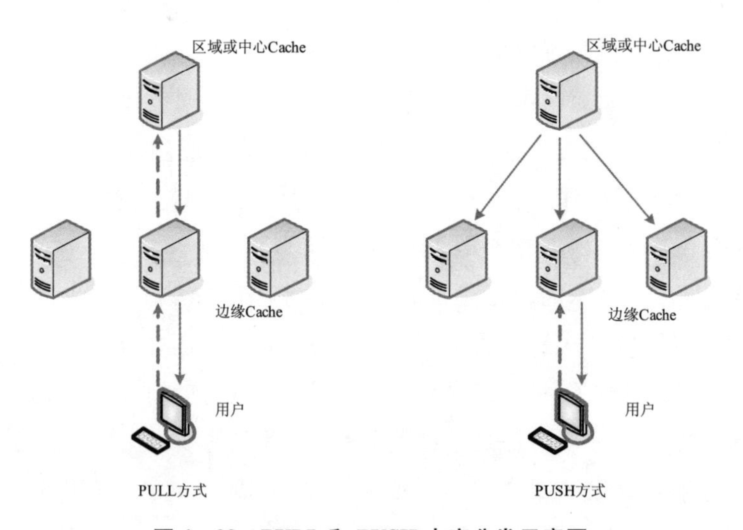

图 4－29　PULL 和 PUSH 内容分发示意图

图 4－29 所示为 PULL 方式和 PUSH 方式内容分发示意图。在实际的 CDN 系统中一般两种分发方式都支持,但是根据内容的类型和业务模式的不同,在选择主要的内容分发方式时会有所不同。PUSH 方式适合内容访问比较集中的情况,如热点的影视流媒体内容,而 PULL 方式比较适合内容访问分散的情况。

4. 内容文件预处理

内容文件预处理是指视频内容进入 CDN 以后,在进入内容分发流程之前,CDN 系统对内容进行的一系列处理过程,如内容切片和视频转码等。内容切片是为了提高 CDN 服务效率或降低系统成本。视频转码是为了满足业务要求,比如对同一内容进行多码率的转换以满足动态带宽自适应或三屏互动业务要求。

(1)内容切片

按照一定的规则把一个完整的文件切成大小一致的若干小文件,在 CDN 的各个 Cache 只需存储某些切片,其余的切片可以从其他 Cache 获取。这样降低了整个系统内重复复制的内容数量,从而降低了存储成本。另外,文件切片使边缘 Cache 能够支持自适应码率业务。自适应码率的基本原理是,同一个视频节目预先压缩从高到低几种码率的文件,并采用统一策略对这几种码率的文件进行切片。如按照统一的时间长度,或者统一的字节数等。在具体提供流服务时,Cache 会与终端先协商一个初始码率,以这个码率进行传送。传送过程中,终端和 Cache 都会不断探测流传送的速率,当发现当前码率低于可用带宽时,则切换到较高码率文件进行传送,反之则切换到较低码率文件。由于不同码率的文件预先进行了切片,码率切换过程是在两个独立切片之间完成的。对于终端来说,每个切片都是一个完整的小文件,所以用户不会感觉到视频流中断。

(2)视频转码

视频转码是指将已经压缩编码完成的视频流转换成另一个视频码流,以适应不同的网络带宽、不同的终端和不同的用户需求。视频转码是一个先解码再编码的过程。从功能来看,视频转码主要包括码率转换、空间分辨率转换、时间分辨率转换和格式转换。

码率转换不改变编码格式,只是将原始码率转换成新的码率,以适应网络传输的要求。通常是将高码率视频转换成低码率视频。主要的方法有丢弃部分 DCT 系数、选择更大的量化步长、利用提取的运动矢量和编码模式重新编码等办法。

空间分辨率转换即在解码和编码中添加采样模块,利用下采样算法和运动矢量的映射算法以及伸缩算法来降低视频码流的空间分辨率。下采样算法缩小图像的空间尺寸。运动矢量的映射算法和伸缩算法指利用运动矢量的等比例缩放进行视频压缩。当空间分辨率降低后,一个宏块会对应原来的多个宏块,采用一定的方法来计算合适的运动矢量作为新宏块的运动矢量,并将所得的运动矢量除以分辨率的压缩比,以获得低分辨率下最终的运动矢量。

时间分辨率转码即通过降低视频序列的帧率,降低对解码设备处理能力的要求。

降低帧率并不是简单的丢弃帧,有时需要利用丢弃帧的运动信息重新合成运动矢量。丢帧时应该选择合适的跳帧策略,优先丢弃 B 帧,再丢弃 P 帧。视频帧之间的运动矢量依赖关系因为丢帧以后产生了中断,需要利用丢弃帧中的运动信息生成新的参考帧运动矢量。

视频文件有编码格式和封装格式之分。常见的视频编码格式有 MPEG-2、MPEG-4、DIVX、XDIV、H.264、VC-1、WMV、REAL、AVS。封装格式,也就是文件格式,通常有 AVI、WMV、RM、RMVB、MOV、TS/PS、MKV 等。视频格式转换是指将原始视频内容所采用的格式转换成终端能够解码播放的格式,这是典型的先解码后编码的过程。

4.4 P2P 流媒体

4.4.1 对等网络

对等网络,也称为对等计算,是近些年来兴起的热门网络技术。对等网络打破了传统的客户机/服务器模式,网络中每个参与者(也称为节点 Peer)的地位是对等的。每个节点既充当服务器,为其他节点提供服务,同时也享用其他节点提供的服务。自从 1999 年世界上第一款基于 P2P 技术的应用——Napster 被推出以来,P2P 网络迅速发展成为 Internet 上最新潮的思想、最流行的技术和最具影响力的应用之一。P2P 网络技术已经渗透到绝大多数 Internet 应用领域中来,如文件共享、网络音频、网络视频、协同计算、虚拟社区等,并且 P2P 网络技术在其中的很多领域占据支配性的地位。P2P 网络流量已占据当前 Internet 超过一半的带宽资源。

P2P 系统的提出消除了集中服务器的概念,系统中每个节点既是服务的提供者,又是服务的消费者,所有数据的交换都是在节点间完成的。每个节点为系统提供有限的计算能力或存储资源,节点之间共同协作为其他节点提供服务,将服务器的负载压力分散到各个节点中去。加入系统的节点越多,节点为系统贡献的资源也越多,整个系统总的服务能力也就越强,从而有效地减轻了服务器的负担,极大地提高了系统的可扩展性。

P2P 通信架构是由一组位于物理网络的节点形成的,这些节点在物理网络之上形成一个抽象网络,称为覆盖网络(Overlay Network)。覆盖网络是指运行于现有 Internet 物理网络之上的逻辑网络,在该逻辑网络中,通过定义有别于底层 Internet 网络节点间路由连通关系的逻辑邻域关系来形成自己的网络拓扑,逻辑邻域关系信息一般包括节点自身信息、邻居节点信息、节点拥有资源信息、邻居节点拥有资源信息等。由于覆盖网络建立在网络层和传输层之上,是面向应用层的,因此也称为应用层网络。覆盖网络与底层的物理网络是独立的,其结构如图4-30所示。由于抽象层采用TCP协议栈,每个P2P系统用TCP或HTTP建立连接,所以覆盖网络不会反映物理连接的情况。覆盖网络为了实现用自己的路由策略来传送消息,在节点与节点之间建立起了逻辑隧道。

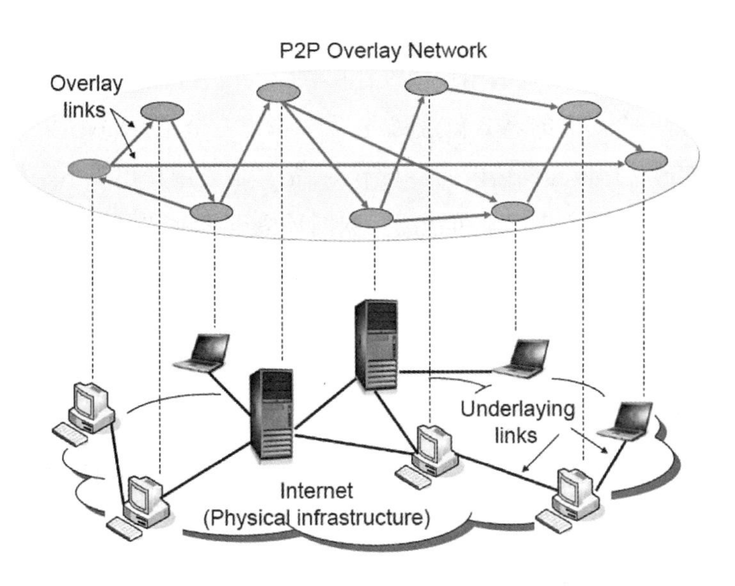

图4-30 P2P覆盖网结构

在P2P覆盖网络中,用户之间通过网络以交换他们的资源和服务的方式直接进行互动。P2P系统在应用层用覆盖网拓扑维持了它们各自物理网络的独立性。与传统的客户机/服务器模式形成鲜明对比,在P2P系统中每个用户(或节点)既是一个服务器,又是一个客户端。随着加入系统的节点越来越多,P2P系统的需求在增加,系统的能力也在增加。P2P网络不会出现单点失败问题,所有节点上载能力共享避免了瓶颈的出现,并且系统有很好的可扩展性。相比于传统的客户机/服务器模式,P2P覆盖网络主要优点在于:去中心化、成本降低、资源聚集、可扩展性、动态性、抗错性、自组织性等。各节点之间是平等关系,各节点负载相同、重要性相同,运行于其上的软件的功能也都是相同的。

P2P网络为我们提供了一种快速且高效的方式分享电影、音乐和软件程序等资源。在Napster之后,出现了一系列广泛流行的P2P网络软件和应用,如Gnutella、Skype、PPLive、UUSee、Bittorrent、Kazaa、电骡(电驴)等。P2P网络的应用类型主要包括:文件分享、协作与分布式计算和流媒体。其中,文件分享是P2P技术的第一类应用。从Napster开始,文件分享应用是P2P网络最流行的领域之一。同时,P2P拥有的优势使其已经成为一个视频流媒体很有前途的解决方案。

4.4.2 P2P 流媒体技术

P2P 流媒体的基本原理:系统中存在大量用户和一个或多个存储有视频的服务器,服务器将视频切成许多的小片段,然后分别地发送这些片段给某些用户,再让用户之间互相交换数据,最终所有的用户接收到视频流的所有片段。

构建和维持一个高效的 P2P 覆盖网络,需要考虑三个主要问题:一是覆盖网的拓扑结构;二是如何管理覆盖网络内的参与节点,尤其是当用户出现不一样的能力和行为时,即异构性;三是覆盖网在不可预测互联网环境下路由和调度媒体数据的适应能力。与此相对应,P2P 媒体传输系统有三个重要的组成部分,即内容路由和索引策略、拓扑搭建策略和数据调度策略。内容路由和索引策略是 P2P 覆盖网络构建的基础,主要用于检索互联网上具有相同感兴趣数据的节点位置,从而与这些节点形成覆盖网络。内容路由与索引主要包括三种模式:集中式、分布式(Gossip)、混合式索引。拓扑搭建策略是构建 P2P 覆盖网络拓扑的机制,是数据传输的路线图。根据不同的 QoS 目标和管理方式,可以构建不同的拓扑结构。P2P 网络主要包括两种拓扑结构:树状结构和网状结构。数据调度策略是在构建好的覆盖网络上去解决如何减少数据传输延迟、最大化解码视频质量、减少数据拥塞影响等问题。目前数据调度主要有两种策略:稀少优先策略和基于率失真的优先级调度。以上各种策略的研究,主要是按照 P2P 流媒体的 QoS 问题进行分类。不同的文献会有不同的分类方法和名称,但总体目标都是一致的,即如何提高 P2P 流媒体的服务质量 QoS。

下面我们分别从内容路由和索引、节点选择策略、拓扑结构和数据调度这几个方面做个简要介绍。

1. 内容路由和索引

按照内容路由和节点索引的不同方式,P2P 流媒体可以分为三种类型:集中式索引、分布式索引以及混合式索引,它的示意图如图4－31 所示。其中分布式索引结构又分结构化和非结构化两种类型。

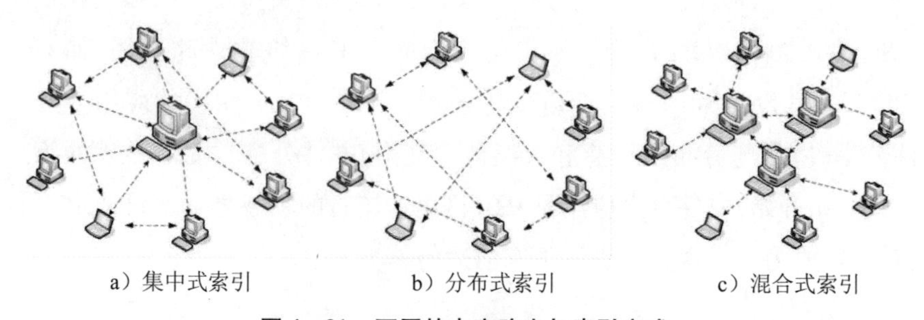

a) 集中式索引　　b) 分布式索引　　c) 混合式索引

图 4－31　不同的内容路由与索引方式

（1）集中式索引

集中式P2P网络，由一个中心服务器来负责记录共享信息以及反馈对这些信息的查询，如图4－31 a）所示，每一个节点要对它所需共享的信息以及进行的通信负责。这种形式具有中心化的特点，但是它不同于传统意义上的客户机/服务器模式。传统意义上的C/S模式采用的是一种垄断的手段，所有资料都存放在服务器上，客户机只能被动地从服务器上读取信息，并且客户机之间不具有交互能力；而集中式P2P模式则是所有数据资料都存放在提供该资料的客户机上，服务器上只保留索引信息。此外，服务器与节点、节点与节点之间都具有数据交互能力。

最早一代的P2P网络就是集中式结构，例如Napster、Bittorrent等。

集中式索引主要存在下列问题：

①中央服务器的瘫痪容易导致整个网络的崩溃，可靠性和安全性较低；

②随着网络规模的扩大，中央目录服务器维护和更新的费用将急剧增加，所需成本过高；

③缺乏有效的强制共享机制，资源可用性差。

（2）分布式索引

与集中式索引不同，分布式索引的P2P重叠网中不存在中枢目录服务器，如图4－31b）所示。节点通过与相邻节点之间的连接遍历整个网络体系。每个节点在功能上都是相似的，并没有专门的索引服务器，而必须依靠它们所在的分布网络来查找文件和定位其他节点。分布式索引包括两类：结构化索引和非结构化索引（也称为纯分布式）。与纯分布式不同，结构化索引对文件资源在系统中的存放位置有严格的控制并且节点之间的关系比较紧凑。关于结构化索引，将在后面单独进行介绍。

非结构化索引通过广播泛洪Gossip消息，遍历整个网络。采用泛洪协议，节点给一组随机选择的节点发送最近生成的消息；这些节点在下一次做同样的动作，其他节点也做同样的动作，直到该消息传送到所有节点。对Gossip目标节点进行随机选择可以在存在随机失效的情况下使系统获得较好的健壮性，同时避免中心化操作。

Gnutella是非结构的纯分布式对等网络中的典型系统，它通过将搜索请求同时转发给尽可能多的邻居节点进行文档的搜索，还通过设置大于零的TTL值来限制每个搜索请求传播的范围以避免过多的网络流量。对于大量分布在系统中的热门资源，Gnutella的工作方式比较有效，但对于只分布在少量节点上的稀有资源，Gnutella只能通过设置较大的TTL值才能有效找到，但这又会产生大量的网络流量。

随着网络规模的扩大，通过泛洪方式定位资源的方法将会造成网络流量急剧增加，从而导致网络拥塞。因此，纯分布式网络的可扩展性不好，不适合大型网络。还有，由于纯分布式的P2P模式缺少对网络上的用户节点数以及对它们提供的资源的一个总体把握,因此它们难以管理。另外,纯分布式网络的安全性不高,易遭受恶意攻击,如攻击者发送垃圾查询信息,造成网络拥塞等。

(3)混合式索引

混合式索引,融合分布式和集中式各自的优点,将节点组成两层的索引结构,局部区域采用集中式索引,全局采用分布式索引,如图4-31 c)所示。混合式索引结构减少了纯分布式索引导致的随机搜索消息数量,同时没有中心节点,提高了系统的鲁棒性。

在混合式索引方式中,除了普通节点之外,还有一些节点担任特殊的任务,可以理解为"超级节点"。超级节点的结构借鉴了集中式对等网络系统和分布式对等网络系统的优点,通过选择系统中那些拥有较高带宽、较大内存和存储空间以及较强的CPU处理能力的节点作为超级节点,并通过它们存储其周围其他节点共享文件的索引来提供系统的搜索性能。超级节点除了扮演本身的普通节点角色之外,还担当局部目录服务器的角色。和集中式的中枢目录服务器不同的是,这类节点的选择是动态的,它们和普通节点一样,随时可能离开网络。一旦系统发现某些特殊节点不再工作,会采用某种选举机制通过比较某个区域内节点的CPU处理能力、内存和存储空间大小以及网络带宽的高低等信息重新选择一个资源丰富、处理能力强的节点担任特殊节点的角色。

混合式索引的典型代表是Kazaa模型。

(4)结构化索引

结构化索引也是分布式索引,它与非结构化的根本区别在于每个节点所维护的邻居是否能够按照某种全局方式组织起来以利于快速查找。非结构化P2P模式是一种采用纯分布式的消息传递机制和根据关键字进行查找的定位服务。在结构化索引结构中,每个节点只存储特定的信息或特定信息的索引。当用户需要搜索资源时,他们必须知道这些信息(或索引)可能存在于哪些节点中。由于用户预先知道应该搜索哪些节点,避免了非结构化P2P系统中使用的泛洪式查找,因此提高了信息搜索的效率。

目前,结构化索引的主流方法是采用分布式哈希表(Distributed Hash Table,DHT)技术,这也是目前扩展性最好的P2P内容路由方式之一。这类方法使用分布式哈希算法来解决结构化的分布式存储问题,通过将存储对象的特征(关键字)经过哈希运算,得到键值(Hash Key),然后依据该键值来进行对象的分布存储。自从DHT协议出现之后,结构化P2P的应用得到了快速的发展。目前已经有很多较为成熟的DHT协议被提出并且得到了应用,其中比较有代表性的有:Chord、CAN、Pastry等。

结构化索引的最大优点在于:假设系统中共有n个节点,它可以在$O(\log n)$跳数之内完成文档资源的路由和定位。结构化对等网络的主要特点是自组织、可扩展、负载均衡,以及较好的容错性。和纯分布式对等网络主要用于文件共享领域不同,结构化对等网络的这些特性使得它可以应用在对可靠性和扩展性要求比较高的场合。该模型有效地减少了节点信息的发送数量,从而增强了 P2P 网络的扩展性。同时,出于冗余度以及延时的考虑,大部分 DHT 总是在节点的虚拟标识与关键字最接近的节点上复制备份冗余信息,这样也避免了单一节点失效的问题。这种方式可以减少非结构化索引的消息负载,提高索引效率。

然而,DHT 这类结构存在的最大问题是其维护机制较复杂,尤其是节点频繁加入和退出系统造成的网络扰动会极大地增加 DHT 的维护代价。

除 DHT 索引之外,动态跳跃表(Dynamic Skip List)和 RINDY 方式也都属于结构化索引方式。它们与 DHT 技术相比较而言,算法维护机制较简单,但资源索引定位的用时却相当。这两种方法主要用于 P2P 点播系统。

2. 节点选择策划

通过内容路由和索引,节点能够得到拥有资源的节点列表。那么,从列表中选择哪些节点组成邻居节点为这个节点服务是 P2P 流媒体服务体系需要解决的问题之一。不同的节点选择策略,系统性能会不一样。最简单的也是最早使用的节点选择方案是随机选择原则,即不考虑任何因素,随机地选择一定数量的节点组成邻居节点用于数据交换。这种随机性有利于网络的均衡性。但是随机选择策略不能够确保选择到很好或者很匹配的邻居节点,不能保证服务质量。随机选择的目标节点的物理位置可能与本节点相距很远,这会导致数据的传输速率较低,同时可能造成跨不同运营商的流量。为了解决这两个问题,可以通过位置感知获得节点间网络距离,找到最近的节点提供服务以减少延迟,这是节点选择优化策略中非常重要的方法。目前,位置感知节点选择策略主要有基于往返时延和基于网络拓扑两种方法。

如果两个节点之间通信时延较短,说明两者距离较近。依照这个假设,基于往返时延的位置感知节点选择策略根据节点之间的通信时延来判断出节点之间的网络距离。然而,当网络规模较大时,该方法必定会增加网络通信的开销,因此也可以利用节点的网络坐标推算网络距离。比如首先建立一个虚拟坐标系,为网络中每个节点分配一个虚拟坐标来表示它们的位置,通过两节点之间的坐标值推算出它们之间的往返时延,而无须两节点进行真正的通信。

另一种基于网络拓扑的位置感知方法,主要是通过掌握网络拓扑结构,从而得出节点的位置信息。该类策略采用的主要方法有:基于网络前缀匹配的拓扑感知、基于路由表信息的拓扑感知、基于 TraceRout 的拓扑感知和 ping 方法。其中 ping 方法采用对邻居节点进行 ping 操作,得出两者之间经过多少网段,从而选出最近的节点,如系统 TopBT。

另外,除了节点的物理位置,节点的异构性也影响节点的选择。节点的异构性主要表现在带宽、存储和信息处理能力的不同。在节点选择时,可以根据这些因素来适当选取目标节点,同时,系统应该匹配具有相似带宽能力的节点互联。基于物理位置和节点异构性的节点选择方法,使得选择的节点物理位置更近、传输更快、得到更好的服务。然而,它们提高了某些节点负载过重,而某些节点又被冷落的概率。因此,不利于网络的负载均衡性。

3. 拓扑结构

从覆盖网络的组织结构上来看,目前已有的 P2P 流媒体的研究成果及实际系统,可以大体分成两大类,即树状结构和网状结构。树状结构是仿照网络层 IP 组播拓扑结构,在 IP 层之上搭建树状拓扑重叠网,实现一点对多点的数据传送。Chainsaw、P2Cast、ZigZag 和 SplitStream 就是树状结构的典型案例。它们将互联网上用户组成一个或多个应用层多播树,实现大规模流媒体传播。网状结构拓扑是指构成重叠网的网络逻辑拓扑为随机拓扑,每个节点均和多个节点相连并建成邻居关系,对等邻居节点之间也不存在严格的父子关系。下面分别对树状结构和网状结构进行介绍。

(1)树状结构

树状结构包括单树结构和多树结构,如图 4-32 和图 4-33 所示。在单树结构中,节点被组织成静态的数据传输拓扑,每个数据分组都在同一拓扑上被传输。拓扑结构上的节点有明确定义的关系,例如,树结构中的"父节点-子节点"关系。图4-32 所示的是单树结构,即一个节点只有一个父节点。这一方法是典型的推送方法,

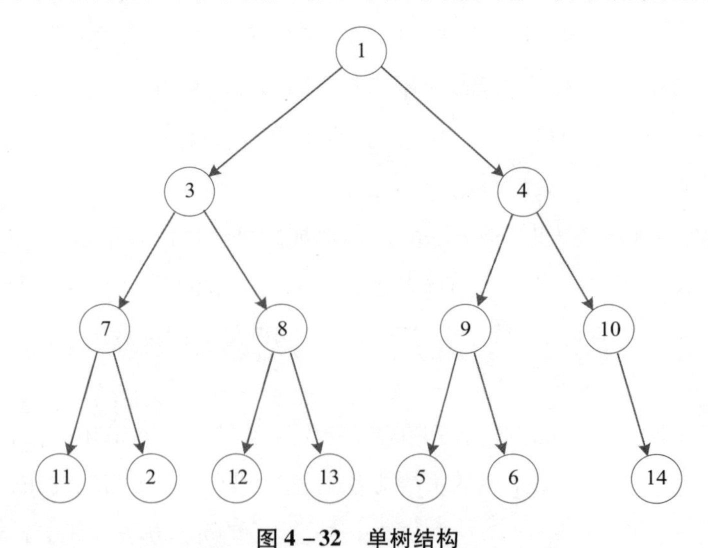

图 4-32 单树结构

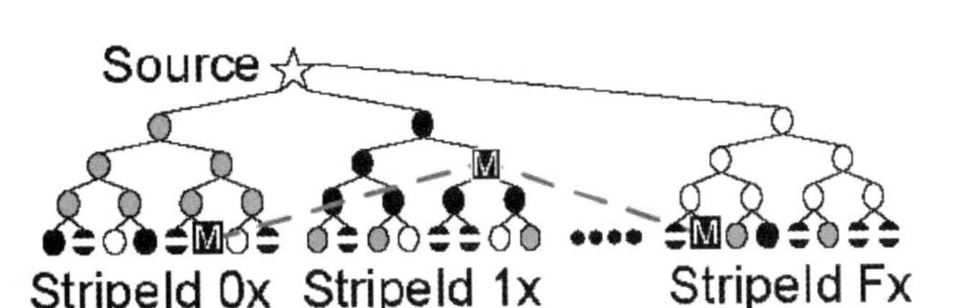

图 4－33　多树结构

即：当节点收到数据包，它就把该数据包的拷贝转发到它的每一个子节点。由于节点间父子关系的确定，使得媒体流传输快，延迟小。P2Cast 系统是基于树状结构构建应用层组播来提供视频点播服务的典型代表。

然而，树状结构在抗扰动性和带宽利用率方面存在明显弊端。一个节点有很多子节点，而一个节点的上传带宽是有限的，这就意味着，每个节点只能作为特定数量节点的父节点，从而使得树的深度值很大，然而树越深，数据传输到叶子节点的时间就越长。在树结构里，树的宽度和深度是一个矛盾体。当某一节点离开时，其所有子节点将无处下载数据。由于 P2P 网络中节点随时可能加入和离开系统，树的构建与维护将占用很多开销。特别地，如果某节点突然崩溃或者其性能显著下降，它在该树结构上所有的后代节点都停止接收数据，且该树结构必须被修复。另外，当构建树状拓扑时，还需要避免出现环状结构。

节点失效是树状结构需要解决的一个问题。尤其是靠近树根的节点失效会将大量用户的数据传输终止，潜在地带来瞬时的低性能。此外，在该结构中大多数节点都是叶子节点，他们的上行带宽没有被使用到。为了解决这些问题，人们提出了一些带有弹性的结构，如基于多树的方法。

树状结构适用于规则网络，资源、带宽、服务能力比较充分，并且无动态变化的环境。采用存储－转发方式的数据推送，可以提供低时延、可控制 QoS 服务。其缺陷是不适合异构的互联网环境，拓扑维护代价高，不适合无专用设备和动态变化的网络。这也是目前互联网流媒体采用树状结构的系统较少的原因之一。

（2）网状结构

近年来，人们又提出基于数据驱动的拓扑搭建方法。数据驱动的覆盖网络与基于树结构的最大不同在于它不组建和维护一个传输数据的明显拓扑结构，它用数据的可用性去引导数据流，从而形成一个高弹性的网状拓扑结构。在网状结构中，每个节点均和多个节点相连构成随机拓扑结构，对等邻居节点之间也不存在严格的父子关系；新节点在加入时从系统中随机获取一定数目的节点，并和这些节点建立邻居关系。如

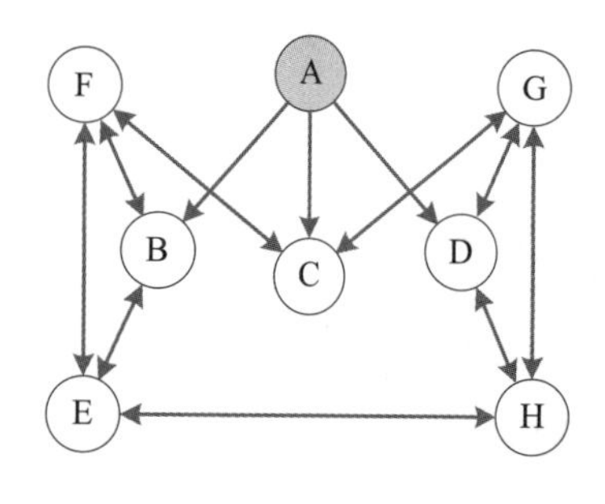

图 4－34 网状结构

图 4－34 所示。

在网状结构中，数据传输不采用随机推送模式，因为随机推送可能导致数据块的大量冗余。目前一些解决方案，例如 CoolStreaming、PRIME 采用拉取技术，即：节点维持一组伙伴并周期性地同伙伴交换数据可用性信息，接着节点可以从一个或多个伙伴找回没有获得的数据，或者提供可用数据给伙伴。由于节点只在没有数据时去主动获取，所以避免了冗余。此外，由于任一数据块可能在多个伙伴上可用，所以覆盖网络对时效是健壮的。

网状结构是目前 P2P 流媒体技术的主要拓扑结构，它不需专用设备，也无固定拓扑维护，每个节点根据邻居节点网络状况、数据信息决定数据转发方向。因此，此结构适合于异构模式的互联网环境，每个节点可与多个节点交换数据，无预先指定的父子关系，因此维护负载低。其代价则是服务质量无法预期，传输时延大，可管理性差。

4. 数据调度

数据调度的目的是在媒体数据被消费之前到达消费节点并将之还原成连续的媒体数据，从而保证媒体流的正常回放。由于流媒体应用的数据量大、服务时间长，且对数据的播放有较为严格的时限和顺序要求，而作为 Internet 上普通主机节点的 P2P 参与节点，与传统的服务器节点相比，其服务能力不仅有限，而且不同节点的服务能力也存在差异性。此外，参与节点可能随时退出系统，从而造成部分节点流传输的中断。因此在 P2P 系统架构前提下，如何通过合理的数据调度来为用户提供高质量的流媒体服务，也面临诸多困难和挑战。

数据调度，实际上就是数据片段选择的优化问题。根据数据的接收和传输方式，将 P2P 流媒体数据调度策略分为三类：拥有者调度、请求者调度、媒体内容优先级调度。拥有者调度是根据数据块拥有者的数量，决定数据块分发优先级。其目的是尽快将数据块分散到不同节点，从而使尽量多的节点可以提供数据服务。请求者调度是按照数据块被请求的次数，决定其优先级。被请求越多的数据，优先级越高。媒体内容优先级调度是根据视频编码率失真模型决定数据重要性，作为内容调度优先级。

（1）拥有者调度算法

拥有者调度算法是传统的数据调度算法。根据每个数据块拥有的节点数量，决定其优先级。如稀少优先算法、播放顺序法。

稀少优先算法在 BitTorrent 文件分享系统中得到应用，优先传输拥有者最少的数据块，优先下载邻居中出现次数最少的片段。这样每个节点都先下载邻居最需要的数据,增加了当前节点对于其他节点的有用性,有利于下一步的数据交换。而且,将更常见的片段留到后面,当前上传的节点可减小将来上传的压力,减少了因包含稀缺片段的节点退出而导致下载无法完成的危险。在源节点比较少的情况下,使下载者从源节点下载不同的片段,从而尽快将整个文件传播到下载节点中,更好地利用参与节点的上传带宽,提高系统性能。

播放顺序法,兼顾媒体时序(流畅播放)和稀少优先(并发下载),将数据划分为高优先级区(距离播放点近)和剩余片段区,按照比例 p 在这两个集合中选择数据片段通过稀少优先的策略下载。把整个文件的数据分成两部分:高优先级区和剩余片段区,高优先级区有固定数目的数据。对于片段的选择按照临近优先(Recent first)和稀少优先(Rarest first)原则结合进行,每次以概率 p 选择高优先级区,以概率 $(1-p)$ 选择剩余片段区。所谓 Recent first,即在优先级区内的数据是时间敏感的数据,将在近期内被播放,因此有较高的优先级。在高优先级区和剩余片段区内选择数据时,都以稀少优先作为其片段选择策略。

还有一种混合的数据调度策略,它将当前播放点之后的数据区域分为三个区域,分别称为放弃(Giving up)区域、顺序(In - order)选择区域以及 Beta 随机选择区域。放弃区域的数据片段距离当前播放点太近,通过基于片段的长度、客户端的下载速率以及视频的码率进行预估后无法下载完成,则不再选择这些片段下载,直接放弃;顺序选择区域中的片段是邻近播放点的片段;而 Beta 随机选择区域则是在顺序选择区域已经填满或者片段无法获得时再选择这个区域内的片段下载。在 Beta 随机选择区域中利用了 $\alpha=1$, $\beta=2$ 的 Beta 分布,通过概率密度函数线性递减,仍然优先选择靠前的数据片段,其示意图如图 4 - 35 所示。

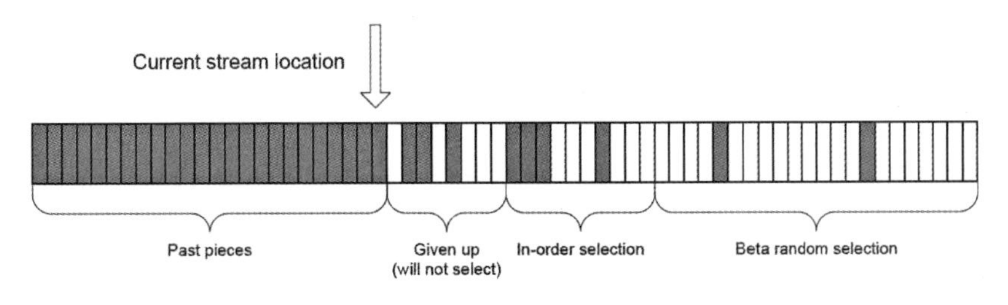

图 4 - 35 P2P 系统中的混合片段选择策略示意图

(2)媒体内容优先级数据调度

媒体内容优先级调度算法根据网络状况,自适应的调整视频编码方式和数据发送优先级,从而提高 P2P 流媒体的服务质量。

一种拥塞失真的优化优先级调度算法原理是这样的。根据每个数据包对解码器率失真的影响,确定每个数据包的视频质量重要性 $D(n)$;对应于一个(I, B, P)编码方式的视频,该帧的质量重要性可以用 GOP 内受其影响的帧数量来表示,如下图 4-36所示。

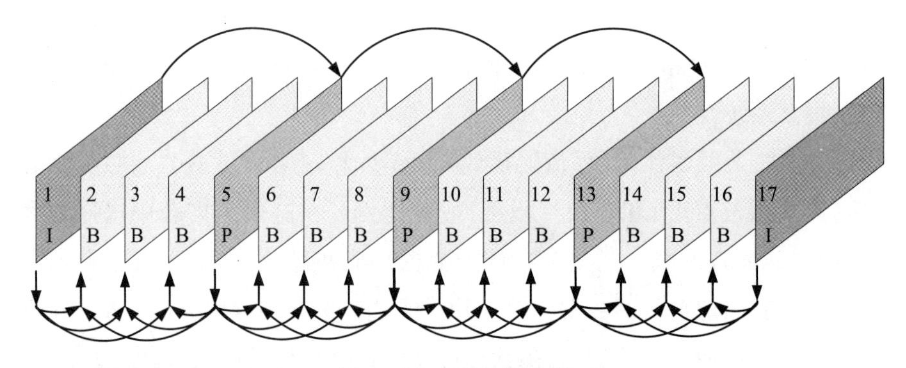

图 4-36 GOP 帧结构

对于图 4-36 中的 GOP 结构, GOP 长度为 16,那么 I 帧的质量重要性为 16,其后 3 个 P 帧的重要性分别为 15,11,7,而每个 B 帧的重要性为 1。

数据包的需求度是由未拥有该数据的节点数决定的,在一个多播树结构上,需求度就是该节点的所有子节点总和。

通过数据包质量重要性和需求度,从而共同决定了数据包的发送优先级。媒体内容优先级调度算法结合了网络拓扑特性和内容编码属性,能够根据网络动态变化,自适应地调节数据传输优先级,从而提高视频服务质量。

另外,从数据流向来看,媒体数据流调度可以分成两类,分别是"推"模式(push-based)和"拉"模式(pull-based)。基于"推"模式的主要系统有:R^2、DirectStream、P2VoD 等,而基于"拉"模式的系统则有:CoolStreaming、PRIME、BiToS、PULSE 等。这两种方法各有优缺点。与"推"模式相比较,"拉"模式在适应节点的动态性方面更有优势,并且更容易实现。但由于所有参与节点间需要周期性地交换数据可用性的信息,这使得媒体内容从源传送到所有节点的延时变长。另外,在"推"模式中,邻居节点上数据的多份拷贝容易发送给相同节点,导致节点上传数据流量的浪费;而"拉"模式中容易发生的是,来自邻居的数据请求数量可能会远远大于节点所能服务的最大请求数,而导致节点瘫痪。为此,有人提出推拉结合的数据调度策略,如系统 CoolStreaming 后来就改成了推拉结合的模式。

4.4.3 典型 P2P 流媒体系统实例

自 2000 年初期国内出现第一款 P2P 流媒体系统以来,网络上已经有许多该类软件或系统,同时 P2P 流媒体的用户数量也急剧增加。下面对几种典型的 P2P 流媒体系统和软件进行介绍。

1. P2Cast 系统

P2Cast 是基于树状结构构建应用层组播来提供视频点播服务的。在 P2Cast 中，用户按照到达时间进行分组，然后构成不同的会话；在一定时间阈值内到达的用户构成一个组播树（即会话）；对于每个会话，服务器均从节目的开始部分对流媒体数据进行分发；对于同一会话中较晚加入的节点，需要寻找一个较早加入的节点以获取其加入时间点之前的数据，即所谓补丁（Patching）。在 P2Cast 中的每个节点要同时提供两种转发服务，一个是由服务器提供分发、包含完整媒体内容的基本流，另一个是为后来的用户提供的补丁流。由于采用单棵树组播，P2Cast 在抗扰动性和带宽利用方面存在弊端。

2. ZigZag 系统

ZigZag 系统是采用层次化结构构造自适应组播树来提供直播流媒体服务的。它通过把节点分配到不同的层次来创建层次型拓扑结构，从最低层开始顺序编号，每个层次的节点都被分成多个节点集簇，通常物理位置较近的节点位于同个集簇中。每个集簇都有一个簇首节点，依据集簇的拓扑结构选择中心的节点作为簇首节点，该节点到其他节点的距离之和在这个集簇的所有节点中最小。节点层次化的规则如下：所有节点都属于最低层次；将最底层的节点分成多个集簇，并选择出每个集簇的簇首节点，这些簇首节点便构成其上一层的成员节点，依次类推。通过定义每个集簇下属节点和外部下属节点，组播树中每个节点只向其外部下属节点转发数据。集簇的维护成本低且独立于节点总数，同时，将由节点离开或失效而造成的组播树的修复工作限制在局部区域，不会给数据源节点带来任何负担。其控制协议开销低，新节点可快速加入到组播树中。

3. SplitStream 系统

SplitStream 采用构建多组播树的方式进行流媒体直播服务，提高了系统的容错性。SplitStream 在服务器端利用多描述编码（Multiple Description Coding，MDC）对视频节目数据进行编码，一个单棵组播树对应传输一个 MDC 子码流，通过 MDC 可以降低节点动态性对系统中其他节点播放质量的影响。另外，该系统通过 Pastry 结构化内容路由方式进行索引，并使用 SCRIBE 建立组播树。相对基于单组播树的内容分发方案，基于多组播树的内容分发可以充分利用系统中每个节点的带宽资源，但其系统维护开销要大于单棵组播树方案，并且在系统实现上多组播树的方案更难。

4. CoolStreaming 直播系统

X. Zhang 等人发表在 INFOCOM'05 会议上的 Cool Streaming 系统，也称 DONet，

是采用网状拓扑结构的流媒体内容分发系统，在 P2P 流媒体系统的发展历程上具有重要意义。早在 2004 年 5 月欧洲杯期间，CoolStreaming 系统原型就已在 Planet - Lab 平台上试用获得成功，在 3 台服务器上并发用户迅速积累到 25 万人，奠定了 P2P 直播技术进入工业界的基础。

CoolStreaming 系统中节点的通用系统结构框图，如图 4 - 37 所示，主要包含三个模块：一是负责维护系统中部分在线节点的成员节点管理模块（Membership Manager），二是负责与其他节点建立协作关系的邻居节点管理模块（Partnership Manager），三是负责和邻居节点进行数据交换的数据调度模块（Scheduler）。其中，数据调度模块是根据当前节点的缓冲区图（Buffer Map，BM）的情况选择当前节点没有的数据块进行调度。每个节点利用 Gossip 协议和其邻居节点周期性地交换数据可用性信息；然后通过分析数据可用性信息有选择地以“拉”（Pull）的方式向邻居节点请求并获得数据。在 CoolStreaming 之前，基于 Gossip 协议的 P2P 流媒体系统理论和设计已经相当完善，但始终缺乏现实的说服力，而 CoolStreaming 则通过其实践证实了这种说服力。Coolstreaming 所采用的模式具有健壮、高效、可扩展性好、且易于实现等特征，在学术界和工业界均得到了广泛推广。类似的系统还有 PRIME、Bullet、GridMedia 等。

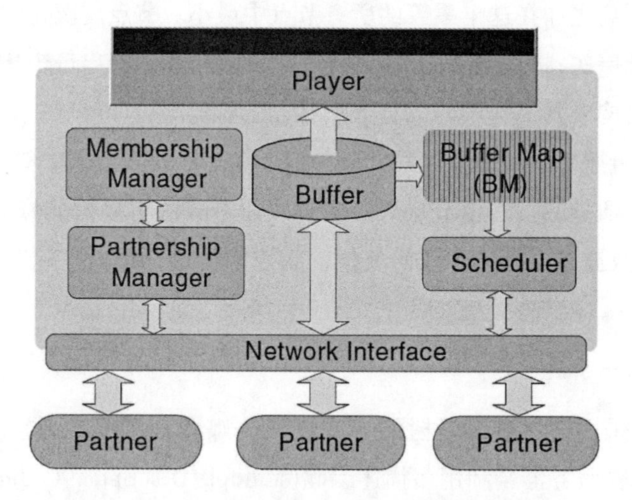

图 4 - 37　CoolStreaming 中节点的通用系统图

4.4.4　P2P 与 CDN 对比

CDN 是目前采用比较普遍，技术成熟度比较高的一种平台。其目的是通过在现有的 Internet 中增加一层新的网络架构，通过智能化策略，将用户需要访问的内容发布到距离用户最近、服务质量较好的节点，同时通过后台服务自动将用户调度到相应的节点，为用户提供较好的服务。这种方案有效缓解了 Internet 网络拥塞状况，提高了用户访问网站的响应速度，从技术上全面解决了由于网络带宽小、用户访问量大、网点分布不均等原因，造成的用户访问响应速度慢的问题。传统的CDN技术虽然可以在一定程度上加快流媒体实现下载、直播和点播，但是其核心仍然是基于集中服务器的结构，跟地域化管制紧密相连，很难降低其扩展的成本。另外，传统CDN技术在高峰时期对突发流量的适应性，容错性等方面仍然存在一定缺陷。随着用户规模的迅速增加，CDN应用发展面临着很大挑战。

P2P技术打破了传统的C/S模式，是基于对等节点非中心化服务的平台解决方案。P2P技术发展迅猛，迅速改变了整个互联网传统秩序，特别在流媒体领域，由于采用节点之间对等计算的模式，大大提高了资源共享的利用率，能在较低的成本下，充分利用空闲时间分发数据，避免拥塞，提供具备高实时性和高容错性的流服务，为流媒体服务开辟了一条崭新的道路。然而，目前单纯的P2P应用亦存在问题，P2P业务的盛行会带来网络流量风暴、新闻监管缺失、版权管理真空和恶性病毒传播等问题。此外，层出不穷的P2P产品采用的拓扑结构、算法模型不尽相同，缺乏标准体系，应用模式不清晰。这些问题阻碍了P2P技术进一步发展成为运营商级别的可靠技术平台。

4.5　小　结

网络电视的出现给人们带来了一种全新的电视观看方法，它改变了以往被动的电视观看模式，实现了电视以网络为基础按需观看、随看随停的便捷方式。

互联网最初是一种数据通信网，主要提供点对点的传递服务。具体而言，其网络层保证源结点到目标结点的分组转发和路由选择，传输层负责处理源结点和目的结点上进程之间的端到端服务。视频的网络传输最重要的需求是高带宽、高QoS支持和多播。利用传统协议提供视频的网络传输服务，不仅造成服务器资源、带宽资源的大量浪费，而且使得服务质量难以控制。为此，需要对视频网络传输进行优化，降低服务器和带宽资源的无谓消耗，提高用户体验。

本章在介绍流媒体基本原理的基础上，对网络传输优化的技术，如内容缓存技术、内容分发网络CDN和对等网络P2P做了相关的介绍，并且重点介绍了CDN流媒体Cache的设计实现、负载均衡、分发机制和内容文件预处理等CDN流媒体系统的几个关键技术。同时介绍了P2P流媒体的内容路由和索引、节点选择、拓扑结构和数据调度等几个关键技术。

思考与练习

1. TCP/IP参考模型分为几层？各层的功能是什么？

2. 与 IPv4 相比,IPv6 的优点有哪些?

3. TCP 和 UDP 哪个更适合视频传输? 为什么?

4. RTP、RTCP、RTSP 的功能各是什么?

5. 简述流媒体技术的基本原理及其主要特点。

6. 简述缓存技术的工作方式。

7. 什么是 CDN? 简述其基本工作过程。

8. CDN 流媒体系统关键技术有哪些?

9. 什么是 P2P?

10. P2P 流媒体的基本原理。

11. 如何构建和维护一个高效的 P2P 流媒体网络?

12. 分析 P2P 与 CDN 的异同点。

第5章 信息安全技术

网络电视系统融合了传统电视技术、计算机技术以及多媒体技术等等。网络电视业务的出现将电视业务从原来封闭的电视网络推向了更加开放的互联网。但是,网络电视的出现在方便用户接入电视业务的同时,也让电视业务面临前所未有的信息安全问题。

本章将从网络电视业务的信息安全需求入手,介绍在实际应用过程中网络电视系统具体采用的安全措施,并以此为基础介绍现有的多媒体业务版权管理系统。

5.1 网络电视业务安全防护体系需求分析

在传统单向广播电视时代,电视网络以广播的形式进行节目的播出,相对简单和封闭,其安全仅需考虑物理层畅通和前端信源播出的安全即可,服务收费也一直采取包月、用户主动到营业厅缴纳的原始方式。随着网络电视双向化改造的推进,视频点播、电视游戏、电视购物等新型网络电视业务不断涌现,与外界网络或SP/CP合作伙伴将产生千丝万缕的联系,从而打破了传统广播系统与外界的物理隔离特性,这就使得广电的网络安全有了根本的变化,这就对新形势下网络电视业务的安全性保障提供出了新的挑战,这对于绝大多数网络电视运营商来说都是一个全新的领域。

5.1.1 网络电视安全保护与电信、互联网的差异性

网络电视的特点和业务形式决定了不能完全照搬电信、互联网的模式。广电之前的安全机制完全是基于单向的收视控制去实现的,尤其体现在终端的机顶盒和智能卡上。首先,单向网络下,广电运营商通过发卡的人为控制手段将智能卡下发到合法用户手中,因此智能卡并没有过多的用户认证机制,更不会考虑到实时、交互认证;其次,机顶盒、智能卡只是配合完成节目的授权播出,并没有过多地考虑业务运营。而在电信中,SIM卡不仅可以完成身份认证,具有加解密功能,并且可以直接基于SIM卡进行

消费信息的汇总,可以说SIM卡本身就具有了业务开展的诸多安全机制,因此,电信的3A安全系统可以借助SIM卡的先天优势去实现各种安全机制。而在互联网中,运营商只负责进行网络的搭建和维护,而不用对网络上的业务和内容负责,在互联网上各种3A安全系统和业务耦合,由业务提供商搭建,垂直化建设,虽有很多先进的安全技术可以借鉴,但并不是一个平台化的产品。

所以,网络电视运营商既要借鉴学习电信、互联网先进的安全理念和技术,同时又要突出自身的特点,才能建立真正符合网络电视实际需求的、全面的安全防护体系。

5.1.2 网络电视安全需求

1. 网络传输安全需求

网络传输的安全问题主要表现为以下几个方面:

(1)非授权访问

没有预先经过同意,就使用网络或计算机资源被看作是非授权访问,如有意避开系统访问控制机制,对网络设备及资源进行非正常使用,或擅自扩大权限,越权访问信息。

(2)信息泄漏或丢失

信息泄漏或丢失是指敏感数据在有意或无意中被泄漏出去或丢失,它通常包括:信息在传输中丢失或泄漏(如“黑客”们利用电磁泄漏或搭线窃听等方式截获机密信息,或通过对信息流向、流量、通信频度和长度等参数的分析,推出有用信息,如用户口令、账号等重要信息),信息在存储介质中丢失或泄漏,通过建立隐蔽隧道等窃取敏感信息等。

(3)破坏数据完整性

以非法手段窃得对数据的使用权,删除、修改、插入或重发某些重要信息,以取得有益于攻击者的响应;恶意添加,修改数据,以干扰用户的正常使用。

(4)拒绝服务攻击

拒绝服务攻击能够不断对网络服务系统进行干扰,改变其正常的作业流程,执行无关程序使系统响应减慢甚至瘫痪,影响用户的正常使用,甚至使合法用户被排斥而不能进入计算机网络系统或不能得到相应的服务。

针对网络传输安全存在的问题,网络电视运营商应从网络接入、访问隔离、安全数据交换、安全审计、病毒攻击防护等方面建立起安全防护体系。

2. 业务访问安全需求

网络电视业务的安全问题主要包括:

(1)非法的业务访问,无权限的业务访问,以及业务资源的用户滥用;

(2)网络电视终端和服务器间的通信安全问题,包括信息可用性、完整性、机密性、不可抵赖性;

(3)EPG UI 安全性问题,EPG 用户界面面临非法入侵修改页面的危险;

(4)业务数据安全;敏感业务数据(例如元数据、用户数据、业务日志等)的存储和传送(例如机密性、完整性、有效性等)环节存在数据安全隐患;

(5)网络电视业务盗链,需要防止用户滥用业务资源,如限制同一用户同时接入的次数,限制非允许的业务流上传和下载。

3. 内容保护安全需求

内容访问控制:只有认证通过的用户能够被授权使用数字内容。

相应的授权内容包括:接收设备、使用的时间段、次数、输出格式等,未经授权的用户即便收到了也不能解码使用该数字内容。

数字内容的完整性和机密性:网络电视业务应能够保证在业务网络中存储、传输的数字内容的完整性和机密性。

版权保护:必须能够保护在网络电视业务中传输、存储的数字内容版权不受侵害。

追踪/不可否认性:数字内容的拥有者应能够利用技术手段(如数字水印)追溯非法使用的行为。

内容保护应保证网络电视业务内容只被授权的使用者在规定期限内以规定的方式使用,为达到上述要求,下列内容安全能力应该被实现:

(1)防止内容被任意分发:要求对内容进行访问限制,如内容加密。内容只有在客户端被判断为合法使用时,才能被临时解密使用。

(2)防止解密后的内容被任意复制或修改:要求终端使用可靠的计算平台,如保密运算处理器。对于视频输出,要使用防视频拷贝功能,或使用显式或隐式数字水印等防拷贝技术。

(3)防止内容被任意使用:该特性要求客户端通过可靠途径获取内容的使用方式(如使用次数和使用时间),并被强制执行。

4. 业务运营安全需求

在网络电视系统中,需要满足如下安全需求:

(1)对使用网络电视业务行为的溯源:网络电视业务系统应能够记录用户使用业务的操作信息日志,在出现故障或者有审查需求时,能够根据时间、用户、特定操作来查询和定位。

(2)对管理网络电视业务内容行为的溯源:网络电视业务系统应能够支持统计和

查询对网络电视业务内容进行的操作,包括发布、修改、删除等行为都应记录进日志,并且可以按时间、操作方式、操作人员等方式实时查询。

(3)计费系统/业务运营支撑系统和网络电视系统服务器间通信安全:要求支持通信的可用性、完整性、可鉴别性、机密性和不可抵赖性。

(4)业务数据安全:网络电视业务应提供有效措施保护敏感业务数据(例如元数据、用户数据、计费数据、业务日志等)的存储和传送安全(例如机密性、完整性、有效性等)。

5.2 网络传输安全

从本节开始,将系统介绍网络电视业务安全方面的关键技术,包括网络传输安全、业务访问安全、内容保护技术三个方面在内的各项技术。

5.2.1 网络安全技术

1. 基础网络防护

基础网络防护,是指在边界部署路由器、交换机及防火墙等网络设备隔离不同的安全域以达到网络保护的目的。

(1)交换机的使用

网络中的一些信息系统可能由于含有敏感和重要的数据,防止其他用户的访问。在这样的情况下,可以通过交换机加以控制,以分隔用户和信息系统。

一种控制大型网络的方法是把它们分隔成各个逻辑的域,以控制在这两个域之间的信息流。一般在安全域内部需要继续细化子域时会使用交换机进行网络保护。交换机应能过滤两个域之间的数据流,并阻止违背访问控制规则的非授权访问,例如可通过访问控制列表(ACL)来实现。

把网络分隔成域的标准应基于业务的访问要求,并考虑相应的成本和性能影响,采用合适的网络路由。

为了加强安全保护,通过交换机的配置可以实现如下功能:

①核心交换机和分布式交换机实施包过滤技术;

②授权只有合法的用户IP才能访问服务器;

③限制和控制访问关键服务器应用的流量,例如,只允许Ftp、Telnet等从某个授权地点到某个关键服务器应用的流量。

(2)路由器的使用

一般在广域网边界,如Internet出口,会部署路由器隔离内外网之间的数据流。路

由器可作为网络安全的第一道屏障。通过路由器可以实现如下安全功能:

①通过 ACL 进行数据包过滤;

②使用 NAT 网络地址转换隐藏内部主机地址。

(3)防火墙上的控制

防火墙一般部署在路由器后方,作为第二道防线阻挡来自非信任区域的攻击。由于它具备状态检测功能,其提供的安全保护要远强于路由器。在 Internet 的出口处也可以部署双层异构的防火墙提高安全保护能力。

2. 应用代理

对于某些企业,内网的用户不允许直接访问 Internet,而是需要通过代理服务器进行转发。应用代理彻底隔断内网与外网的直接通信,内网用户对外网的访问变成 Proxy 对外网的访问,然后再由 Prxoy 转发给内网用户。所有通信都必须经应用层代理软件转发,访问者任何时候都不能与服务器建立直接的 TCP 连接,应用层的协议会话过程必须符合代理的安全策略要求,这样可以提高内网终端访问 Internet 的安全性。而且,某些应用代理还可以检查应用层、传输层和网络层的协议特征,对数据包的检测能力比较强,能与上网行为管理系统联动,提高网络的管理监控能力。

应用代理服务器和基于包过滤的状态检测防火墙配合使用,可以从技术上实现防火墙的双层异构。应用代理服务器还可以实现如下的功能:

Web 缓存加速,提高用户的上网速度;

➢网址过滤,用于过滤不良网站;

➢用户认证:实现应用层的用户认证;

➢日志记录:提供详细的用户上网日志记录,用于审计。

3. 入侵检测系统

入侵检测系统是常见的安全防护手段之一,被认为是防火墙之后的第二道安全闸门。它能在不影响网络性能的情况下对网络进行监听,从而提供对内部攻击、外部攻击和误操作的实时保护,在网络和系统受到危害之前进行报警、拦截和响应。

其主要功能如下:

(1)对黑客攻击(缓冲区溢出、SQL 注入、暴力猜测、拒绝服务、扫描探测、非授权访问等)、蠕虫病毒、木马后门、间谍软件、僵尸网络等进行实时检测及报警;

(2)行为监控:可对网络流量进行监控,对 P2P 下载、IM 即时通讯、网络游戏、网络流媒体等严重滥用网络资源的事件提供警告信息和记录;

(3)流量分析:可对网络进行流量分析,实时统计出当前网络中的各种报文流量;

(4)通过检测和记录网络中的违规行为,惩罚网络犯罪,防止网络入侵事件的发生；

（5）检测黑客在攻击前的探测行为，预先给管理员发出警报；

（6）提供有关攻击的信息，帮助管理员诊断网络中存在的安全弱点，利于其进行修补；在大型、复杂的网络中布置入侵检测系统，可以显著提高网络安全管理的质量。

4. 入侵防御系统

IPS 比较 IDS 而言，功能较强大，主要包括：

（1）实时检测进出网络的数据流量，发现各类攻击行为并进行告警、自动阻断响应等；

（2）保障网络出口可用性，且对网络出口性能仅产生较小影响；

（3）支持多种的攻击检测的手段，以提高检测准确率；

（4）支持基于流量的五元组（源地址、源端口、目的地址、目的端口、协议类型）配置 IPS 策略；

（5）IPS 设备支持对特定特征流量的限速，而不是单纯的阻断，比如对 BT 流量或任一种匹配了某种特征的流量进行限速；

（6）支持 In - Line 模式与 Sniffer 模式并存的混合模式部署；

（7）自动的攻击特征在线升级和自动的报表生成服务；

（8）IPS 设备应支持内置 Bypass 功能。

5. 网络防病毒网关

大部分企业在终端上部署网络版防病毒系统后，在内部的终端上仍然经常受到病毒的侵扰，企业终端用户在上网浏览时，无意间点击恶意链接，导致病毒下载到本地，并在特定条件下触发感染，造成病毒在内部网络扩散，这种威胁导致终端病毒感染率居高不下。据统计，80% 的病毒、恶意程序来自互联网。

互联网的垃圾邮件、病毒、间谍软件、网络钓鱼和不适内容会中断业务运行，降低生产效率。这些快速演变的威胁隐藏在电子邮件和网站页面中，通过网络迅速传播，它们消耗网络和系统资源，让企业增加支持费用。由于没有采取安全防护措施，各种恶意程序就会对企业网络正常运行形成极大威胁，企业为此付出大量不必要的人力、财力。而且由于现在病毒爆发都是多种病毒同时爆发，使病毒样本难以搜集，所以无法针对流行的 Web 威胁进行防护，防护效果十分被动，并且滞后性严重。

为了能有效完善用户的防病毒体系，补充现有企业版防病毒系统的不足，达到主动、立体的防护效果，同时实现防病毒体系异构，在互联网出口处部署防病毒网关是十分必要的。

在互联网入口部署防病毒网关，可有效防止 Web 附带威胁（如间谍软件、不适当

Web内容、网络钓鱼诈骗攻击、病毒、蠕虫和木马)的侵扰,帮助提高员工生产力,提高带宽可用性,实现对内网病毒的纵深防御。

防病毒网关在网络出口处对HTTP及FTP等数据传输进行安全扫描,将病毒爆发生命周期管理理念扩展到网关处,大大提高了网关处的病毒防护效果。

防病毒网关可实现多种防病毒扫描技术、反间谍软件技术及URL过滤技术等多项内容安全防护。另外,还有效地完善了用户的防病毒体系,补充了现有防病毒系统的不足,达到主动、立体的防护效果。

网络防病毒网关一般应满足以下功能:

(1)防病毒网关一般为硬件设备,支持透明桥、代理方式、ICAP协议、WCCP协议等部署方式,不需要改变现有网络架构;

(2)防病毒网关必须支持对HTTP/FTP/WEB mail应用的病毒扫描和清除;

(3)支持对间谍软件/灰色软件的扫描和清除;

(4)应支持URL分类过滤功能,可以控制工作时间、非工作时间不同分类站点的访问;

(5)支持管理员定制URL访问的“黑白名单”;

(6)防病毒网关防护策略应支持能够基于不同网段或特定IP进行个性化配置,满足不同部门、不同人员的配置要求;

(7)应支持对“网络钓鱼”欺骗行为的侦测与阻断;

(8)防病毒网关应支持断点续传连接下的扫描与清除;

(9)当用户访问到恶意程序时,防病毒网关可以自动将该恶意程序的URL加入阻挡列表中;

(10)当有其他人访问同样路径时,直接阻断对恶意程序的访问,提高防护效率;

(11)防病毒网关必须能够自动生成日报、周报、月报等图形化报表,分析给出在HTTP/FTP访问中的各种风险数据;

(12)防病毒网关需支持与代理服务器、缓存服务器、L4交换机进行互动透明工作。

5.2.2　系统安全技术

1. DDOS攻击系统

对外部用户提供服务的服务器、采用动态交互式网页的网站,容易遭到黑客攻击,特别是DDOS攻击而造成系统宕机。通过部署防DDOS攻击系统,可有效监测DDOS攻击行为,并及时清洗DDOS攻击流量,防止黑客对敏感区的DDOS攻击行为。

防 DDOS 攻击系统应具备如下功能：

(1)应能够抵抗 SYN Flood、UDPFlood、ICMP Flood、ACK Flood、DNS Query Flood，以及混合攻击等多种机理的拒绝服务攻击或分布式拒绝服务攻击；

(2)应对各类 DoS/DDoS 攻击事件和系统操作事件进行详细记录。用户可以进行基于 Web 的日志管理，比如查看详细的日志信息、查询分类的日志信息、通过图表实时监控网络流量、查看网络事件的统计等等。用户可以设定定期发送报表的策略，可根据用户设定的策略把相关报表发送到指定的邮箱，方便用户及时了解网络状况；

(3)支持 Web 方式的管理，支持用户权限管理；

(4)应具有良好的产品升级运维能力。

2. 网页防篡改系统

当前，WEB 应用系统日益复杂，部署越来越广泛，在促进信息化的工作中发挥了重要作用。与此同时，由于网页篡改事件频繁发生，既损害了 WEB 系统建设单位的形象，也可能直接导致经济上的损失，甚至产生严重的政治影响。网页篡改防护系统(Anti – Defacement System，简称 ADS)，是一种针对 WEB 系统网页内容的安全防护系统，依据一定的策略，对网页内容进行安全监控，阻止网页内容被篡改或者在网页内容被篡改后对网页内容进行及时恢复，避免用户浏览到非法的网页内容。

(1)网页防篡改系统主要实现如下功能：

①网页篡改检测：网页篡改防护系统须能够检测各种网页篡改行为，对网页内容的完整性进行实时监控，监控其发生变化的合法性。应能发现通过后台篡改网页文件或者通过 HTTP 会话修改网页文件及动态网页数据的攻击企图。如发现成功篡改网页的攻击应进行告警；

②网页篡改防护：网页篡改防护系统须对用户可访问的网页内容进行保护，确保网页不能被篡改或者在篡改后进行及时恢复，确保用户访问不到篡改后的网页；

③网页恢复：能将非法更改的受保护的静态网页文件、动态脚本文件及目录，自动恢复到合法网页的过程。

对用户可以访问的内容的保护，既要保障用户从互联网有权限访问的网页内容的完整性，又要保障用户不能通过各种基于 WEB 的攻击方式在网页内显示用户无权限直接或间接访问的内容，例如通过 SQL 注入攻击在网页内显示数据库相关信息。

两类网页篡改防护系统必须做到阻止网页内容被篡改或者在网页内容被篡改后能够及时进行恢复，确保用户访问不到篡改后的网页内容。

(2)两类网页篡改防护系统须实现下述功能要求：

①组合类网页篡改防护系统：须保障静态网页、动态网页脚本及其他可以访问的

网页文件内容不能被篡改或者在网页内容被篡改后能够及时恢复,确保用户访问不到篡改后的网页内容。

须能够主动阻断针对动态网页数据的篡改。

②单一会话保护类网页篡改防护系统:静态网页、动态网页脚本及其他可以访问的网页文件一旦被篡改,在用户访问篡改后的网页时,网页篡改防护系统须能发现,并能及时用备份文件自动进行恢复。在恢复的过程中,应支持用管理员指定的网页统一响应用户的访问请求。

③单一会话保护类网页篡改防护系统须能够主动阻断针对动态网页数据的篡改。

④两类网页篡改防护系统在网页恢复的过程中,须保证用户访问不到被篡改后的内容并须将篡改后的网页保存以备后续查证。

3. 蜜罐系统

蜜罐是一种在互联网上运行的计算机系统,它是专门为吸引并诱骗那些试图非法闯入他人计算机系统的人(如电脑黑客)而设计的,蜜罐系统是一个包含漏洞的诱骗系统,它通过模拟一个或多个易受攻击的主机,给攻击者提供一个容易攻击的目标。由于蜜罐并没有向外界提供真正有价值的服务,因此,所有对蜜罐的尝试都被视为可疑的。蜜罐的另一个用途是拖延攻击者对真正目标的攻击,让攻击者在蜜罐上浪费时间。简单点说,蜜罐就是诱捕攻击者的一个陷阱。

4. 僵尸网络监控系统

僵尸网络是指采用一种或多种传播手段,将大量主机感染 bot 程序(僵尸程序),从而在控制者和被感染主机之间形成一个可一对多控制的网络。攻击者通过各种途径传播僵尸程序感染互联网上的大量主机,而被感染的主机将通过一个控制信道接收攻击者的指令,组成一个僵尸网络。之所以用僵尸网络这个名字,是为了更形象地让人们认识到这类危害的特点:众多的计算机在不知不觉中如同僵尸群一样被人驱赶和指挥着,成为被人利用的工具。

5. 网络流量管理系统

网络流量管理系统主要用以实时监控网络中的异常流量,进行带宽限制。通过部署异常网络流量管理系统,可实时高效检测链路上的各种业务和应用,进行业务统计,并将出口带宽按照不同用户或不同应用类型进行精确划分,确保重点应用或用户能够获得充足的带宽,提高网络的整体质量。

网络流量管理系统,可实现对网络异常流量的监控和带宽管理,及时发现异常流量并进行预警,并对攻击流量进行限制,保证网络带宽的正常使用。

5.2.3 安全审计技术

1. 漏洞扫描技术

网络、主机、业务等安全问题,仅仅通过事后的安全补救措施是不能挽回安全损失的,因此,建立常态化的漏洞扫描系统是安全的迫切需求。

漏洞扫描系统根据预先设定的策略,使用内嵌的漏洞扫描系统或以软件接口方式驱动第三方漏洞扫描系统,定期对所管辖设备进行漏洞扫描,及时发现存在的安全风险并协助进行漏洞修补。

建立漏洞扫描系统,形成自动化主动评估工具,可改变以往人工、半自动化网络评估活动,实现对网络电视业务安全评估工作。系统按照设定策略定期进行安全扫描,发现网络、系统中存在的安全漏洞,定期对所关注的信息安全资产进行漏洞管理,以尽可能缩小未知风险带来的威胁。

2. 安全基线检查

安全基线即最小的安全标准,一般包含大量的检查项,纯手工的操作检查将带来极大的工作量,并且容易因为人为失误导致检查结果的不正确,甚至可能因为在重要系统上的误操作导致目标系统的配置被修改等。因此,有必要结合安全基线规范,建立自动化安全基线检查工具,进行本地或者远程的批量化安全检查。

IT 设备安全基线自动检查工具是一款用于 IT 基础设备脆弱性检查的扫描工具,也是信息安全体系中的重要组成部分。工具具有远程和本地对 IT 设备进行安全配置检查的能力,能够检查信息系统中的主机操作系统、数据库、网络设备等,具有友好的人机界面和丰富的报表系统,完全实现了安全检查工作的智能化、自动化。

5.2.4 访问隔离

1. VPN

VPN 又称为虚拟专用网络,被定义为通过一个公用网络(通常是因特网)建立一个临时的、安全的连接,是一条穿过公用网络的安全、稳定的隧道。虚拟专用网是对内部局域网的扩展,它可以帮助异地用户、分支机构、商业伙伴及供应商同公司的内部局域网建立可信的安全连接,并保证数据的安全传输。

IETF 组织对基于 IP 的 VPN 解释为:通过专用的隧道加密技术在公共数据网络上仿真一条点到点的专线技术。所谓虚拟,是指用户不再需要拥有实际的长途数据线路,而是使用 Internet 公众数据网络的长途数据线路。所谓专用网络,是指用户可以为自己制定一个最符合自己需求的网络。

常见的 VPN 网络是在 Internet 上临时建立的安全专用虚拟网络,用户节省了租用专线的费用,同时,除了购买 VPN 设备或 VPN 软件产品外,用户所付出的仅仅是向所在地的 ISP 支付一定的上网费用,这就是 VPN 迅速发展的主要原因。

以 OSI 模型参照标准,不同的 VPN 技术在不同的协议层实现。如下表:

表 5-1 VPN 实现技术一览表

VPN 在 OSI 中的层次	VPN 实现技术
应用层	SSL VPN
会话层	Socks5 VPN
网络层	IPSec VPN
数据链路层	PPTP 及 L2TP

2. VLAN

VLAN(Virtual Local Area Network)又称虚拟局域网,是指在交换局域网的基础上,采用网络管理软件构建的可跨越不同网段、不同网络的端到端的逻辑网络。一个 VLAN 组成一个逻辑子网,即一个逻辑广播域,它可以覆盖多个网络设备,允许处于不同地理位置的网络用户加入到一个逻辑子网中。VLAN 工作在 OSI 参考模型的第 2 层和第 3 层,VLAN 之间的通信是通过第 3 层的路由器来完成的。

下面介绍 VLAN 的划分方法:

交换机的端口,可以分为访问链接(Access Link)和汇聚链接(Trunk Link)。访问链接,指的是只属于一个 VLAN,且仅向该 VLAN 转发数据帧的端口。

(1)访问链接

在大多数情况下,访问链接所连的是客户机。如何设定访问链接,是 VLAN 应用的关键问题。访问链接的设定可以是事先固定的,也可以是根据所连的计算机而动态改变设定。前者被称为"静态 VLAN",后者被称为"动态 VLAN"。

①静态 VLAN

静态 VLAN 又被称为基于端口的 VLAN(Port Based VLAN)。顾名思义,就是明确指定各端口属于哪个 VLAN 的设定方法,如图 5-1 所示。

由于需要一个个端口地指定,因此当网络中的计算机数目超过一定数字(比如数百台)后,设定操作就会变得繁杂无比。并且,客户机每次变更所连端口,都必须同时更改该端口所属 VLAN 的设定,这显然不适合那些需要频繁改变拓扑结构的网络。

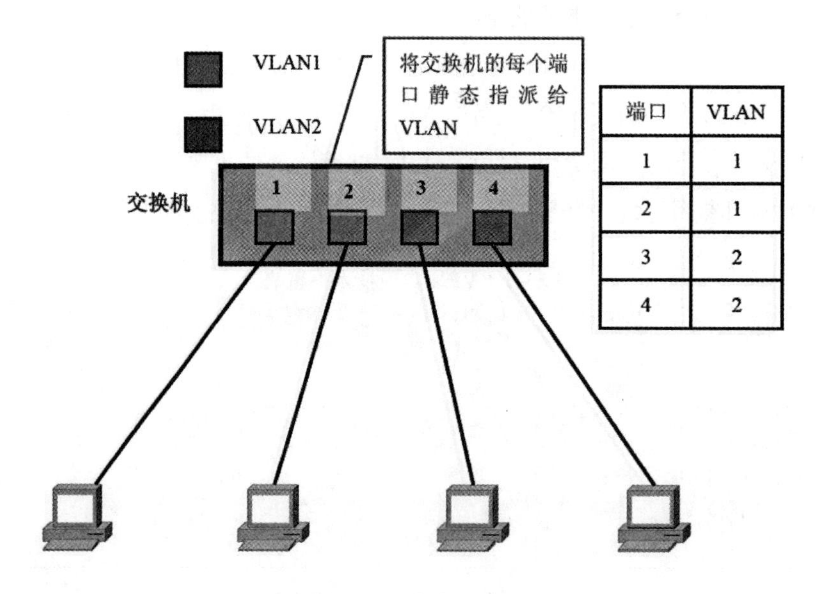

图 5－1 静态 VLAN

②动态 VLAN

动态 VLAN 则是根据每个端口所连的计算机，随时改变端口所属的 VLAN。这就可以避免上述的更改设定之类的操作。动态 VLAN 可以大致分为 3 类：基于 MAC 地址的 VLAN（MAC Based VLAN）、基于子网的 VLAN（Subnet Based VLAN）、基于用户的 VLAN（User Based VLAN）。

其间的差异，主要在于根据 OSI 参照模型哪一层的信息决定端口所属的 VLAN。基于 MAC 地址的 VLAN，就是通过查询并记录端口所连计算机上网卡的 MAC 地址来决定端口的所属。但是，基于 MAC 地址的 VLAN，在设定时必须调查所连接的所有计算机的 MAC 地址并加以登录。而且如果计算机交换了网卡，还是需要更改设定。

基于子网的 VLAN，则是通过所连计算机的 IP 地址，来决定端口所属 VLAN 的。不像基于 MAC 地址的 VLAN，即使计算机因为交换了网卡或是其他原因导致 MAC 地址改变，只要它的 IP 地址不变，就仍可以加入原先设定的 VLAN。因此，与基于 MAC 地址的 VLAN 相比，能够更为简便地改变网络结构。IP 地址是 OSI 参照模型中第三层的信息，所以我们可以理解为基于子网的 VLAN 是一种在 OSI 的第三层设定访问链接的方法，一般路由器与三层交换机都使用基于子网的方法划分 VLAN。

基于用户的 VLAN，则是根据交换机各端口所连的计算机上当前登录的用户，来决定该端口属于哪个 VLAN。这里的用户识别信息，一般是计算机操作系统登录的用户，比如可以是 Windows 域中使用的用户名。这些用户名信息，属于 OSI 第四层以上的信息。

总的来说，决定端口所属 VLAN 时利用的信息在 OSI 中的层面越高，就越适于构建灵活多变的网络。

(2)汇聚链接

汇聚链接指的是能够转发多个不同 VLAN 的通信的端口。汇聚链路上流通的数据帧，都被附加了用于识别属于哪个 VLAN 的特殊信息，汇聚链接所连的都是支持 VLAN 的设备，一般用于交换机之间的互联。

通过汇聚链路时附加的 VLAN 识别信息，有可能是“IEEE802.1Q”标准所定义，也可能是 Cisco 产品独有的“ISL(Inter Switch Link)”所定义。IEEE802.1Q 是经过 IEEE 认证的对数据帧附加 VLAN 识别信息的协议，它通过在数据帧中“源 MAC 地址”与“类别域”之间增加 4 个字节数据来识别 VLAN 信息。ISL(Inter Switch Link)是 Cisco 产品支持的一种与 IEEE802.1Q 类似的用于在汇聚链路上附加 VLAN 信息的协议，使用 ISL 后，每个数据帧头部都会被附加 26 字节的“ISL 包头(ISL Header)”，并且在帧尾带上通过对包括 ISL 包头在内的整个数据帧进行计算后得到的 4 字节 CRC 值。

如果交换机支持正 IEEE802.1Q 或者 ISL，那么用户就能够高效率地构筑横跨多台交换机的 VLAN。另外，汇聚链路上流通着多个 VLAN 的数据，自然负载较重。因此，在设定汇聚链接时，一般要支持 100Mbps 以上的传输速度。

默认条件下，汇聚链接会转发交换机上存在的所有 VLAN 的数据。也就是说，汇聚链接端口同时属于交换机上所有的 VLAN。由于实际应用中很可能并不需要转发所有 VLAN 的数据，因此，为了减轻交换机的负载、也为了减少对带宽的浪费，可以通过用户设定限制能够经由汇聚链路互联的 VLAN。

5.2.5　通道加密技术

1. IPSec

IPSec(Internet Protocol Security)是一个标准的第三层安全协议框架，它并非一个独立的安全协议，而是 IETF(Intemet Engineering Task Foree)为 IP 层提供通信安全而制定的一个协议族，包括安全协议部分和密钥协商部分。安全协议部分定义了可利用的通信数据的安全保护机制，密钥协商部分则定义了如何为安全协议协商保护参数，以及如何对通信实体的身份进行认证识别。IPSec 定义了两种安全封装协议，验证头部协议(AH，Authentication Header)和封装安全载荷协议(ESP，Encapsulation Security Payload)。前者不提供加密服务，只提供信息源认证、有限抗重播和信息完整性保证；后者提供数据机密性、数据源认证、抗重放及数据完整性等服务。两个 IPSec 实体在通信前,必须通过密钥交换协议 IKE(Internet Key Exchange)协商 SA 安全关联 SA(Security Association),协商过程中进行基于公钥密码体制的身份认证。

IPSec 协议的基本目的是把密码学的安全机制引入 IP 协议中,通过使用现代密码学方法来提供保密和认证服务,从而弥补 IP 协议的若干重大缺陷(弱身份认证机制、弱完整性保护机制、无机密性保护机制),以及对抗各种针对 TCP/IP 协议族的攻击,在 IP 层上对数据包进行高强度的安全处理,为用户提供所期望的安全服务。它利用预共享密钥、数字签名或公钥加密实现较强的通信实体身份相互认证,并对通信提供连接的主机级身份认证和基于预共享密钥的数据包源认证;通过 ESP 机制为通信提供机密性保护,通过 AH 和 ESP 机制为通信提供完整性保护、抗重放攻击和基于连接的授权访问控制;通过隧道模式的 ESP 机制为通信提供有限的流量保护功能,并提供一定的通信 QoS 保证。

IPSec 协议支持两种安全保护模式,即传输模式和隧道模式。它们的主要区别是传输模式保护数据包从源主机到目的主机间的安全,数据包的最终目的地就是安全终点,它保护的是 IP 包的有效载荷或者说保护的是上层协议数据(如 TCP、UDP 和 ICMP 等);而隧道模式只保护数据包从源安全网关(或路由器)到目的安全网关(或路由器)间的安全,数据包的最终目的地不是安全终点,它为整个 IP 包提供安全保护。隧道模式用于通信双方至少一端是安全网关或路由器的情况,而传输模式通常用于两台主机间的安全通信。AH 和 ESP 都支持这两种安全保护模式。

(1)验证头部协议(AH,Authentication Header)

AH 协议为 IP 报文提供数据完整性校验和身份认证,可选择地重放攻击保护,但不提供数据加密服务。

①AH 头部格式如下:

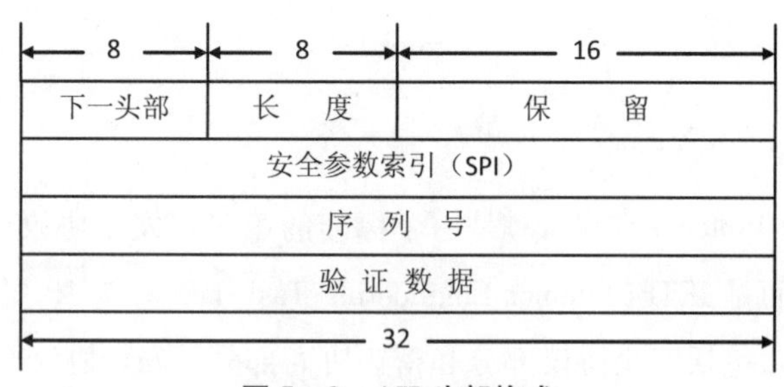

图 5-2 AH 头部格式

A. 下一头部(8-bits):标识 AH 后的载荷(协议)类型。在传输模式下可为 6(TCP)或 17(UDP);在通道模式可下为 4(IPv4)或 41(IPv6);

B. 长度(8-bits):整个 AH 头的长度减 2,长度以 32-bits 为单位;

C. 保留(16-bits):保留字段,必须为 0;

D. 安全参数索引 SPI(32 - bits):与外部 IP 头的目的地址一起标识对这个报文进行身份验证和完整性校验的安全联盟(SA);

E. 序列号(32 - bits):是一个单向递增的计数器,用于提供抗重播功能(anti - replay);

F. 验证数据(完整性校验值 ICV):长度由具体的验证器(算法)决定;对 IPSec 要求必须实现的验证器 HMAC - MD5 - 96 和 HMAC - SHA - 96,验证数据的长度均为 96 - bits。

②AH 的使用模式有两种,分别是:

A. 传输模式:只保护 IP 报文的不变部分

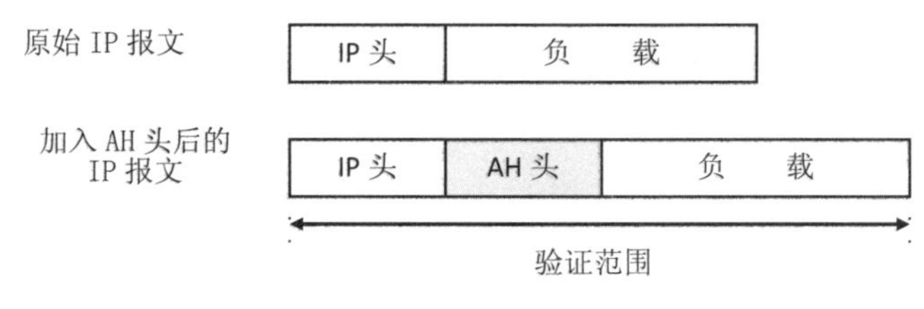

图 5 -3 AH 传输模式

B. 隧道模式:保护整个 IP 报文

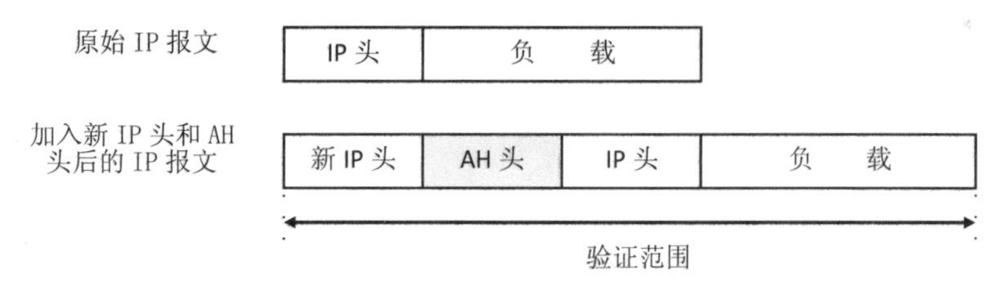

图 5 -4 AH 隧道模式

(2)封装安全载荷协议(ESP,Encapsulating Security Payload)

ESP 协议为 IP 报文提供数据完整性校验、身份认证和数据加密,还有可选择的重放攻击保护,即除提供 AH 提供的所有服务外,还提供数据加密服务。

①ESP 格式如下:

A. 安全参数索引 SPI(32 - bits):同 AH;

B. 序列号(32 - bits):同 AH;

C. 初始化向量 IV:CBC 加密模式所需要的,通常为被保护数据的前 8 个字节,是没有加密的;

D. 填充项(0 ~ 255 bytes):用于在 ESP 中保证边界的正确,其内容由具体的加密算法决定;

E. 填充长度(8 - bits);

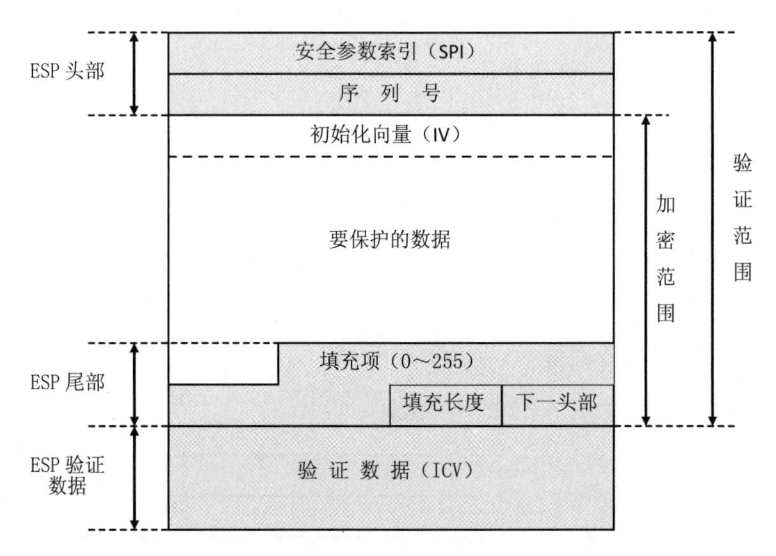

图 5-5 ESP 格式

F. 下一头部(8-bits)：标识受 ESP 保护的载荷(协议)类型。在传输模式下可为 6(TCP)或 17(UDP)；在通道模式可下为 4(IPv4)或 41(IPv6)；

G. 验证数据(完整性校验值 ICV)：验证范围包括 ESP 头部、被保护数据以及 ESP 尾部。

②ESP 的使用模式有两种：

A. 传输模式：只保护 IP 报文的不变部分

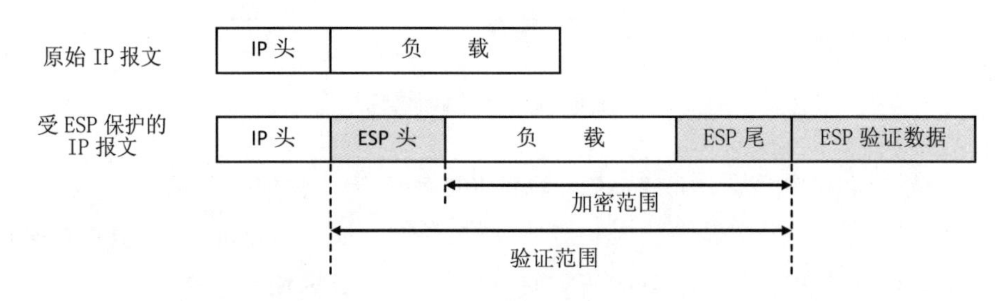

图 5-6 ESP 传输模式

B. 隧道模式：保护整个 IP 报文

(3)密钥交换协议 IKE(Internet Key Exchange)

IPSec 通信实体(主机、路由器或安全网关)双方在交换数据之前，根据预配置的 IPSec 安全策略，通信双方就如何保护信息、交换信息等共同的安全设置协商达成一致，建立一种通信保护约定，该约定被称为安全关联或安全联盟，即 SA，它包含的最重要的内容便是之后用于保护连接和数据安全的一套安全密钥。如何安全地交换一套密钥，就通信双方的安全设置达成一致，关系到 IPSec 能否成功部署和顺利实施。In-

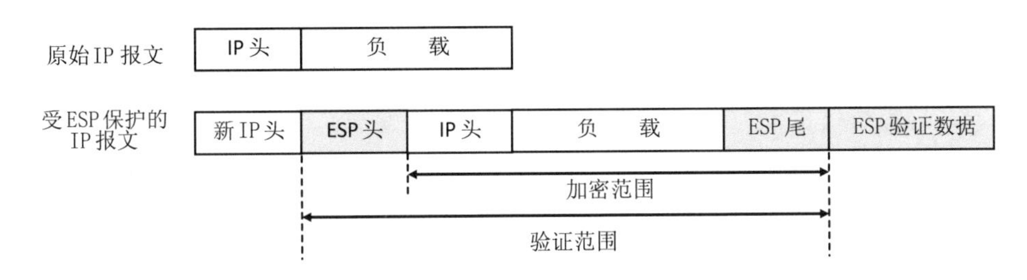

图5-7　ESP隧道模式

ternet工程任务组IETF制定的安全关联标准方法和密钥交换解决方案——IKE，便承担这一重要职责，提供一种在两个IPSec通信实体间建立安全关联(SA)的方法。SA对通信双方实体之间的策略协议进行编码，规定使用的安全算法、密钥长度以及如何产生并交换密钥。IKE主要完成两个方面的任务：一是SA的统一集中管理，减少连接时间；二是密钥的生成、分发、更新管理。IKE建立SA分两个阶段：第一阶段，协商创建一个通信信道(IKESA)，并对该信道进行认证，为双方进一步的IKE通信提供机密性、数据完整性以及数据源认证服务；第二阶段，使用已建立的IKESA建立IPsecSA。

IKE属于一种混合型协议，由因特网安全关联和密钥管理协议(ISAKMP)及两种密钥交换协议OAKLEY与SKEME组成。IKE创建在由ISAKMP定义的框架上，沿用了OAKLEY的密钥交换模式以及SKEME的共享和密钥更新技术，还定义了它自己的两种密钥交换方式。目前，IKE最新的版本是IKEv2。

2. SSL协议

SSL协议是Netscape公司设计的，主要用于Web的安全传输协议。SSL协议要求建立在可靠的传输层协议(如TCP协议)之上，它与应用层协议无关，高层的应用层协议(例如HTTP、FTP、TELNET等)能透明地建立于SSL协议之上。

SSL通信的工作原理：SSL协议的主要用途是在两个通信应用程序之间提供私密性和可靠性。SSL协议由四部分组成：SSL记录协议(Record Protocol)、SSL握手协议(Handshake Protocol)、SSL改变密码规格协议(Cipher Change Protocol)、SSL报警协议。SSL协议分为两层，低层是SSL记录协议层，高层是SSL握手协议层。

SSL记录协议是SSL协议的底层协议，被设计用来分组、压缩、消息摘要、加密和传输SSL消息以及应用层数据。

SSL握手协议是最重要的一个SSL协议。用来协商进行SSL会话所需要的加密算法、压缩算法、对称密码密钥等，并且可以通过X.509证书对通信双方的身份进行认证。

SSL改变密码规格协议是使用SSL ReCord Protocol的三个高层协议之一，其作用是通知对等实体加密策略即将改变,这条消息之后的消息将采用握手协议协商好的密钥、加密和压缩算法等进行压缩加密。

SSL 报警协议主要为对等实体传递 SSL 的相关警告。如果在通信过程中某一方发现任何异常,就需要给对方发送一条警示消息通告。警示消息有两种:一种是 Fatal 错误,如传递数据过程中发现错误的消息摘要,双方就需要立即中断会话,同时消除自己缓冲区相应的会话记录;第二种是 Warning 消息,这种情况通信双方通常都只是记录日志,而对通信过程不造成任何影响。

5.3 业务访问安全

5.3.1 网络接入认证技术

网络接入认证用于验证用户身份的合法性,并对合法用户分配 IP 地址、带宽资源和转发策略。目前,主要应用的 IP 网络接入认证技术分为 PPPoE 和 IPoE 两种。

1. PPPoE 协议

PPPoE 协议(Point to Point Protocol over Ethernet,以太网上的点到点协议)为 IETF RFC2516 标准协议,基于 PPP 协议演化而成,是利用以太网发送 PPP 包的传输方法和支持在同一以太网上建立多个 PPP 连接的接入技术。PPP 协议是一种点到点的链路层协议,它提供了点到点的一种封装、传递数据的方法。目前,各大运营商的基础数据业务均采用 PPPoE 接入方式。

PPP 协议一般包括三个协商阶段:LCP(链路控制协议)阶段,认证阶段(比如 CHAP/PAP),NCP(网络层控制协议,比如 IPCP)阶段。由于 PPPoE 协议中集成了 PPP 协议,所以实现了传统以太网不能提供的身份验证、加密以及压缩等功能,具体流程,如图 5 -9 所示。

拨号后,用户终端和局方的接入服务器在 LCP 阶段协商底层链路参数,然后在认证阶段将用户名和密码发送给接入服务器认证,接入服务器可以进行本地认证,也可以通过 RADIUS 协议将用户名和密码发送给 AAA 服务器进行认证。认证通过后,在 NCP(IPCP)协商阶段,接入服务器给用户终端分配网络层参数,如 IP 地址等。经过 PPP 的三个协商阶段后,用户就可以发送和接收网络报文,用户收发的所有网络层报文都封装在 PPP 报文中。

PPPoE 在用户获得 IP 地址之前,对用户的身份进行识别。由于 RADIUS 服务器可以集中部署,因此能够采用更强大的接入认证数据库应用系统。但是由于其在数据通信过程中需要对每个数据包进行封装处理,因此,对于不需要精确接入安全要求的

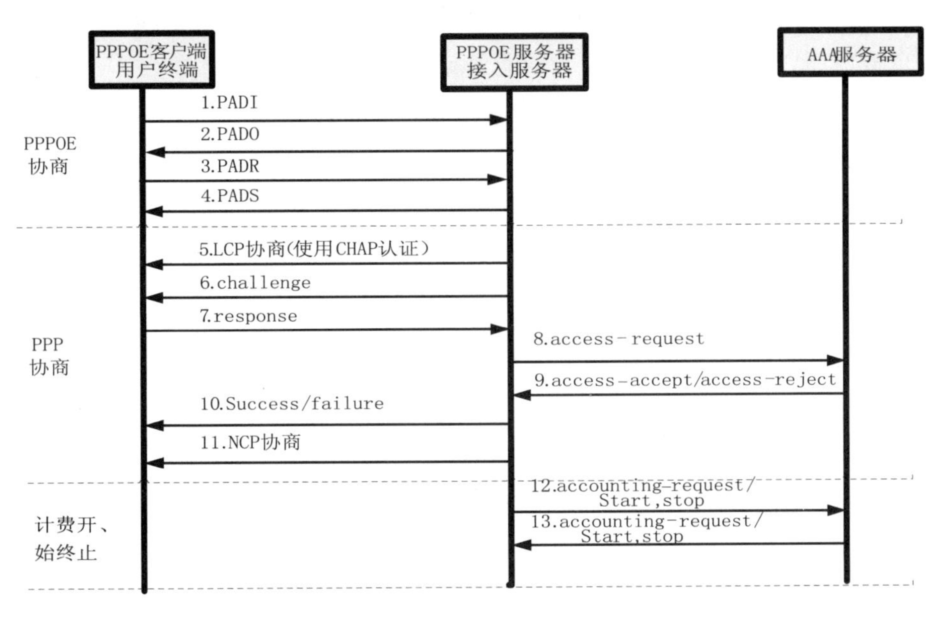

图5-8 PPPoE接入流程

业务,如内网流量访问、包月用户等,这样的处理会增加用户数据传输处理的成本。

PPPoE因在宽带网络建设初期解决了安全接入方面的很多问题而被运营商广泛使用。但随着网络的不断发展,宽带网络业务的不断增多,尤其是网络电视点播业务、数字电视广播业务、VOIP、视频监控等新业务的开展,PPPoE已难以支撑上述业务的开展,主要因为以下几点:

(1)PPPoE必须在网络的二、三层间部署一个网关型接入服务器BRAS,由于该设备主要采用集中部署方式,容易造成网络应用瓶颈,从而限制了网络和应用的平滑扩展,并且不能很好的支持组播。

(2)BRAS设备无法进行统一的地址管理和设备管理,属于分散型单点应用。

(3)BRAS设备不能支持冗余备份,负荷分担,容易造成单点故障。

(4)PPPoE的协议扩展性较弱,难以支持未来新业务的开展。

(5)PPPoE的认证和业务无法分离,造成处理效率低下,性价比较低。

2. IPoE

IPoE是采用WT-146用户会话控制机制,使用IETF RFC1541标准协议,结合当今PPPoE通用的RADUIS协议,采用Option 60和Option 82字段来实现认证的一种机制。Option 60中带有Vendor和Service Option信息,是由用户终端发起DHCP请求时携带的信息,网络设备只需要透传即可。其在应用中的作用是用来识别用户终端类型,从而识别用户业务类型,DHCP服务器可以依赖于此分配不同的业务IP地址,安全应用方面的作用体现为区分不同用户终端类型，授以不同的业务权限，并分配相应的安全策略，提升管控用户终端行为的能力。

DHCP Option 82 是为了增强 DHCP 服务器的安全性，改善 IP 地址配置策略而提出的一种 DHCP 选项。通过在网络接入控制设备上配置 DHCP 中继代理功能，中继代理把从用户终端接收到的 DHCP 请求报文添加进 Option 82 选项中（其中包含了用户终端的接入物理端口和接入设备标识等信息），然后再把该报文转发给 DHCP 服务器；支持 Option 82 功能的 DHCP 服务器接收到报文后，根据预先配置策略（安全绑定信息）和报文中 Option 82 信息分配 IP 地址连同其他配置信息发送给用户终端，DHCP 服务器也可以依据 Option 82 中的信息识别可能的 DHCP 攻击报文并作出防范；同时，认证系统也可依据绑定信息识别用户终端接入位置，追踪用户流量传输过程，便于规划和发现不安全因素，防止 IP/MAC 地址欺骗，实现对非安全用户访问的隔离。

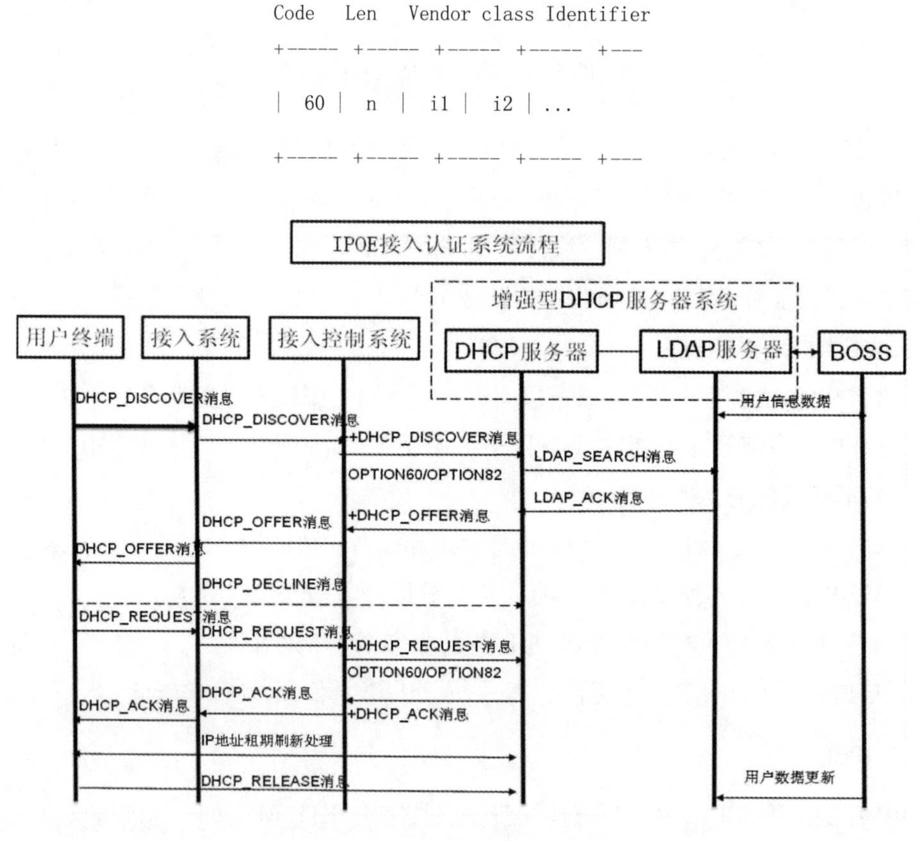

图 5-9 IPoE 接入认证流程

Option 60 报文结构：

Option 60 是一个 DHCP 报文中的选项，Code 为 60，可以标识终端类型，根据不同的终端类型来选择接口下的网关。

Code:表示中继代理信息选项的序号,rfc2132 定义为 60。

Len:最小长度为 1。

Vendor class Identifier:此处为厂商自己定义的内容。

Option 82 报文结构:

DHCP Option 82 又称为 DHCP 中继代理信息选项,是 DHCP 报文中的一个选项,其编号为 82。rfc3046 定义了 Option 82,选项位置在 Option 255 之前而在其他 Option 之后。

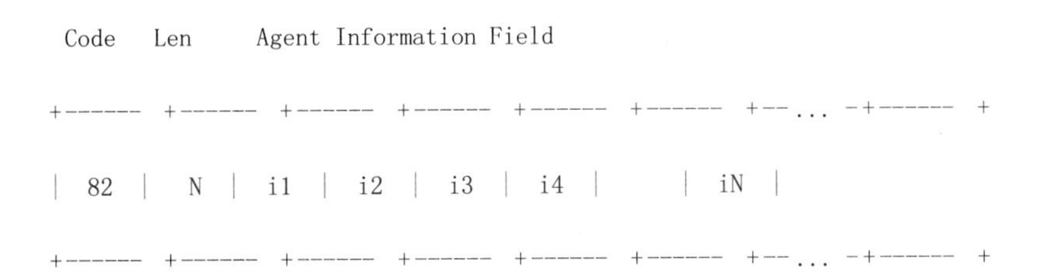

Code:表示中继代理信息选项的序号,rfc3046 定义为 82。

Len:为代理信息域(Agent Information Field)的字节个数,不包括 Code 和 Len 字段的两个字节。

Option 82 可以由多个 sub - option 组成,每个 Option 82 选项至少要有一个子选项,rfc3046 定义了以下两个子选项,其格式如下图所示:

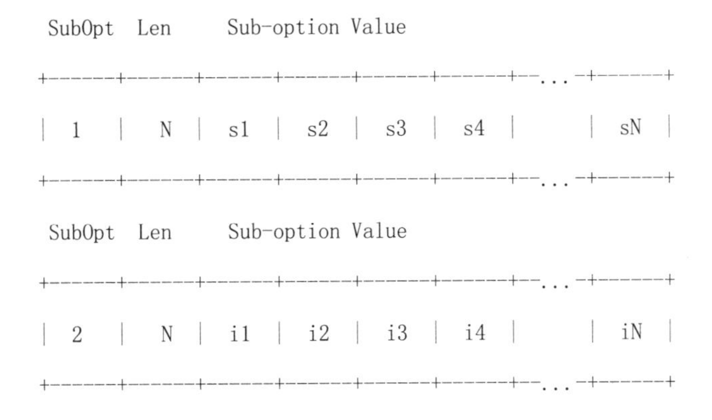

SubOpt:为子选项编号,其中代理电路 ID(即 Circuit ID)子选项编号为 1,代理远程 ID(即 Remote ID)子选项编号为 2。

Len:为 Sub - option Value 的字节个数,不包括 SubOpt 和 Len 字段的两个字节。

Option82 子选项 1:Option82 子选项 1 定义了代理电路 ID(即 Circuit ID),它表示接收到的 DHCP 请求报文来自的链路标识,这个标识只在中继代理节点内部有意义,在服务器端不可以解析其含义,只作为一个不具含义的标识使用。如 Vlan2 + Ethernet0/0/10,也可以由用户指定自己的代理电路 ID。通常子选项 1 与子选项 2 要共同使用来标识 DHCP 客户端的信息。

Option82 子选项 2:Option82 子选项 2 定义了代理远程 ID(即 Remote ID),子选项 2 通常与子选项 1 共同使用来标识 DHCP 客户端的位置信息。

3. PPPoE 和 IPoE 对比

PPPoE 和 IPoE 在会话控制方面、复杂度、可扩展性、性能方面、组播支持方面等都有很大的区别。

表 5-2 PPPoE 和 IPoE 的优缺点

功能	PPPoE	IPoE
认证效率	较低	很高
标准化程度	高(RFC 2516)	高(WT146)
封装开销	大(增加 PPPoE 及 PPP 封装)	小(MAC+IP)
客户端软件	需要	不需要
用户认证	通过 PAP、CHAP 或者 EAP 触发	通过 DHCP 发现包触发
认证服务器	Radius	Radius/Ldap
地址分配方式	IPCP,基于用户名和密码	DHCP,基于线路号、MAC 地址.
Session 建立过程	面向连接的 Session-ID	无连接,用户通过 IP 地址标识
用户在线检测	PPP keepalive 包实现	UC-ARP 方式 或者 DHCP-Renew 方式
安全性	高	高
防地址仿冒能力	高((唯一 Session ID)	高(Anti-spoofing 策略)
控制能力	端口/用户数/带宽	端口/用户数/带宽
组播支持	组播控制点只能在业务控制设备上	组播控制点可选择在业务控制设备或接入设备上
精确计费	支持	支持

在会话控制能力方面,PPPoE 通过 PPP 封装,有很强的会话控制能力,通过拨号过程建立会话,便于计费;而 IPoE 会话控制能力弱,没有明显的会话过程,不便于计费,但在 Session 级 IPoE 方案中有改进。

在复杂度方面,PPPoE 增加了 PPPoE 层和 PPP 层,处理流程复杂;而 IPoE 没有额外的协议封装,处理流程简单。

在可扩展性方面,PPPoE 通过 PPP 属性扩展,扩展需要对接入设备做升级,难度大;IPoE 通过 DHCP Option 扩展,接入设备只做 DHCP Relay,不需要升级,难度小。

在性能方面,PPPoE 处理流程复杂,性能开销大;而 IPoE 协议流程简单,性能开销小。

在对终端要求方面,PPPoE 终端需要实现 PPP 协议栈和 PPPoE 协议,要求高;而 IPoE 终端只要实现 TCP/IP 协议栈,要求低。

在热备能力方面,PPPoE 会话能力强,处理复杂,热备实现难度大;而 IPoE 则会话能力弱,处理简单,实现热备容易。

尤其是在组播方面,两者的支持情况完全不一样。在 PPPoE 模式下,因为从终端发出至 BRAS 的包都是有 PPP 封装的,中间的设备无法识别,所以组播复制点只能是 BRAS,每个用户的组播流都由 BRAS 下发,BRAS 与中间的设备之间的带宽无法满足需求;在 IPoE 模式下,因为从终端发出的包都是普通的 IP 包,中间的设备可以处理其请求,因此,可以将组播复制点下发至中间设备处理,SR 将所有的组播流强制推送至中间的设备,由中间设备再来处理组播流的具体用户分发。

综上所述,PPPoE 认证和 IPoE 认证各有优劣。同时,PPPoE 和 IPoE 认证系统也将在一段时间内并存,主要满足不同业务类型的需求。因此,较为理想的 IP 接入认证系统是将 CMTS、EPON + EoC、以太、WLAN 等多种接入方式下的接入认证和运营管理统一规范到基于 PPPoE 和 IPoE 兼容标准的运营管理体系中,实现集中管理用户接入网络设备、用户业务终端和类型,防止盗用、欺骗等非法接入手段对网络进行的各类攻击,配合网络监管部门对用户非法网络行为进行监管和精确定位,并通过与 BSS 和 OSS 系统对接,具备设备及业务的认证、管理、计费等相关功能,实现对用户接入设备和终端可管可控的运营目标。

4. IP 接入系统与访问控制策略

由于 IPoE 认证本身不像 PPPoE 认证一样在网络层面提供唯一的点到点封装通讯, 因此对于合法用户,系统为用户分配合适的访问策略,保证不同用户都能获得所需的网络资源。同时对于非法用户,系统还要能够阻止用户访问,并在遭遇用户攻击时能够有效保护系统。其主要技术手段如下:

(1)非法 IP 地址接入

用户终端通过 DHCP 动态获取 IP 地址,系统接入控制设备利用 Option 选项和 DHCP - Snooping 技术自动生成 IP 和 MAC 地址绑定的 ARP 记录,并建立和维护 DHCP Snooping 绑定表来过滤不可信任的 DHCP 信息,这样可隔绝非法 DHCP 服务器的干扰。如其他用户做 DHCP 或静态 IP 地址防冒, IP 地址相同,但是 MAC 地址不同,所有地址欺骗的数据包都会被接入控制设备所丢弃。

(2)用户终端 MAC 地址仿冒

系统利用 DHCP Option60 和 Option82 选项来设置用户终端和接入设备的安全绑定信息,终端绑定接入设备,接入设备又绑定到接入控制设备之上。因此,系统通过绑定来对用户终端进行多位置信息的管理,服务管理侧可及时发现用户地址欺骗行为,从而可有效杜绝用户终端或接入设备的 MAC 地址仿冒。

(3)ARP/DDOS 等病毒恶意攻击

对于用户终端或服务器端通过发送大量病毒攻击报文,模拟不同 MAC 地址来申请 IP 地址或建立会话连接等的安全问题,除使用终端或服务器端准入控制来强制用户或服务器安装补丁程序和杀毒软件解决病毒传播或隔离外,还可以通过接入控制设备来设定每秒只能有 1 - 2 个 DHCP 数据包或会话建立的数量,减轻用户终端或服务器端染毒对于 DHCP 服务器或网络设备的攻击,超过上限阀值,发送报文则直接被丢弃。

(4)接入带宽管理

用户终端或其上联接入设备在通过 DHCP 申请 IP 地址时,系统通过配置策略会下发配置文件来控制每个终端或接入设备所连接的接入带宽。即使无法有效解决用户终端的安全问题,也能够限制用户的攻击能力,将破坏力降至最低。

5.3.2　业务系统接入认证技术

网络接入认证用于确定用户是否可以接入到 IP 网络,它是终端能够从 IP 层到达业务系统的前提。但是由于多业务环境中,不同用户访问的业务系统权限并不相同,因此还需要进行业务系统接入认证。通常情况下,网络接入认证和业务接入认证分层独立建设,彼此数据共享,既可以实现多层次安全管理,又可以确保系统建设的扩展能力。

在业务系统接入认证技术方面,核心的安全问题是确保准确识别用户身份是否合法,并能有效防止用户敏感信息被侦听、外泄和盗用。由此可见,用户信息的保护是接入认证安全的核心。

1. 用户信息种类

用户信息包含很多种类,如用户标识、客户信息、终端信息、用户行为信息和账务信息,这些信息在使用、存储和传输过程中,必须有针对性地采取安全保护机制。

(1)用户标识:是用户唯一合法标识,与之关联的是用户密码,有时用户标识还需要和用户使用的设备关联。由于在运营过程中,需要经常在网络中传递用户标识,因此针对用户标识采取的安全机制是本文讨论的重点之一。

(2)客户信息:泛指用户姓名、性别、身份证号码、联系方式和终端安装物理地址等。某些第三方业务系统根据业务需要,需要调取客户信息,针对此需求,网络电视网络运营商需要采取必要的安全措施和客户信息共享保护机制来防止用户信息的泄漏。

(3)终端信息:泛指用户作用终端的相关信息,包括类型、MAC地址、终端序列号、制造商信息、硬件版本、软件版本和终端IP地址等。这些信息一般采用通用的业界规则进行编码,可以用来标识具体物理设备。安全保护机制方面考虑,要防止终端任意修改物理标识信息,如终端序列号、MAC地址等。另外由于用户会使用多个设备,或根据需要更换设备,所以这些和物理设备密切相关的终端信息一般不适宜作为接入认证标识使用。

(4)用户行为信息:此类信息由于涉及用户个人业务使用行为,故在采集传输过程中加以保护,降低外泄风险。在使用过程中将用户信息和用户行为信息相分离,避免泄漏用户个人隐私。

(5)账务信息:存储在运营支撑系统中的用户账户信息,是运营商运营管理的核心数据。对于用户账务信息的存储和访问要在网络层加以安全隔离,确保其不外泄。

2. 用户标识的保护

国内网络电视行业尚缺乏对用户标识的统一规范,运营商可根据自身情况制定电视用户号码(TVN)规范。

因为用户标识本身用于标识特定用户,系统识别特定用户之后才能根据该用户的属性进行相关的处理,因此,用户标识信息一般不能够加密传输,通常采用以下措施对其进行保护:

(1)用户号码分配管理。运营商对用户号码进行分配和回收管理,运营商确保用户号码的唯一性。用户一旦选择或接受特定的用户号码作为自己的标识就不能在业务使用过程中任意修改。

(2)用户号码存储和读取。对于硬终端最好能够把用户号码存储在安全区域,如IC卡或永久性存储器的保护区域。运营商通过专用安全通道或设备将用户号码存储在上述安全区域中,用户设备只能本地读取不能修改用户号码,同时要杜绝业务系统远程读取该号码。

(3)用户号码使用。由于用户接入网络是可以被侦听的网络,所以尽可能少的使用用户号码。通常可以在用户初次接入业务系统时,使用用户号码置换用户临时代理凭证。在之后的业务访问过程中用户终端使用这个临时代理凭证,业务系统通过和业务接入认证系统配合实现临时代理凭证的有效性验证。

这样可以大幅降低用户号码传递次数,从而杜绝真实用户标识在网络传输中被劫取的概率。

3. 用户密码的保护

与此同时,用户密码必须加密传输和存储,禁止明文传递和存储。在选用加密算法时应关注以下方面：

（1）提供高质量的数据保护，防止数据未经授权的泄露和未被察觉的修改；

（2）具有相当高的复杂性，使得破译的开销超过可能获得的利益，同时又要便于理解和掌握；

（3）实现经济，运行有效，并且广泛适用于多种完全不同的应用。

5.3.3 用户虚拟标识技术

在通信行业里，国际电信联盟制定了 E.123 国家和国际电话号码规范和 E.163 国际电话服务号码分配计划，国内针对用户标识尚缺乏有效规范。

传统网络电视电视运营商通常采用智能卡号、机顶盒序列号或者机顶盒 MAC 地址作为终端标识，但这些标识是由设备制造商和标准化组织管理，运营商对设备标识缺乏规划和管理手段，所以，必须制定一个用户虚拟标识，比如 TVN 号码。该标识完全由运营商规划和管理，它与终端标识不同，终端标识只能承载终端信息，而用户虚拟标识承载的是用户信息，用户更换终端设备后，此虚拟标识不变，产品订购关系维持不变。

每台机顶盒都分配一个用户虚拟标识（TVN 号码），依据机顶盒业务属性，其提供的业务是以家庭为单位进行使用，故 TVN 号码具备家庭账号的特征。随着网络电视行业引入多屏业务，呈现在多屏终端上的业务既要服务于个人，也要服务于家庭，故需要引入和规划个人账号。

（1）每个 TVN 号码都可以成为一个家庭账号；

（2）个人账号由用户自行设定，但必须与一个家庭账号绑定。

以家庭账号为单位，共享业务和建立家庭间的社交关系。个人账号更强调私密性，它天然继承家庭账号订购的业务，同时也有自己专属订购的业务和功能。

5.4 内容保护技术

5.4.1 数据加密技术

1. 对称密码体制

对称密钥密码体制以同一密钥作为加密和解密密钥，进行通信的双方必须选择和保存他们共同的密钥，各方必须信任对方不会将密钥泄露出去，这样可以实现数据的机密性和完整性。对于具有 n 个用户的网络，需要 $n(n-1)/2$ 个密钥，在用户群不是很大的情况下，对称加密系统是有效的。但是对于大型网络，当用户群很大，分布很广时,密钥的分配和保存就会变得复杂。对称密钥密码技术从加密模式上可分为两类:序列密码和分组密码。

对称密钥密码体制加解密表示为 $E_k(M) = C$ 和 $D_k(C) = M$,如图5－10所示:

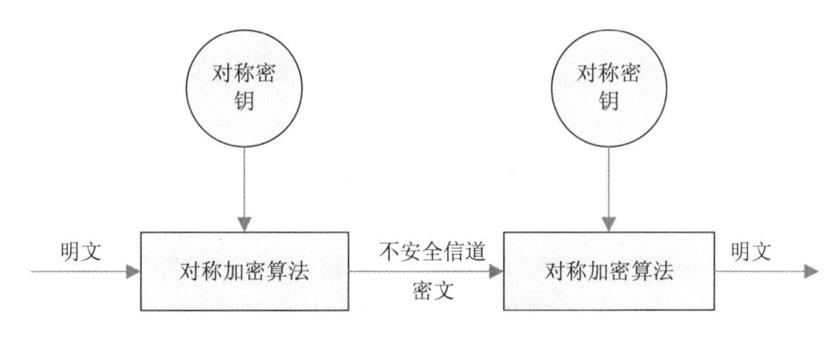

图5－10　对称密钥加解密

序列密码也称为流密码,是通过有限状态机产生性能优良的伪随机序列,使用该序列加密信息流,逐位加密得到密文序列。分组密码体制也称为块密码体制,是将明文消息分成各组或者说各块,每组具有固定的长度,然后将一个分组作为整体通过加密算法产生对应密文的处理方式。通常各分组密码体制使用的分组是64bit。

对称密码算法的优点是计算开销小,加密速度快。它的局限性在于存在着通信双方之间确保密钥安全交换的问题,需要安全的密钥传递方式。此外,若通信的某一方维持着几个通信线路,那么就需要维护几个专用密钥。另外,由于对称加密系统仅能用于对数据进行加解密处理,提供数据的机密性,不能用于数字签名。

2. 非对称密码体制

非对称密码,也称为公钥密码,是由 Diffie 和 Hellman 于1976年首次提出的一种密码技术。与对称密码体制相比,公钥密码体制有两个不同的密钥,分别实施加密和解密。一个密钥称为私钥,需要秘密的保存好;另一个称为公钥,不需要保密,可以公开。

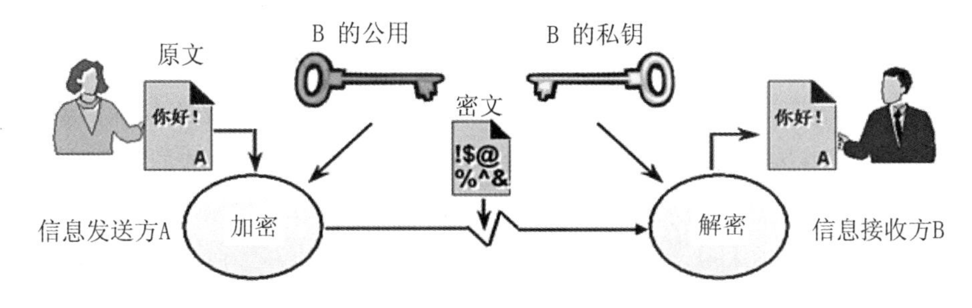

图5－11　非对称密钥加解密

公钥密码学是为了解决传统密码中最困难的两个问题,即密钥分配问题和数字签名问题。

密钥分配问题:很多密钥分配协议引入了密钥分配中心。一些密码学家认为,用户在保密通信的过程中,应该具有保持完全保密性的能力。引入密钥分配中心,违背了密码学的精髓。

数字签名问题:能否设计出一种方案,就像手写签名一样,确保数字签名是出自某一特定的人,并且各方对此没有异议。

公钥密码体制的加密和解密过程有如下特点:

(1)密钥对产生器产生出接收者 B 的一对密钥:加密密钥 PK_B 和解密密钥 SK_B 。发送者 A 使用的加密密钥 PK_B 就是接受者 B 的公钥,它向公众公开;而 B 所用的解密密钥 SK_B 就是接收者 B 的私钥,对其他人都保密。

(2)发送者 A 用 B 的公钥 PK_B 通过 E 运算对明文 X 加密,得出密文 Y,发送给 B。

$Y = E_{PK_B}(X)$

B 用自己的私钥 SK_B 通过 D 运算进行解密,恢复出明文,即:

$D_{SK_B}(Y) = D_{SK_B}(E_{PK_B}(X)) = X$

5.4.2 数字水印技术

数字图像水印技术是多媒体数字水印技术的一个重要分支,也是数字水印技术应用最为广泛的领域,本文的主要研究内容就是数字图像水印技术。迄今为止,数字水印技术取得了很大进步,国内外已有众多学者提出了各自的数字水印算法,典型的算法主要包括如下类型:

1. 基于空域的数字水印算法

基于空域的数字水印算法通过直接对宿主信息作变换来嵌入水印信息。早期的数字水印算法是以空域算法为主的,算法通常比较简单,运算量小,缺点是抵抗攻击的能力往往会比较弱。

该类算法中典型的水印算法是最低有效位算法(LSB:least significant bits),它是由 L. F. Turner 和 R. G. van Schyndel 等人提出的国际上最早的数字水印算法,是一种典型的空间域信息隐藏算法。将信息嵌入到随机选择的图像点中的最不重要像素位上,这样可以保证被嵌入的水印不易被察觉。但是由于该算法使用了图像不重要的像素位,所以算法的鲁棒性差,水印信息很容易被滤波、图像量化、几何变形等操作破坏。另外一种常用的方法是,利用图像像素的统计特征将信息嵌入像素的亮度值中,典型的算法是 Patchwork 算法。该算法是由麻省理工学院媒体实验室 Walter Bander 等人提出的一种数字水印算法，主要用于打印票据的防伪。该算法是随机选择 N 对像素点（a_i,b_i），然后将每个 a_i 点的亮度值增加 δ，每个 b_i 点的亮度值减少 δ，这样可以保证整个图像的平均亮度不发生改变，不易被察觉。适当地调整参数，Patchwork 方法对 JPEG 压缩、FIR 滤波、图像裁剪、灰度校正等具有一定的抵抗能力，但该方法嵌入的信息量有限，而且对仿射变换比较敏感。此外，还有纹理块映射编码法，该方法是将一个基于纹理的水印嵌入到图像具有相似纹理的一部分当中，由于此方法是基于图像纹理结构的，因而很难察觉水印。但是由于是嵌入图像某一部分当中，对剪切等图像处理操作抵抗能力较差。

为提高水印在空间域的鲁棒性，此后出现了一些更为复杂的技术。Hernandez 等人提出了一种深度 2 - D 多脉冲幅度调制的方法。Wolfgang 等人把二维的 m 序列作为水印嵌入到图像的 LSB 平面，并利用互相关函数改善了检测过程。利用人类视觉系统的特性，1995 年 Macq 和 Qisquader 等人提出了在图像边缘附近改变 LSB 位的数字水印方法。继而，Macq 等人又提出了一种使用伪装和调制的水印方法，使嵌入的水印信号更加适应于宿主图像。Kutter 等人提出了一种更加复杂的感知模型，用于亮度和蓝色通道水印的嵌入，由于人眼对蓝色不太敏感，在对蓝色分量调制时嵌入强度可以适当加大。Chen 等人提出了一种基于量化索引调制而不是扩频调制的水印嵌入方法。为了抵制几何失真，Nikolaidis 等人提出一种空间域水印方法，他们对图像中的重要区域进行鲁棒性估计和分割，并且在这些区域嵌入水印信息。

此外，空域水印还可以通过利用分形图像编码来实现。基于分形的数字图像水印方法，目前主要有三类。第一类方法通过改变分形编码的编码参数嵌入水印。1996 年 J. Paute 和 F. Jordan 提出了一种基于分形图像编码理论的数字水印方法，该方法利用图像不同部分间的相似关系，根据水印信息来构造分形码，在图像的编码和解码过程中完成水印的嵌入，而对嵌有水印的图像进行分形编码则可以提取水印。但这种方法所得到的水印的鲁棒性以及嵌入水印的图像质量都不能达到理想的效果。后来一些研究人员对此类方法进行了改进，包括在搜索范围上的改进，引进概率统计知识，应用改进的分形编码方法，改变分形编码的几何变换，改变灰度变换参数等。目前使用最多的是第一种方法。第二类方法利用图像的自相似性嵌入水印，如 Tsekeridou 等人利用混沌映射产生具有自相似性的水印图像，以及采用笛卡尔栅格水印等。第三类方法则将分形与其他理论相结合以嵌入水印信息，例如时域分形编码与 DCT 域分形编码相结合的方法等。

2. 基于频域的数字水印算法

频域方法是把数字水印加入到图像的变换域，如 DCT、DFT、DWT 等。基于频域的数字水印技术相对于空间域的数字水印技术,通常具有更多优势,一般的几何变换对空域算法影响较大,而对频域算法影响较小。

E. Koch 等人首先提出基于 DCT 域的水印算法,把图像分成 8 ×8 的子块,按块进行 DCT 变换,选取中间频段系数加入水印信息。M. D. Swanson 则根据人类的视觉特性, 利用频域伪装技术来改善 DCT 域水印的性能,使加入的水印信号不可见。Cox 等人提出的基于扩频通信技术的频率域数字水印嵌入策略,旨在兼顾水印信息的不易察觉性和鲁棒性,其重要贡献在于提出了将水印应嵌入到图像信息感知重要的部分,达到提高水印鲁棒性的目的。A. G. Bors 在 DCT 系数中加入满足正态分布的水印时,提出了两种约束方法:最小二乘法和定义在特定的 DCT 系数周围的圆形检测区域。Hemdndez 等人结合视觉模型提出了一种 DCT 域盲水印技术,对 DCT 系数统计建模并设计了一种最大似然比水印检测器。1997 年 J. O. Ruanaidh 等人提出了基于 DFT 的数字水印技术。Xiang - GenXia 等人提出了基于 DWT 的多尺度水印技术,把高斯白噪声加入到了 DWT 的高频系数中。D. Kundur 等人把小波的多分辨率分析和人类的视觉特性融合进了数字水印技术。Zeng 等人提出一种基于感知模型的变换域图像自适应水印方案,用临界可见误差来确定水印的最大嵌入能量。

3. 基于压缩域的数字水印算法

基于 JPEG、MPEG 标准的压缩域数字水印技术节省了大量的解码和重新编码过程,对压缩编码方法具有更强的鲁棒性,水印的检测与提取也可直接在压缩域数据中进行。Hartung 和 Girod 等人于 1998 年提出了 MPEG - 2 压缩视频域上的数字水印算法,在保持码率基本不变的情况下,将水印嵌入在 DCT 系数中,在检测时不需要原始媒体。Jordan 等人提出采用 MPEG - 2 码流的运动矢量来嵌入水印的方案。Talker 等人提出了一种广播控制的应用方案。Langelaar 等人提出通过加强视频片段中不同区域间的能量差别来加入水印,进而又提出了替换帧内编码块 DCT 系数的变长码和丢弃部分压缩视频码流的方法。Wang 和 Kuo 将水印技术与小波编码结合起来,在实现压缩的同时完成水印的嵌入。Lacy 等人也开发了把水印和压缩技术相结合的算法。

4. NEC 算法

NEC 算法是由 NEC 实验室的 Cox 等人提出的基于扩展频谱的水印算法,它在数字水印算法领域中占有重要的地位。其实现方法是,首先以密钥为种子来产生伪随机高斯 N(0,1)分布序列,密钥一般由作者的标识码和图像的哈希值组成,然后对图像做 DCT 变换,用伪随机高斯序列来调制该图像除直流分量外的 1000 个最大的 DCT 系数。此算法具有较强的鲁棒性、安全性和透明性。由于算法采用密钥的特殊性,对 IBM 攻击有较强的抵抗力,而且该算法还提出了增强水印鲁棒性和抗攻击算法的重要原则,即水印信号应该嵌入宿主信息中对人感觉最重要的部分。这种水印信号由具有高斯 N(0,1)分布的独立同分布随机实数序列构成,这使得水印经受多拷贝联合攻击的能力有了很大程度的增强。

5. 生理模型算法

人的生理模型包括人类视觉系统 HVS(Human Visual System)和人类听觉系统 HAS(Human Auditory System)。近些年来,利用人的生理模型的特性来提高多媒体数据压缩系统质量和效率的研究得到了许多关注,该特性不仅被多媒体数据压缩系统所利用,而且同样可以被数字水印系统所利用。Podilchuk 利用一些视觉模型,实现了基于分块 DCT 框架和基于小波分解框架的数字水印系统。其基本思想是利用从视觉模型导出的 JND(Just Noticeable Difference)描述来确定在图像的各个部分所能容忍的数字水印信号的最大强度,从而避免破坏视觉质量,即利用视觉模型来确定与图像相关的调制掩模嵌入水印。这一方法既具有较好的透明性,又具有很好的鲁棒性。

5.5 DRM 版权保护方案

数字版权管理(DRM)技术的核心是通过安全和加密技术锁定和限制数字内容及其分发途径,从而防范对数字产品无授权的复制,通常综合使用数据加密技术和数字水印技术。

DRM 技术在电子文件管理中的应用,通过对数字内容进行加密和附加使用规则,将有效地解决电子文件分发和使用过程中的安全性和控制性保护问题,这也对网络电视业务的安全性同样具有重要意义。

5.5.1 对于电子文档的 DRM 保护

常见的基于 DRM 技术的电子文档格式主要有两大类型:

一种是非固定版式的文件格式。这方面的 DRM 产品,常见的有对 Office 文档的保护和对 Html 格式的保护。例如微软的 Office2003 就带有含 DRM 技术的 IRM 服务,保护对象是 Word、Excel、PowerPoint 文档。然而,由于非固定版式文件格式的可编辑特性在安全性上往往带来更多的缺陷和风险。同时,常用的非固定版式文件的浏览器都是相当流行的桌面软件,例如微软的 Office 系列软件和 IE 浏览器,这些软件为了支持其他各种各样的应用要求,公布的开放接口非常多,也带来了很多的安全漏洞和安全隐患。因此,在安全电子文档产品中,基于固定版式的产品往往占有较大的优势。

另一种类型的电子文档格式是版式文件。版式文件是指版面排版比较规范的文件。其特点是在任何环境下阅读,其版式都不会变化,而且通常版式文件的内容都是成型的内容,不再允许更改。常见的支持 DRM 应用的版式文件格式有 PDF、CEB、WDL 等。电子文档的 DRM 有微软的 RMS 系统、SealedMedia Enterprise License Server、Authentica Active Rights Management 等等。

1. 微软的 RMS 版权保护系统

Rights Management Services(RMS,权限管理服务)是适用于企业内部的数字内容管理系统。在企业内部有各种各样的数字内容,常见的是与项目相关的文案、市场计划、产品资料等,这些内容通常仅允许在企业内部使用。企业主管还使用市场分析报告、业绩考核报告、财务报告等,这些内容大多有很高的保密要求,仅允许在相关主管中使用。在企业内部,这些数字内容大多通过电子邮件传送。

微软 RMS 是针对企业数字内容管理的解决方案。微软 RMS 系统分为服务器和客户端两部分,客户端按角色不同又分为权限授予者和接受者两种。RMS 服务上存放并维护由企业确定的信任实体数据库。按微软的定义,信任实体包括可信任的电脑、个人、用户组和应用程序。对数字内容的授权包括阅读、复制、打印、存储、传送、编辑等,授权还可附加一些约束条件,比如权限的作用时间和持续时间等。比如,一份财务报表可限定仅能在某一时刻由某人在某台电脑上打开,且只能读,不能打印,不能屏幕复制,不能存储,不能修改,不能转发,到另一时刻自动销毁。

2. Authentica 公司的 Secure Documents for PDF 系统

此系统的核心采用 RC4 算法进行内容加密,使用 PDF 公开的 Plug - in 技术进行 PDF 文件控制,由 Policy Server 服务器进行授权分配和管理,在英文版式市场上拥有较高的地位。

5.5.2 对于流媒体的 DRM 保护技术

对于流媒体的 DRM 主要有 IBM 的 EMMS 和 Microsoft Windows Media DRM,以及 Apple 公司的 FairPlay 系统。

1. Apple 公司的 FairPlay 系统

FairPlay 系统可说是当今占统治地位的数字音乐 DRM 系统。对于那些热衷购买 iPod 播放器的用户而言,用户从苹果 iTunes 站点上购买的音乐被其允许一次可最多在 5 台经授权的电脑上进行播放,此外,任一款 iPod 播放器也在其许可播放硬件之列。但是,要是你想在 iPod 上播放一段 WMA 格式的视频,或是在诺基亚手机上欣赏一首来自 iTunes 的音乐,就会被限制,而 iPod 也不能播放从其他音乐服务上购买的音乐。

这一系统使得苹果在美国数码音乐市场占有垄断地位。iTunes 在美国的合法歌曲下载市场上独揽88%的份额，iPods则占领了美国数字音乐播放器市场的75%。

2. Microsoft Windows Media DRM 数字版权管理技术

微软在Windows媒体播放器Windows Media 10里面集成了DRM技术，这一技术最大的改进代码名为“Janus”。

Janus可以跨设备工作，也可以工作在下一代的Windows媒体中心版操作系统上，还可以定制支持付费音乐服务和某些流媒体。当消费者从网站下载到经过加密后的媒体文件以后，他同时需要获取一个包含解锁秘钥的许可证来播放这个媒体文件，内容的所有者可以方便地通过Windows Media数字版权管理程序来管理这些许可证和秘钥的分发。通过Windows Media DRM技术，网上的音乐零售网站可以在消费者购买音乐前提供对音乐的预览。消费者在网站注册以后可以下载到完整的音乐并且可以在电脑上播放两次。而当消费者第三次播放该文件的时候，就会被引导到网站的销售页面，在这里他可以付费进行音乐播放许可证的购买。

无论是用于企业的培训或者是大学的教学活动，Windows Media版权管理都能极大地发挥其特殊作用。所有的课程都被加密打包，然后提供给员工或者学生在网上进行下载。当播放时，会自动连接服务器进行验证并获取相应的播放许可。这可以保证企业和学校对学生的学习进行方便的监控，同时保证相关的培训资源不会被用于非法用途。

3. IBM 的 EMMS 数字版权保护方案

EMMS是IBM开发的电子媒体管理系统，该系统可以让用户在网站下载音乐的同时保护音乐的版权。

EMMS是全面的电子媒体发行和数字授权管理系统，具有开放式体系结构，可以在声频压缩、加密、格式化、水印、终端用户设备和应用程序集成等方面不断改进。

EMMS工具将使零售商或最终用户可以将被保护的内容发送给多个用户（比如将音乐附在一个发送给多个接收者的电子邮件上）。最初的接收者可以具有全部的使用权，但是如果相同的音乐文件或电子书籍被再次发送的话，发布链中的下一个接收者只有使用这些数据的有限权力，除非他从原始发布人那里购买全部的使用权。从盗版音乐站点下载或通过电子邮件传送的歌曲拷贝可能不能完整地播放，或者只能播放一次，或者完全不能播放。

5.5.3　对于图像的DRM保护

目前已有的保护图像的方法是数字水印技术。数字水印技术通过一些算法，把重要的信息隐藏在图像中，同时使图像基本保持原状（肉眼很难察觉变化）。把版权信息通过数字水印技术加入图像后，如果发现有人未经许可而使用该图像，可以通过软件检测图像中隐藏的版权信息,来证明该图像的版权。

目前,国外的数字水印技术开发商有美国的 Digimarc Corp. 及英国的 High Water Signum Ltd. 。Digimarc 提供的版权管理服务属于前述的第一种方式,它利用数字水印技术在静止图像中嵌入版权信息。High Water Signum 基本上也提供相同的服务。这些服务被用来将摄影师、出版商及业内其他单位联结起来,作为专业人员之间信息传递的手段,其目的是防止未授权的拷贝。

随着因特网的推广与普及,也有专为在因特网上处置图像数据而开发的版权管理软件,如日本 NEC 及美国的 Fraunhofer 计算机图形研究中心(CRCG)所开发的软件。前者使用原先由美国的 NEC 研究院开发的数字水印技术,而后者可以使用三种不同的 ID 信息以提高安全性。

国内现有的以华旗公司自主研发的数字水印系统"爱国者版神"较为知名。

爱国者数字水印技术作为新一代数字水印技术,集抗攻击、抗压缩、易损性和抗重复添加等最新的信息隐藏技术于一体,已经于 2002 年分别成功应用于新华社多媒体数据库图片版权保护系统和中国图片总社的版权保护项目,并且在新华社国家招标项目上中标。此外,这一版权保护和基于影像内容的搜索技术也已经成功应用于新浪网 2004 年奥运报道,2005 年又为中国外交部提供完整的数字版权保护与数据安全解决方案。

5.5.4 移动 DRM

随着移动数据增值业务的迅猛发展,内容提供商通过大量下载类业务及 MMS 等信息类业务传播的音视频和应用软件、游戏等数字内容越来越多,其版权及相关利益必须得到保证。将 DRM 技术引入移动增值业务,可以确保数字内容在移动网内传播时保证内容提供商的利益。移动 DRM 已成为目前全球范围内移动业务研究的热点之一。

由于移动设备和移动网络的特点,移动 DRM 的实施较一般 DRM 容易一些。

目前,国际上针对移动 DRM 开展了大量的研究工作。其中,OMA 制定的移动 DRM 标准得到了广泛的支持和认同。2005 年 6 月 14 日,OMA 公布了最新的 OMA DRM V2.0,制定了基于 PKI 的安全信任模型,给出了移动 DRM 的功能体系结构、权利描述语言标准、DRM 数字内容格式(DCF)和权利获取协议(ROAP)。

通过 OMA DRM,用户能够通过超级分发等各种方式获得受保护的数字内容。数字内容使用权利通过 ROAP 协议获取,使用权利与一个或者一组 DRM Agent 绑定,数字内容的使用受到严格的控制。

目前市场上支持 OMA DRM 的移动设备已经出现,不过就其下载速度和下载费用而言,移动 DRM 产品的普及使用还存在一定的困难。随着 3G 移动技术以及 OMA

DRM的发展,DRM在移动领域的应用研究将更进一步,市场上将会出现更多的移动DRM系统和产品。

5.6 小　结

虽然人们早就对计算机技术和数字处理技术有所了解,但是很少有人将这些技术应用到网络电视业务保护中。造成这种情况的主要原因有两点:第一,目前的网络电视运营商对于内容保护和业务保护的重视程度低。大多数的运营商将注意力集中在市场推广方面,认为只有大力扩展市场才是企业生存之道,往往在出现重大播出事故以后,播出安全的问题才能得到足够的重视。第二,国家在网络电视业务方面没有强制性法律法规的约束,这也是导致网络电视业务保护缺位的重要原因。国家在进行数字化改造之前就制定了有线电视有条件接收相关标准,但是对于新兴的网络电视业务却没有制定针对性的行业标准和法律法规,所以制定行业标准的工作迫在眉睫。本章限于篇幅,仅介绍了相关技术的基础知识,有兴趣的读者可以自行查阅相关文档资料。

思考与练习

1. 请利用辗转相除法计算gcd(46480,39423)的值。

2. 请求解《孙子算经》中“物不知数”问题:“今有物不知其数,三三数之剩二,五五数之剩三,七七数之剩二。问物几何?”即“一个整数除以三余数为二,除以五余数为三,除以七余数为二,求这个整数。”

3. 对称加密算法有几种模式?各有何优势和缺点?

4. 互动电视业务安全防护体系可分为哪几层?每层各由哪几部分组成?

5. 请自行查阅材料,尝试设计一种以乘法和加法为基本运算的密码算法。

6. 请使用熟悉的编程工具对上题所设计的算法进行实现,并制定测试方案,给出其性能参考数值。

第6章　应用实验

本章介绍了 VLC、达尔文、Winsend 等媒体服务器的基本功能和产品特点。同时，以图例的形式，阐明了如何使用以上媒体服务器搭建基础网络电视服务平台。

6.1　VLC 多媒体播放器

6.1.1　VLC 简介

VLC 是一款自由、开源的跨平台多媒体播放器及框架，可播放大多数多媒体文件，包括 DVD、音频 CD、VCD 及各类流媒体协议。

6.1.2　VLC 安装

VLC 软件可以通过 VLC 官方网站(http://www.videolan.org/vlc/)下载。本章将以 vlc-2.0.7-win32.exe 为例，讲解 VLC 多媒体播放器的安装与配置。

首先，双击 VLC 多媒体播放器安装文件，选择“简体中文”，如图 6-1 所示。

图 6-1　安装 VLC

点击“OK”,进入安装向导界面:

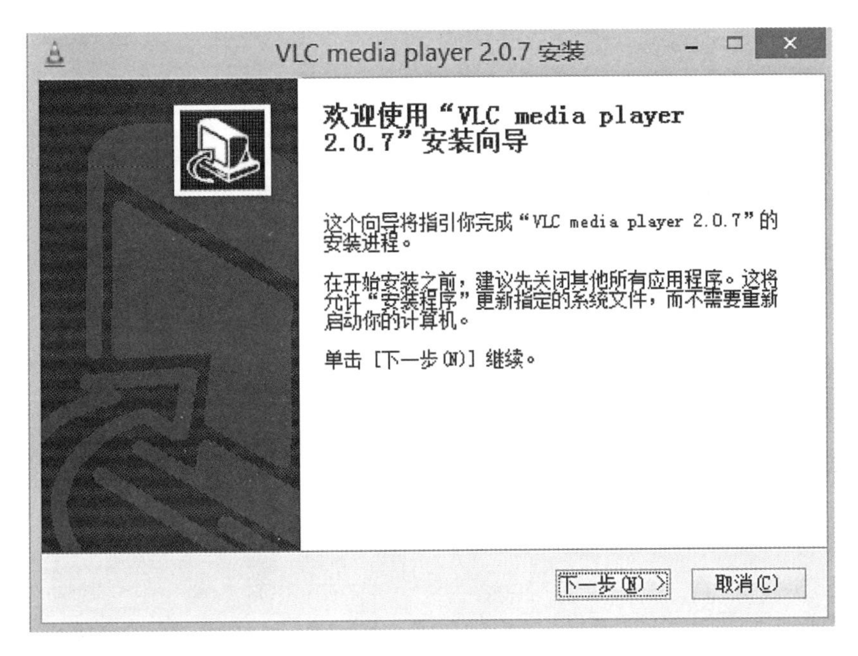

图6-2　安装向导

点击“下一步”,进入“许可证协议”说明界面:

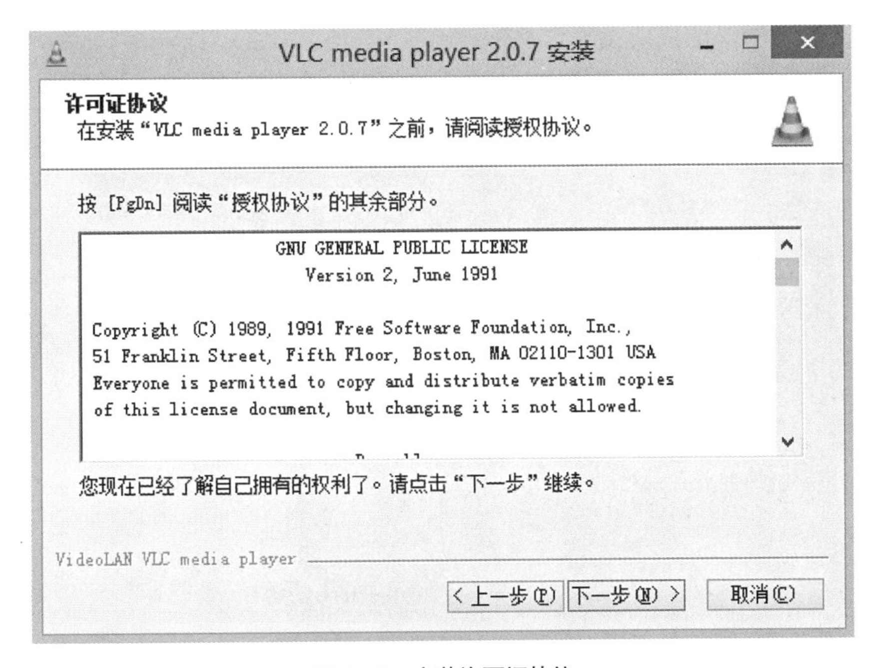

图6-3　安装许可证协议

点击“下一步”，进行“选择组件”的操作。在默认情况下，所有组件均被勾选。

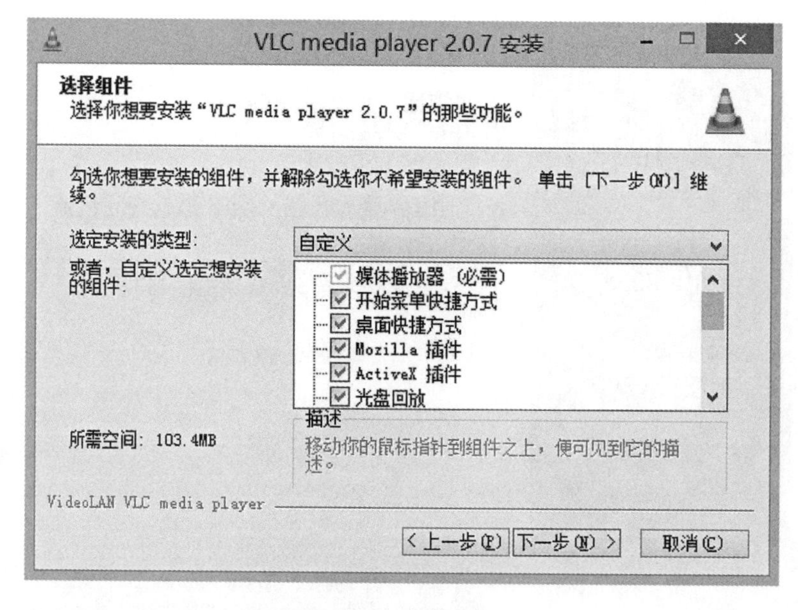

图 6－4　组件选择

点击“下一步”，选择 VLC 的安装位置，默认的安装位置是“C:\Program Files\VideoLAN\VLC”，用户可根据要求自行调整。

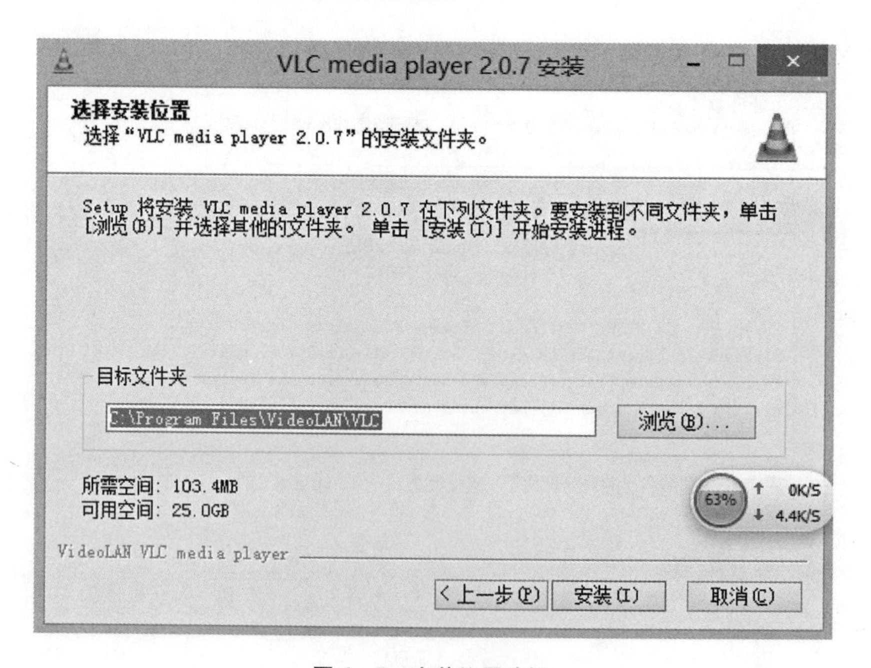

图 6－5　安装位置选择

在设置好 VLC 安装位置后，点击“安装”。

图 6－6　安装进度

等待 VLC 安装过程结束，显示出安装结束页面。

图 6－7　安装完成

点击完成后,运行 VLC 多媒体播放器。

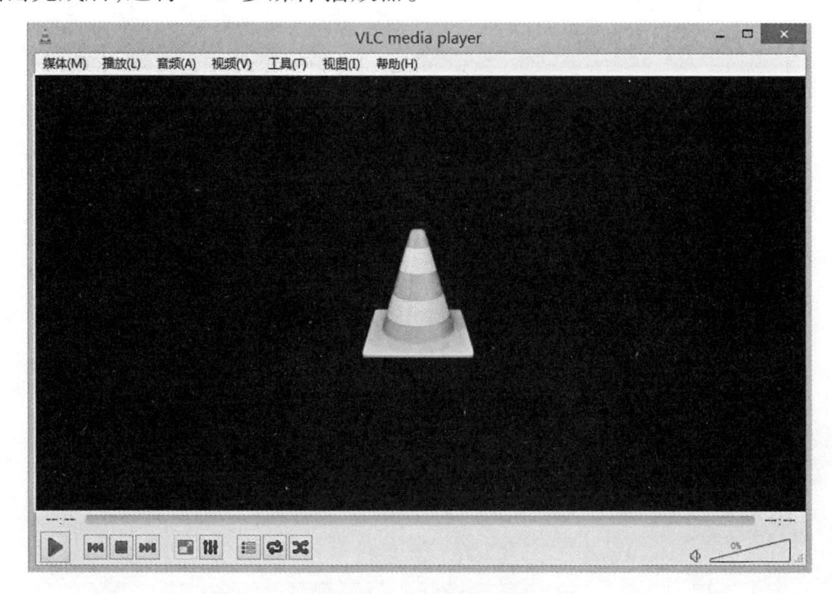

图 6-8 播放器界面

6.1.3 VLC 流媒体服务设置

VLC 多媒体播放器可以设置为流媒体服务器,即组播服务和点播服务,进而为用户提供丰富的流媒体服务。

1. VLC 组播服务设置

运行 VLC 软件,单击“媒体”菜单,选择“流”选项。

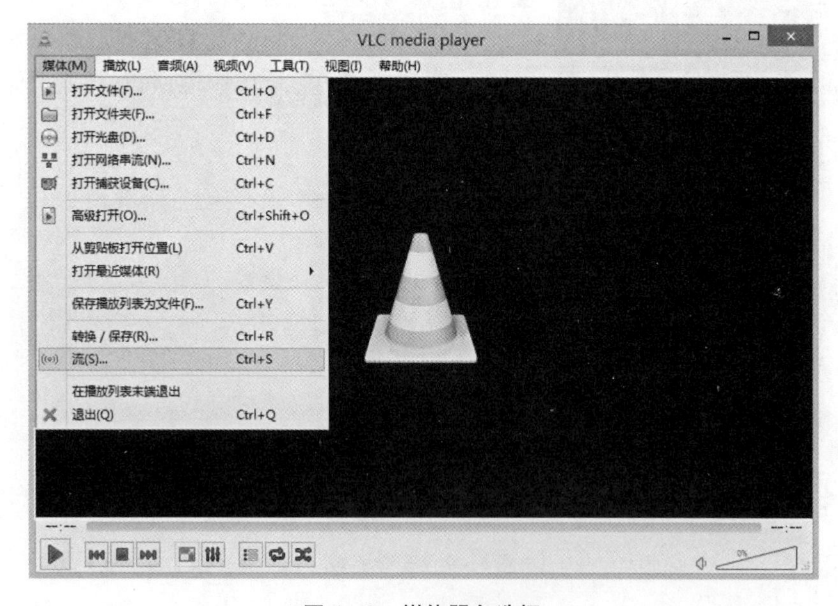

图 6-9 媒体服务选择

选择“文件”选项，点击“添加”按键添加要组播的码流（如果码流选择错误，可以选中码流，按“移除”键移除码流）。

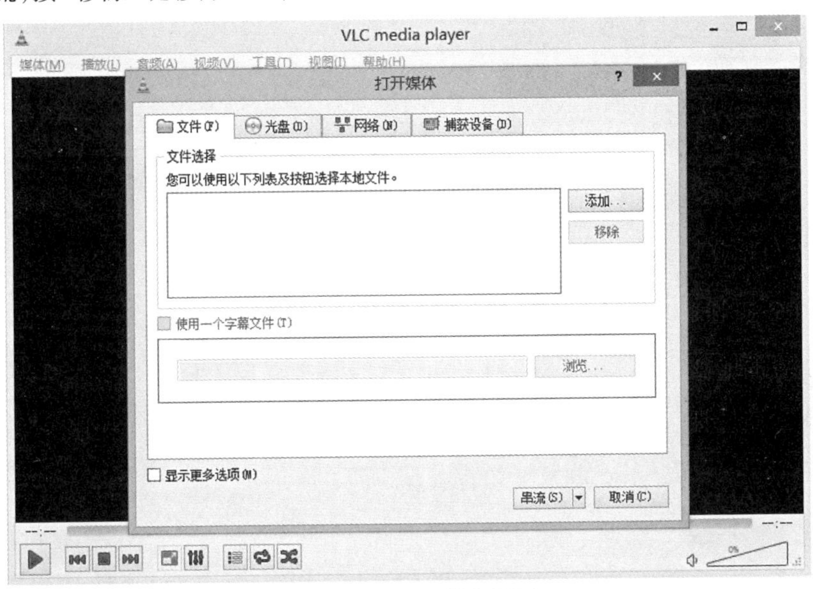

图6－10　打开媒体界面

点击“打开媒体”界面下方的“串流”按键，进入“流输出”界面。

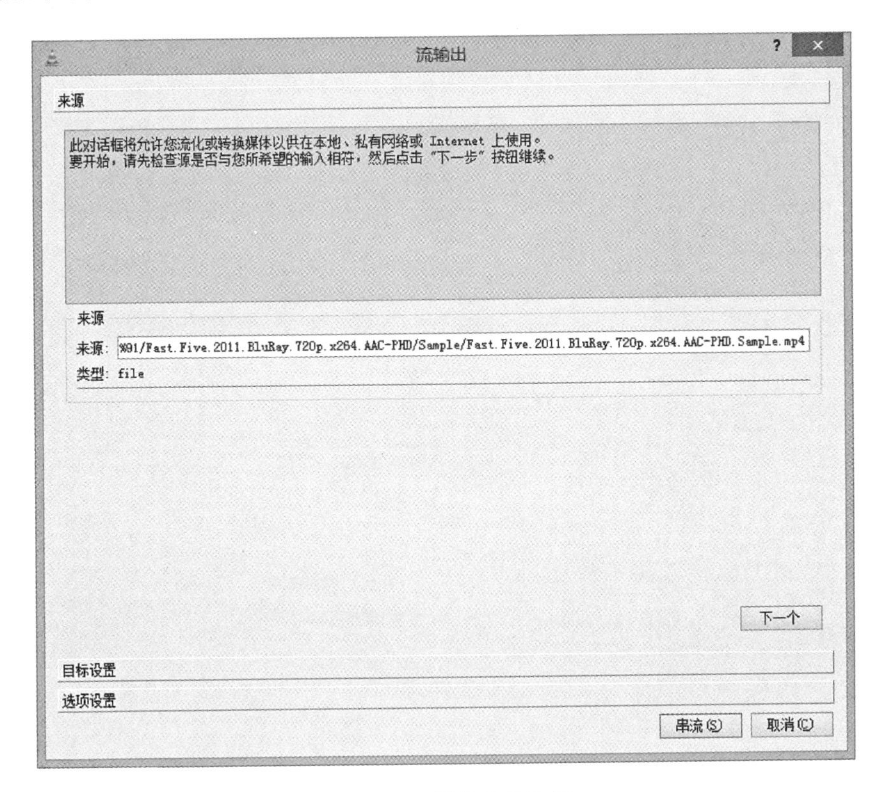

图6－11　媒体文件选择

按“下一个”按键，跳到“目标”菜单。

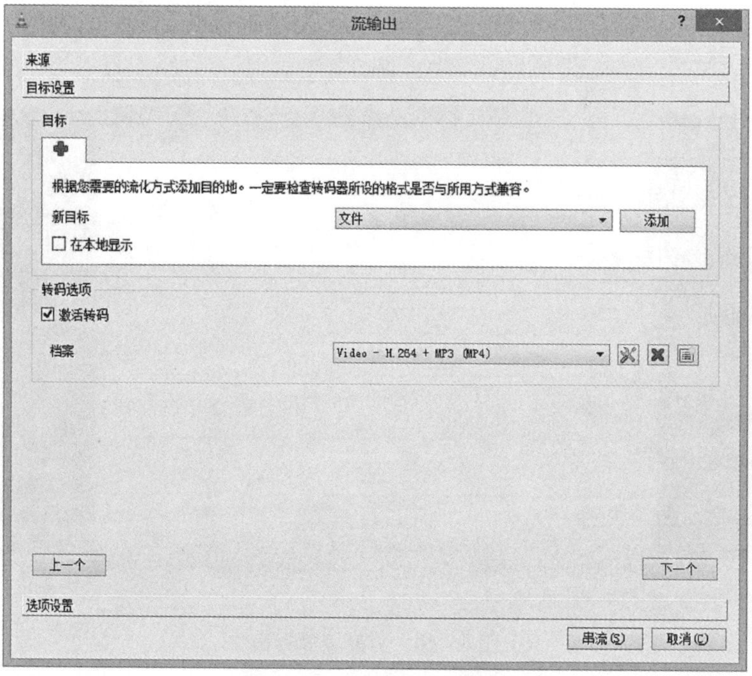

图 6－12　媒体输出选择

按“上一个”或“下一个”按键可以选择相应的菜单，取消“激活转码”选项，选中“本地显示”选项，并在“添加”菜单栏中选择相应的组播方式。

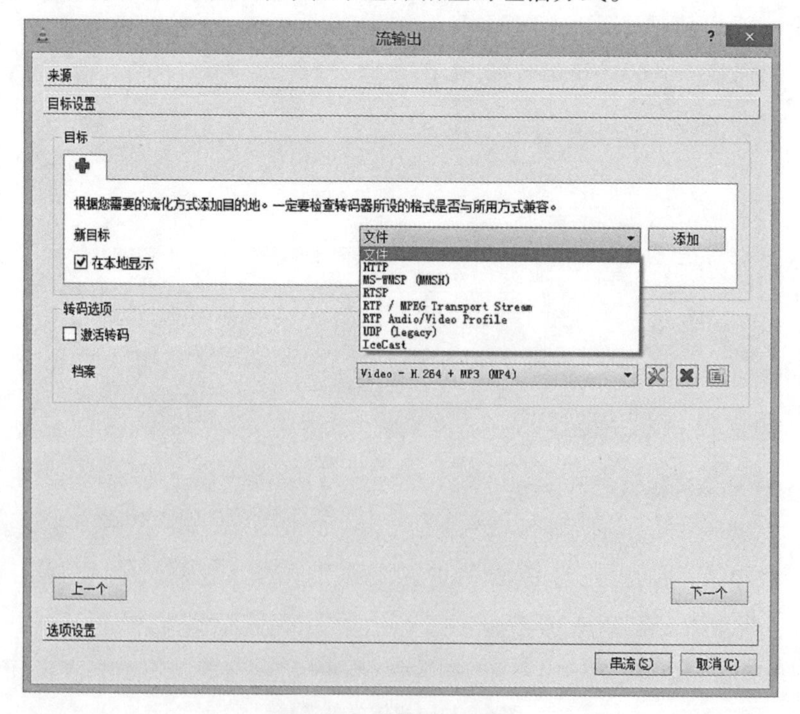

图 6－13　媒体输出列表

此处有三种组播方式：HTTP、RTP/MPEG Transport Stream、UDP，下面依次介绍三种组播方式的使用。

(1)选择 HTTP 方式发送组播，按“添加”按键。

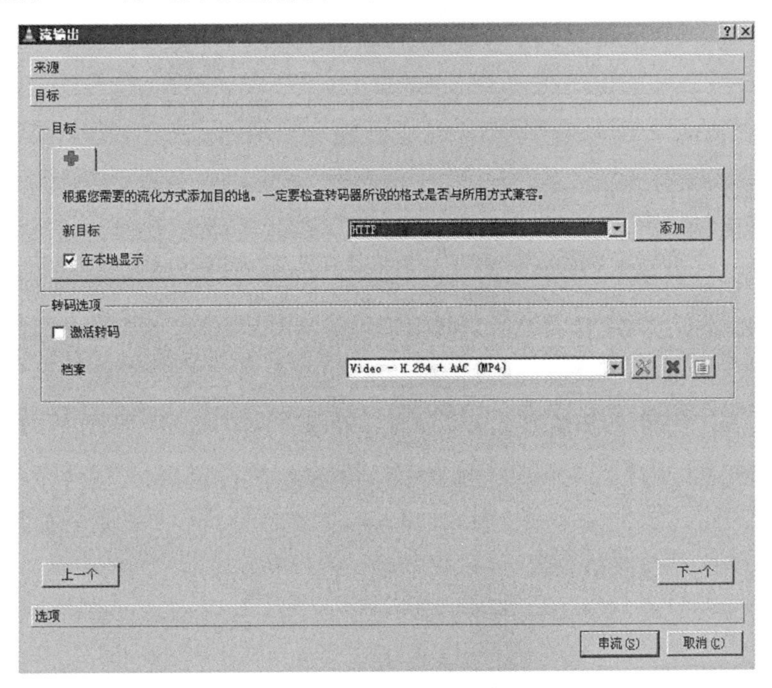

图 6－14　HTTP 组播选择

在“路径”栏中添加码流的播放路径，选择端口号，按“串流”键实现组播的发送。

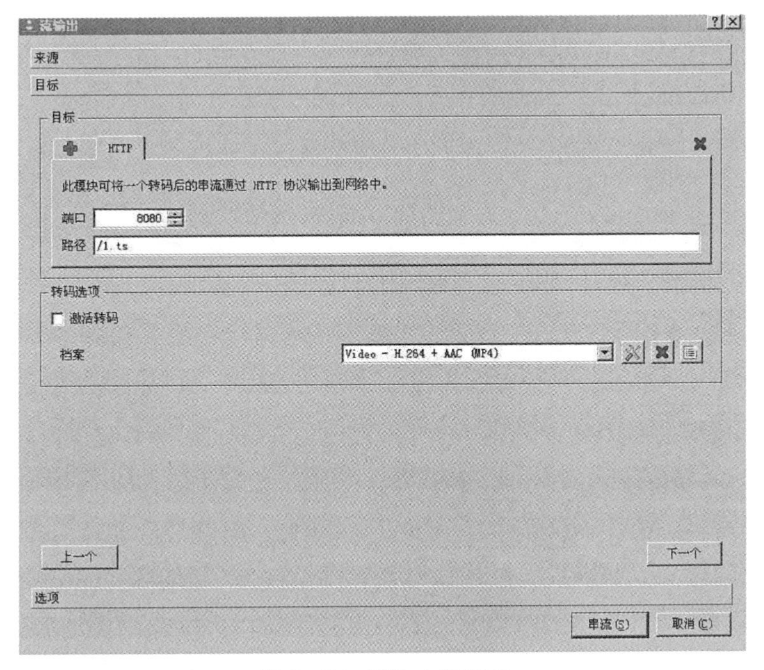

图 6－15　媒体文件选择

（2）选择 RTP/MPEG Transport Stream 方式发送组播，按“添加”按键。

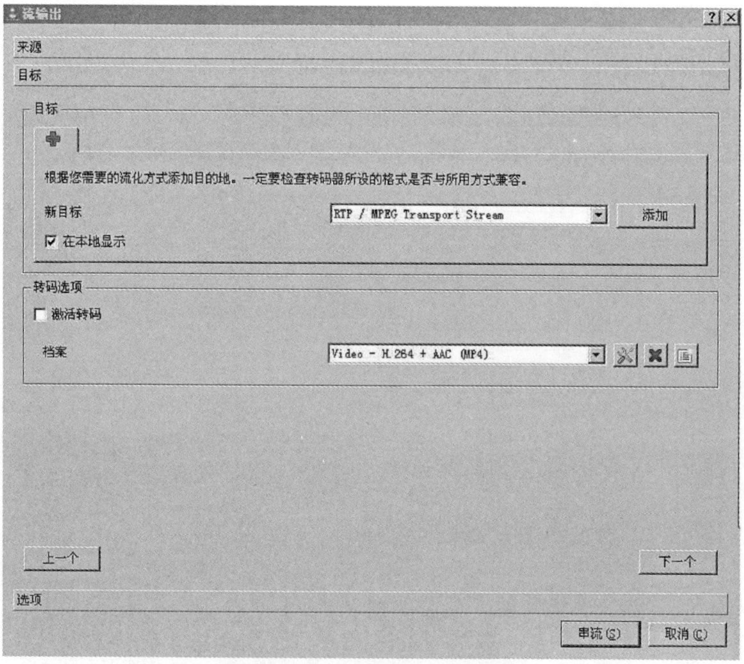

图 6－16 RTP 输出格式选择

在地址栏中选择任一的组播地址（范围在 224.0.0.0－239.255.255.255 之间），选择相应的端口号，按“串流”键，实现组播的发送。

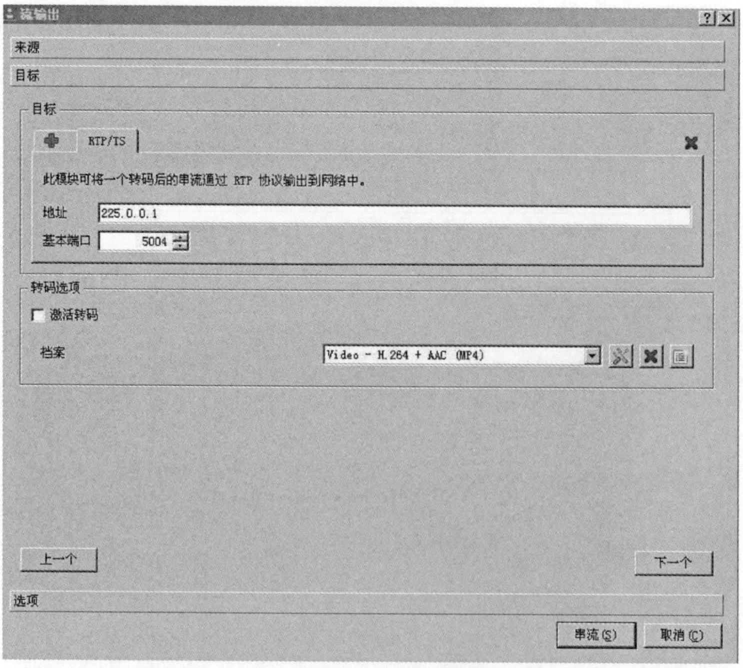

图 6－17 组播参数设置

(3)选择 UDP 方式发送组播,按“添加”键。

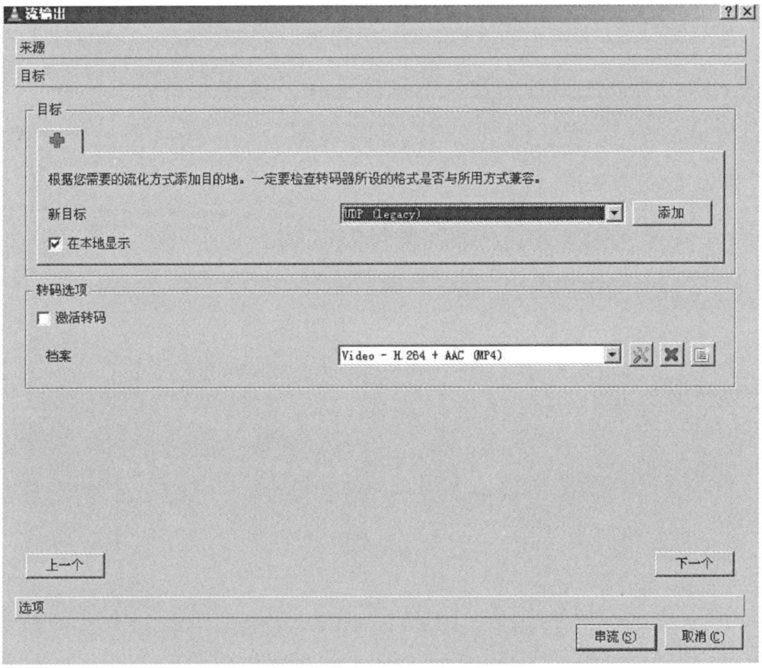

图6-18　UDP 输出格式设置

在地址栏中选择任一的组播地址(范围在 224.0.0.0-239.255.255.255 之间),选择相应的端口号,按“串流”键,实现组播的发送。

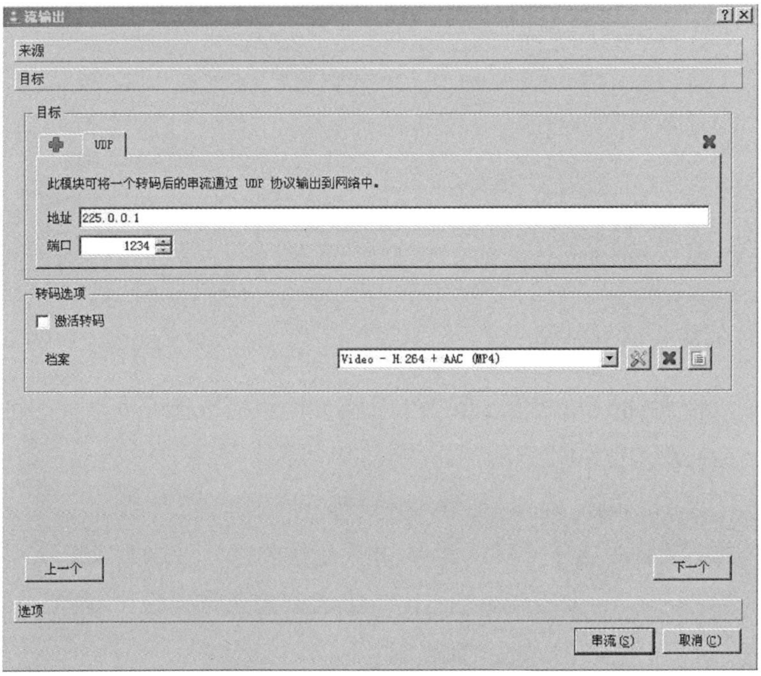

图6-19　UDP 组播参数设置

2. VLC 点播服务设置

VLC 多媒体播放器还可以提供 rtsp 点播服务。

首先在流输出界面的目标下拉菜单选择 rtsp,并点击添加;

然后设置 rtsp 端口(默认端口 8554,无特殊需求可不修改),设置文件名称,点击“下一步”;

最后点击“串流”,完成 rtsp 点播服务器的设置。

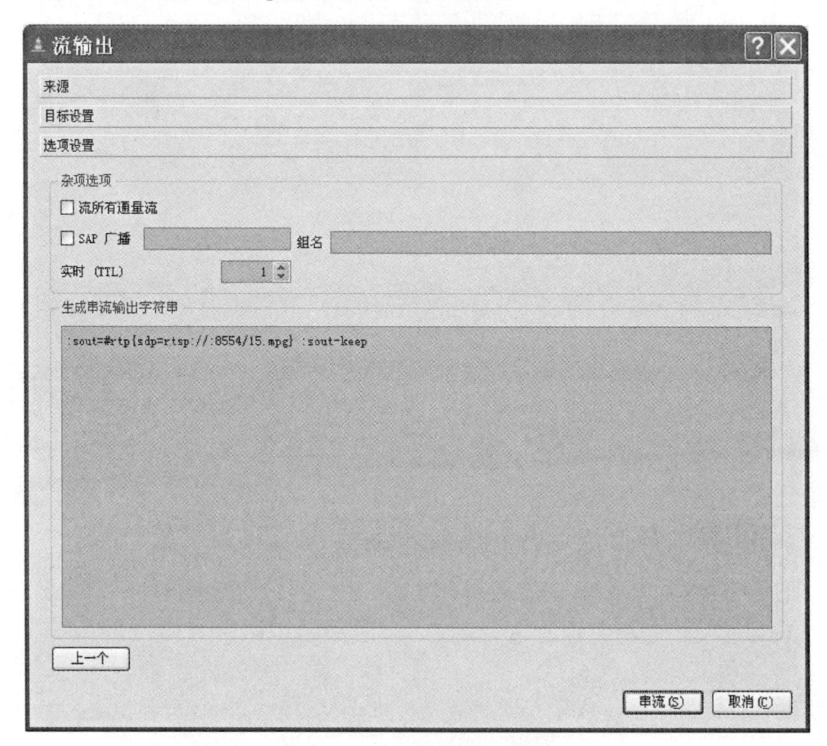

图 6-20　客户端接收设置

6.1.4　VLC 流媒体客户端设置

1. VLC 组播客户端设置

VLC 可以接收 http、rtp 以及 udp 等三种类型的组播媒体业务。下面将对 VLC 接收组播业务的设置进行说明。

打开 VLC 软件,选择“媒体”菜单,选择“打开网络串流”选项。

在弹出的对话框中选择“网络”菜单,如果是接收以 http 传播的组播,则网络 URL 的输入方式为:http:// + 发送端 IP 地址 + :组播流发送端口号 +/码流,按“播放”按键即可接收到 HTTP 方式发送的组播码流。

例如:http://192. 168. 1. 10: 8080/1. ts

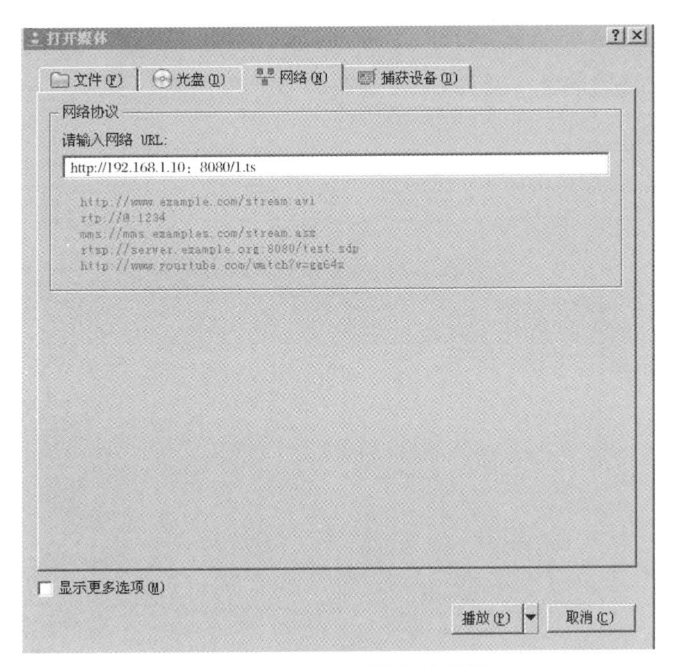

图 6－21　http 组接参数设置

如果接收到以 RTP/MPEG Transport Stream 方式发送的组播流,则在网络 URL 的输入方式为:rtp:// + 发送端选定的组播地址 + :组播流发送端口号,按“播放”键即可接收到 RTP 方式发送的组播码流。

例如:rtp://225.0.0.1:5004

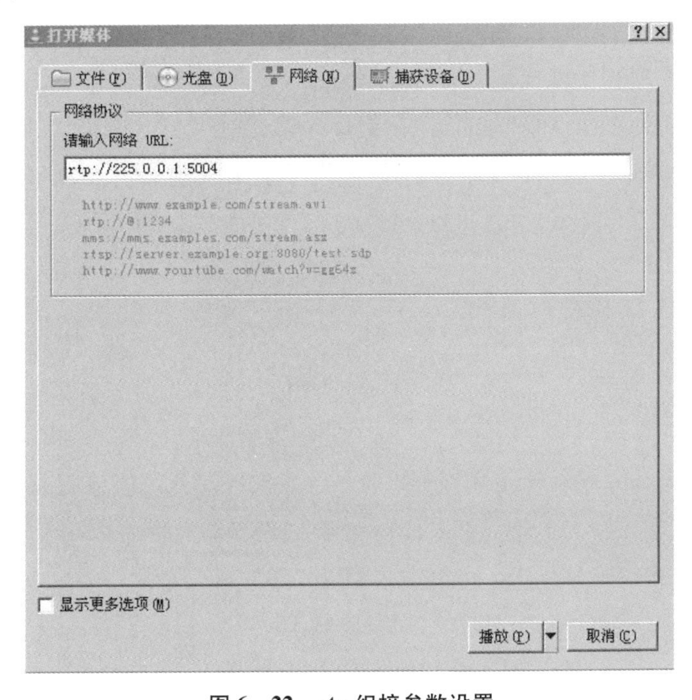

图 6－22　rtp 组接参数设置

如果接收到以 UDP 方式发送的组播流,则在网络 URL 的输入方式为:udp:// + @ 发送端选定的组播地址 + :组播流发送端口号。按“播放”键即可接收到 UDP 方式发送的组播码流。

例如:udp://@ 225. 0. 0. 1: 1234

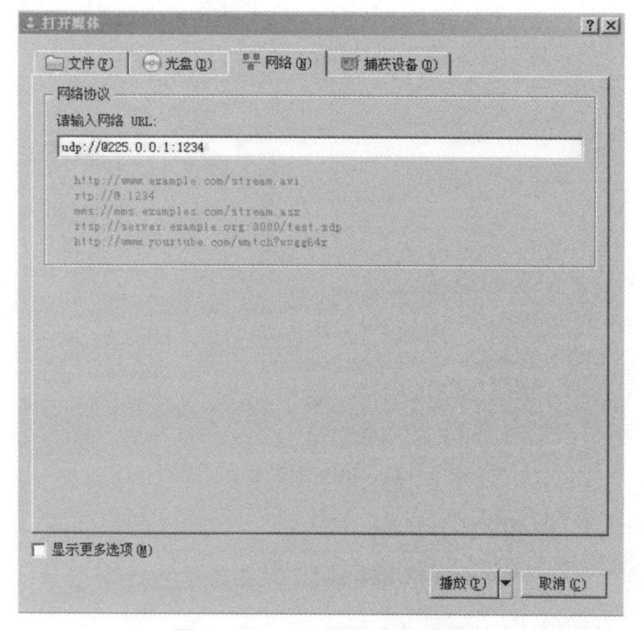

图 6-23 udp 组数参数设置

2. VLC 点播客户端设置

VLC 点播客户端可以使用 rtsp 等点播业务。

rtsp 点播接收:打开 VLC 软件,点击媒体菜单,选择“打开网络串流”,输入 rtsp 的 URL,其格式为:rtsp://点播服务器地址 + : + 点播端口号(默认为 8554)/点播文件名;例如:rtsp://222. 31. 64. 96: 8554/15. mpg;点击播放按钮。

6. 2 DSS 流媒体服务器

6. 2. 1 DSS 简介

Darwin Streaming Server 是美国苹果公司开发的开源式流媒体服务器项目,又称达尔文服务器,英文缩写为 DSS。苹果公司在开发 DSS 的过程中采用了 C + + 语言,程序运行效率高、扩展性好。DSS 可以在多种操作系统平台部署,包括 Mac OS X、Linux、Windows 等。

6.2.2 DSS 安装

1. 安装 perl 解释器

从 perl 官方网站 www. perl. org/get. html 下载 perl 解析器,并安装。

2. 安装 DSS 服务器

在 http://dss. macosforge. org/downloads/DarwinStreamingSrvr5. 5. 5 – Windows. exe 下载 DSS 服务器安装程序 DarwinStreamingSrvr5.5.5-Windows.exe ,下载后解压。解压的默认文件夹是 C:\DarwinStreamingSrvr5. 5. 5,运行其中的 Install.bat ,可将 DSS 安装到 C:\Program Files\Darwin Streaming Server 文件夹,即完成 DSS 服务器的安装。

6.2.3 DSS 流媒体服务器设置

1. 创建管理账号和密码

打开 CMD 命令窗口,输入如下两条命令,根据提示输入管理账户名称及密码;

```
cd c:\DarwinStreamingSrvr5.5.5
```

```
C:\DarwinStreamingSrvr5.5.5>perl WinPasswdAssistant.pl


Darwin Streaming Server Setup

In order to administer the Darwin Streaming Server you must create an administra
tor user [Note: The administrator user name cannot contain spaces, or single or
double quote characters, and cannot be more than 255 characters long].
Please enter a new administrator user name: xxx


You must also enter a password for the administrator user [Note: The administrat
or password cannot contain spaces, or quotes, either single or double, and canno
t be more than 80 characters long].
Please enter a new administrator Password: 123123
```

图 6-24 服务器安装脚本运行

2. DSS 系统登录

在 CMD 命令窗口,输入如下命令,可运行 WebAdmin 管理器;

```
C:\DarwinStreamingSrvr5.5.5>perl streamingadminserver.pl
```

打开网页浏览器,输入 http://127. 0. 0. 1: 1220/即可对 DSS 服务器进行管理,登录界面如图 6-25 所示。

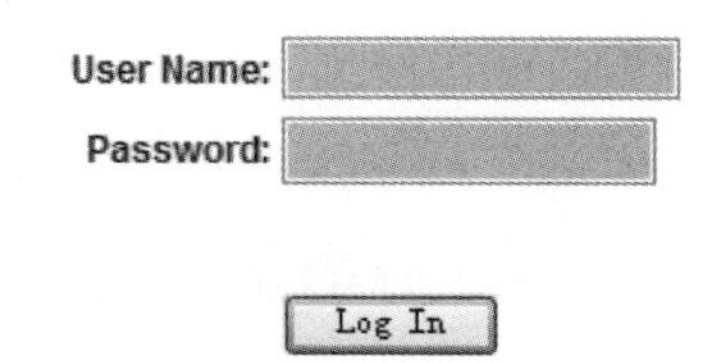

图 6－25　登录界面

正确输入用户名和密码后点击 Log In 按钮，登录管理系统。DSS 管理系统主页面如图 7－26 所示。

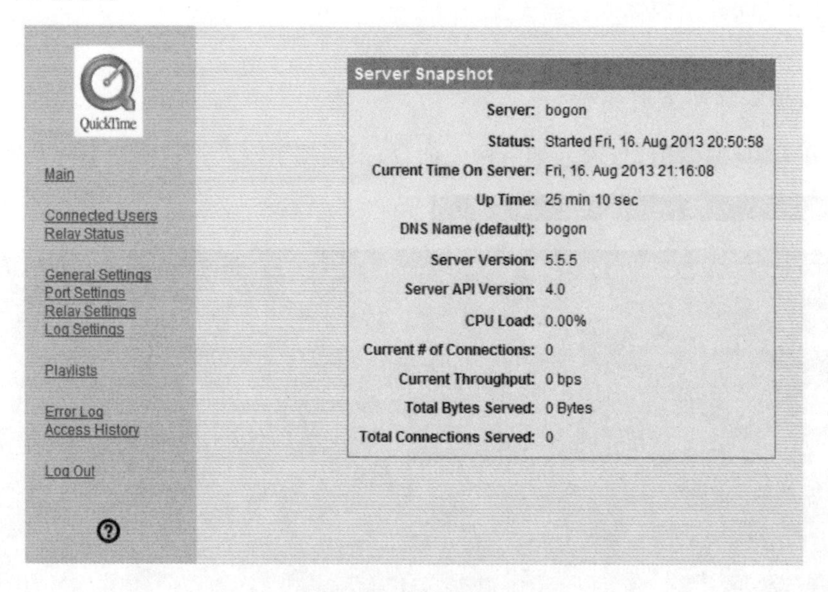

图 6－26　管理主页

在主页面的左侧列有管理菜单，分别为在线用户、转发统计、通用设置、端口设置、转发设置、登录设置、节目列表、错误记录、接入记录、注销。

3. 查看在线用户列表

在 DSS 服务器管理页面的左侧菜单中，点击 connected User，即可进入在线用户管理界面，如图 6－27 所示。系统管理者可以通过该菜单了解 DSS 服务器在线用户的基本情况，包括用户的 IP 地址、数据比特率、已发送的数据量、丢包比例、在线时长，以及所点播的节目名称。

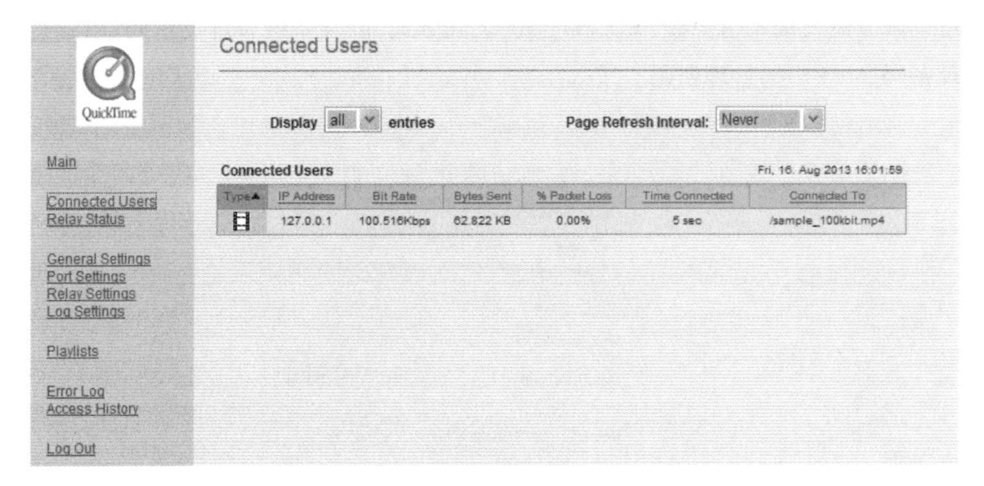

图6-27　在线用户管理页面

4. 查看转发状态

在DSS服务器管理页面的左侧菜单中，点击Relay Status，即可查看服务器的转发状态，如图6-28所示。系统管理员可以对本机转发的业务运行状态（包括信号源服务器地址、目标服务器主机地址、比特率以及已转发数据量）进行监控。

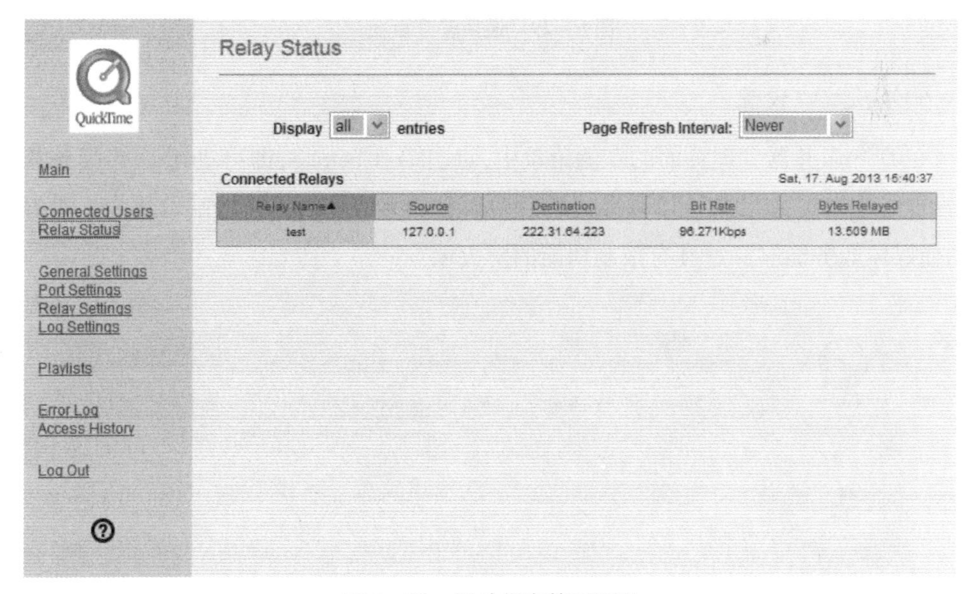

图6-28　播放状态管理页面

5. 修改通用设置

在DSS服务器管理页面的左侧菜单中，点击General Settings，即可进行DSS服务器通用设置修改操作，如图6-29所示。系统管理员可以修改媒体文件夹在计算机中的位置，默认的媒体文件夹为c:\Program Files\Darwin Streaming Server\Movies\，同时也可以修改最大接入用户数、最大吞吐量、认证方式，以及系统管理员密码、电影广播管理密码、MP3 广播管理密码。

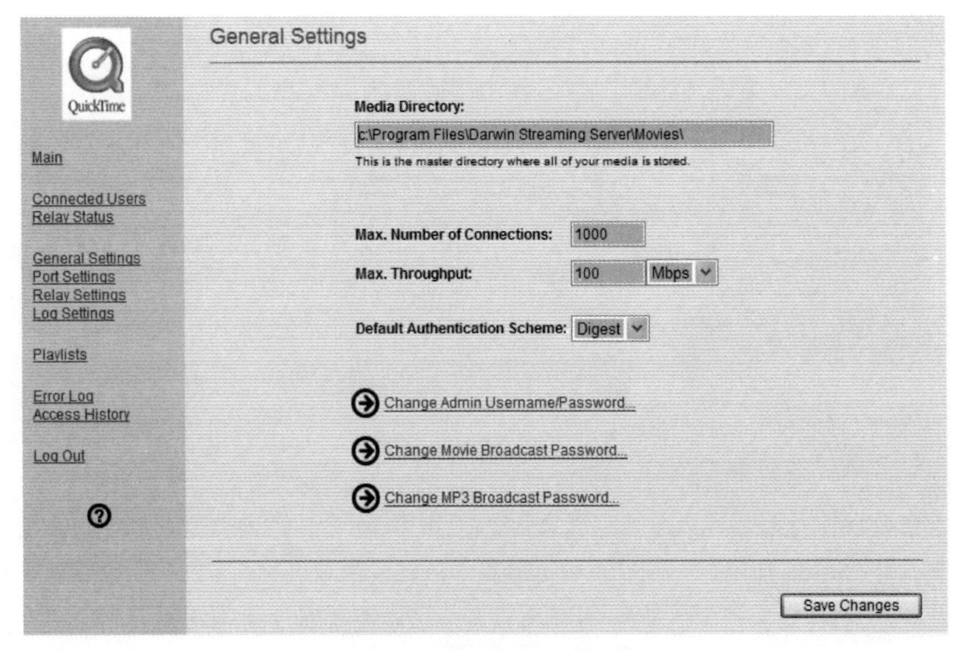

图 6－29 通用管理页面

6. 修改端口设置

在 DSS 服务器管理页面的左侧菜单中，点击 Port Setting，即可进行 DSS 服务器端口设置修改操作，如图 6－30 所示。管理员可以将多媒体数据传输端口从 554 调整为 80，使媒体业务能够穿过具有限制功能的防火墙。

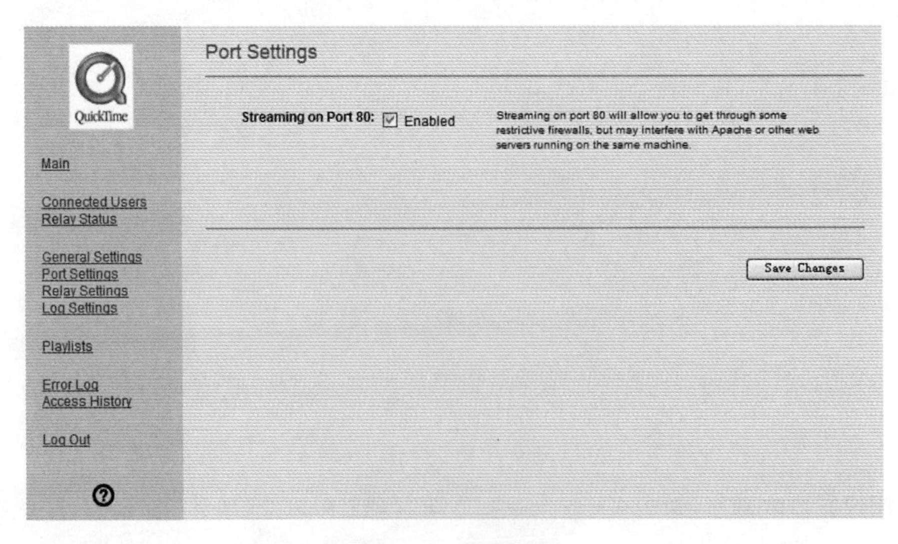

图 6－30 端口设定

7. 设置转发

DSS服务器支持多级转发机制。如果存在大量的客户端接入的情况，多级转发机制将极大地减轻视频服务器的压力，提高用户的业务体验效果。

在DSS服务器管理页面的左侧菜单中，点击Relay Setting，即可进行DSS服务器转发服务设置修改操作。在转发设置页面中，管理员可以设置默认的转发机制，点击Edit Default Relay。

在设置默认转发机制时，主要设定目标服务器的IP地址、指定的UDP用户名和密码，以及非指定UDP的端口和转发的层级。

在转发设置引导页面，点击右侧new relay，建立新的转发机制。如图6－31所示。

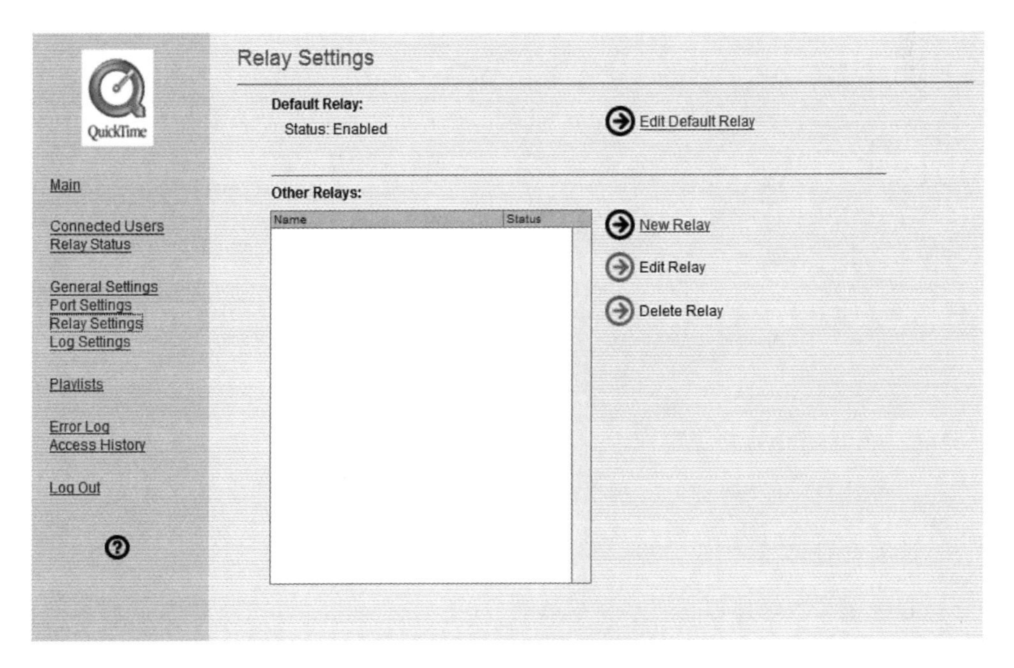

图6－31　转发设置页面

在Source Settings中：

Source Hostname or IP Address中填写源数据IP地址。如果是将本机的playlist转给其他地址，Source Hostname or IP Address中要填写127.0.0.1。

Mount Point就填写要播放的playlist的名字。

Request incoming Stream中填写源数据主机的DSS用户名和密码。

在Destination Settings中：

Hostname or IP Address填写目标主机IP地址。如图6－32所示。

Base Port中填写将送达B机的端口号(需要填写来建立连接)。

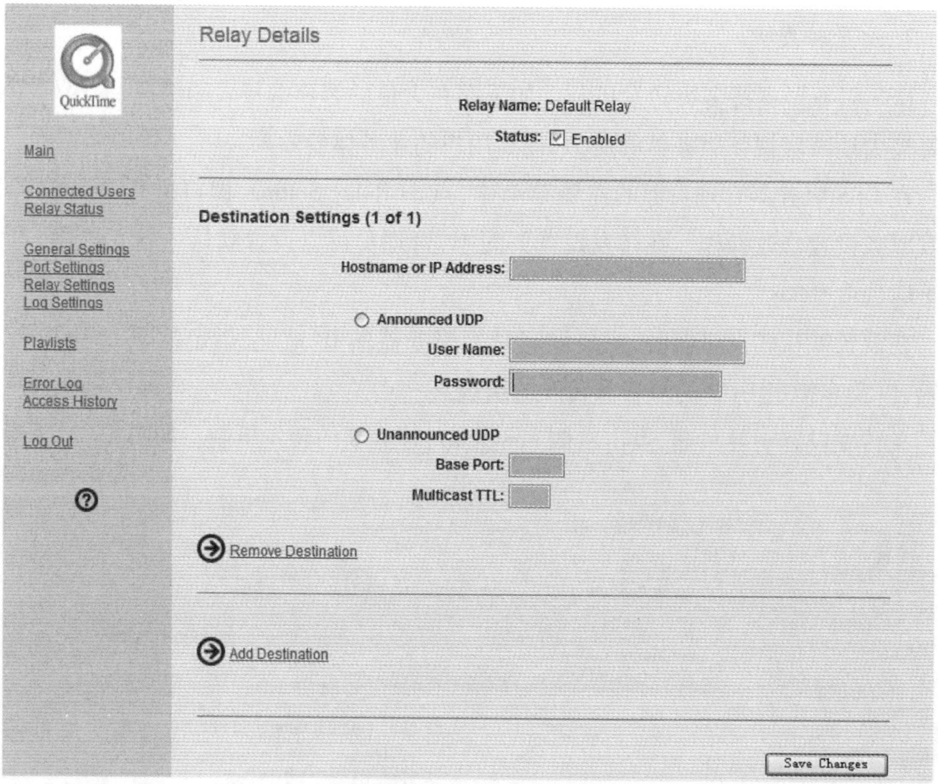

图 6－32 转发目标设定

Multicast TTL 填写最多可以中继的级数。

在页面最下方有 Save Changes 保存设置，如图 6－33 所示。

8. 设置运行记录文件

在 DSS 服务器管理页面的左侧菜单中，点击 Log Setting，即可进行 DSS 服务器运行记录设置保存条件操作，如图 7－34 所示。在设置页面中，管理员可以对运行报错记录文件和业务接入记录文件进行保存条件的设置；Logging 选项打勾，即启动服务器运行状态记录；Roll log 条件的设置是对记录文件的时间和文件的大小进行双重限制，比如图 6－34 中的 Roll log 条件设置为每个文件记录服务器运行 7 天的情况，但如果运行记录文件的大小超过 300KB，则将超出部分另存到另一个记录文件中。

9. 设置播放列表

DSS 服务器支持对媒体库的媒体文件编辑为列表，以提供多节目的点播服务。在 DSS 服务器管理页面的左侧菜单中，点击 Playlists，即可进行 DSS 服务器节目单的设置操作。如图 6－35 所示。

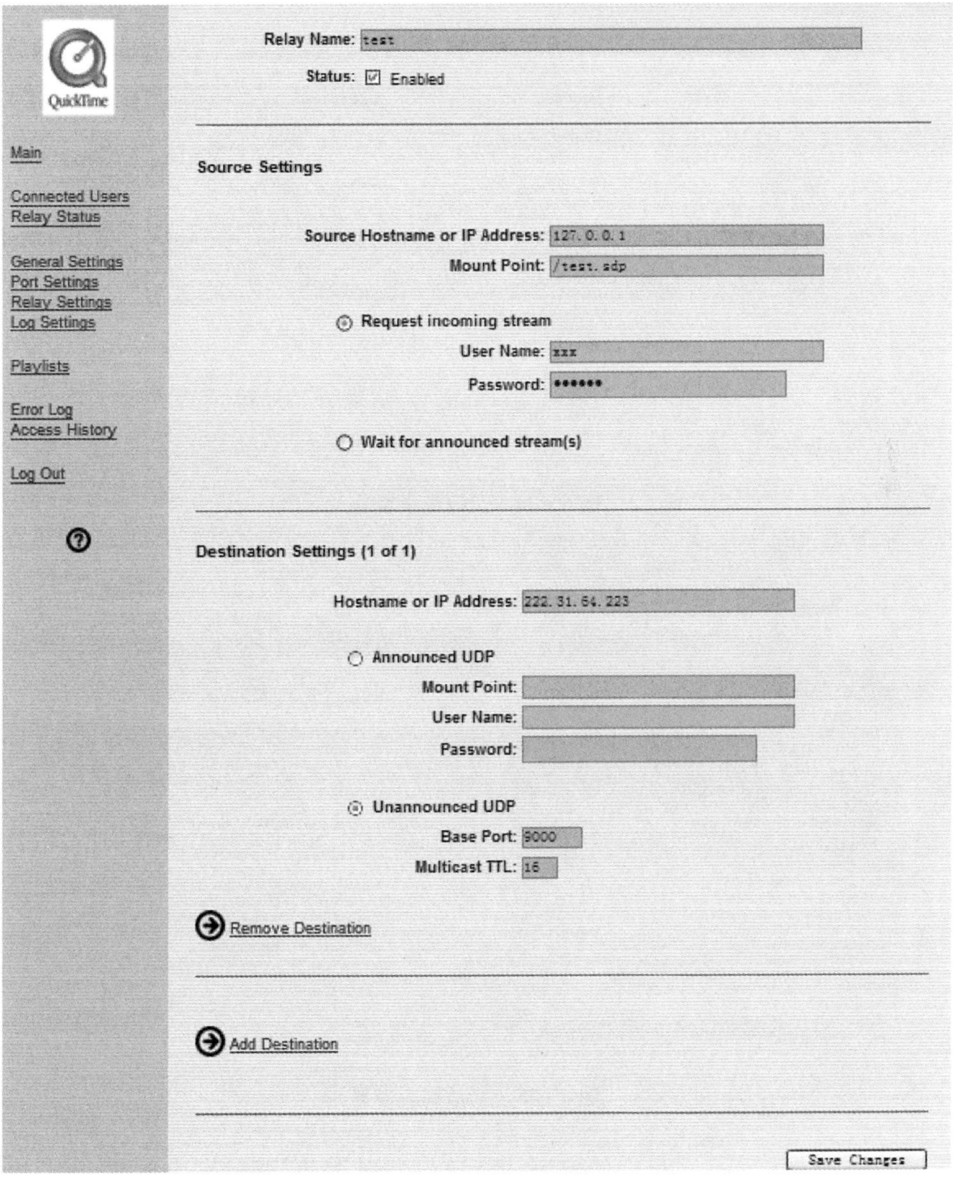

图6-33　转发目标设定义

在DSS服务器Playlists管理页面,点击New MP3 Playlist以及New Media Playlist,分别可以创建MP3音频播放列表和多媒体播放列表。

在Media Playlist Details多媒体播放列表设置界面,如图6-36所示,填写列表的名称、挂载点、播放模式以及循环模式;将左侧备选的视频名称拖拽到播放列表中;如果需要将此列表传送给其他广播服务器,填写目的服务器的地址以及服务器登录用户名和密码即可;点击Save Changes保存设置后,管理界面如图6-37所示。

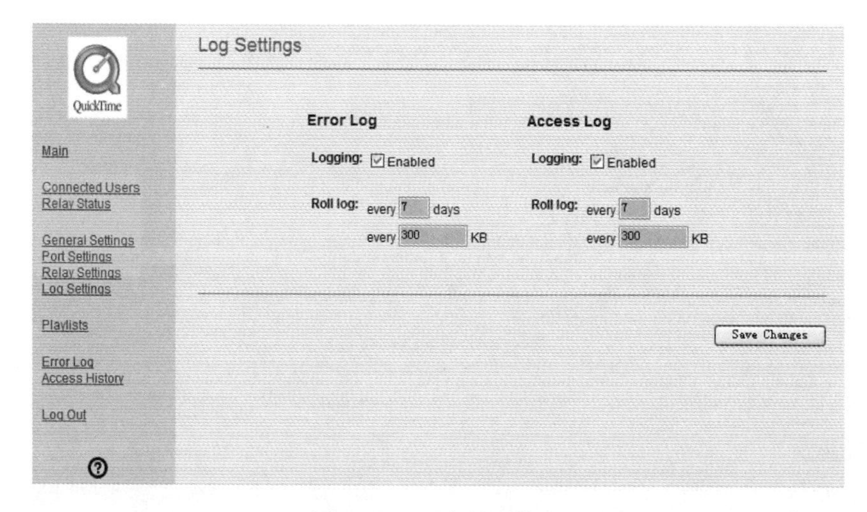

图 6-34 运行记录管理

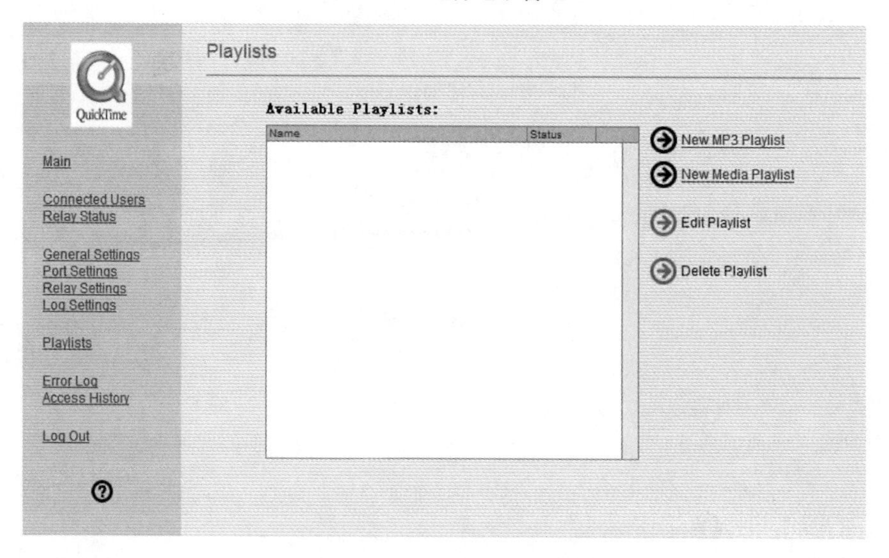

图 6-35 播放列表设置

点击可用播放列表项目中的按钮,启动 test 播放列表,其状态应为 Playing,如图 6-38所示。至此,已完成节目列表的编辑和运行。在选中可用播放列表的项目后,可以对其进行删除和编辑操作。

10. 查看错误记录

在 DSS 服务器管理页面的左侧菜单中,点击 Error Log,即可进行查看服务器运行的报错信息,如图 6-37 所示。报错信息页面提供错误发生的时间、相关的模块信息,以及错误类型等信息。

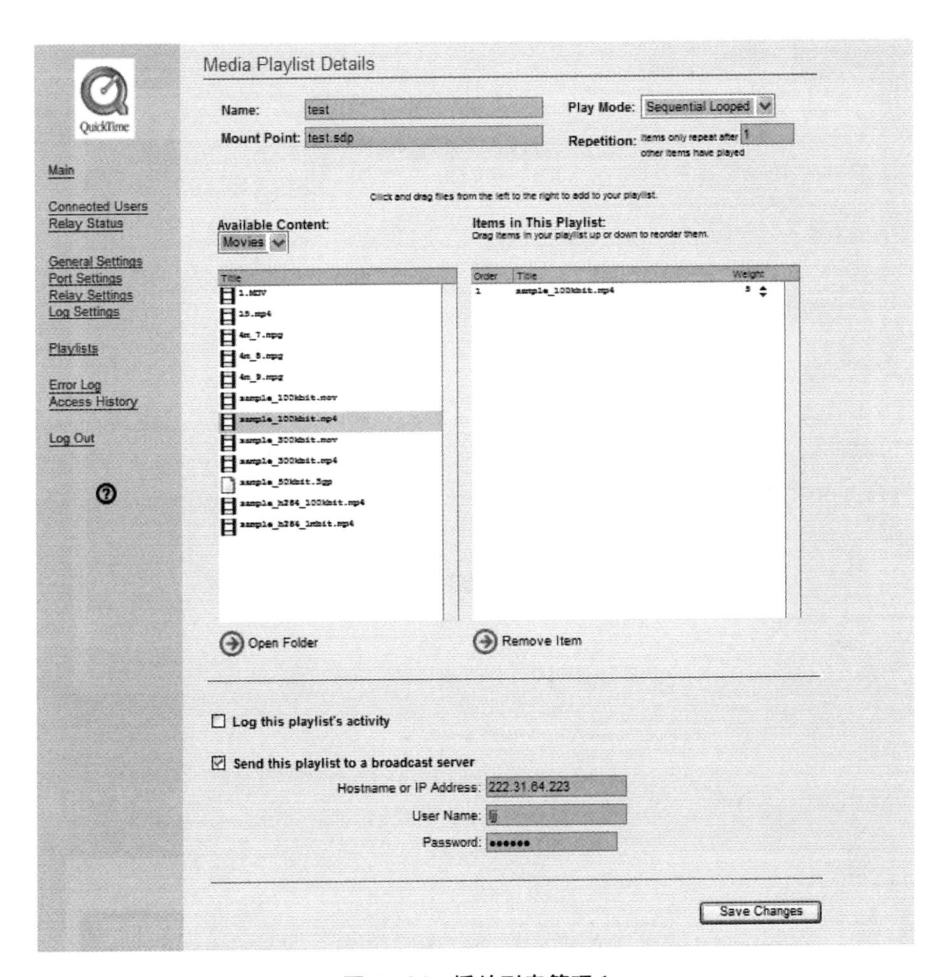

图6－36　播放列表管理1

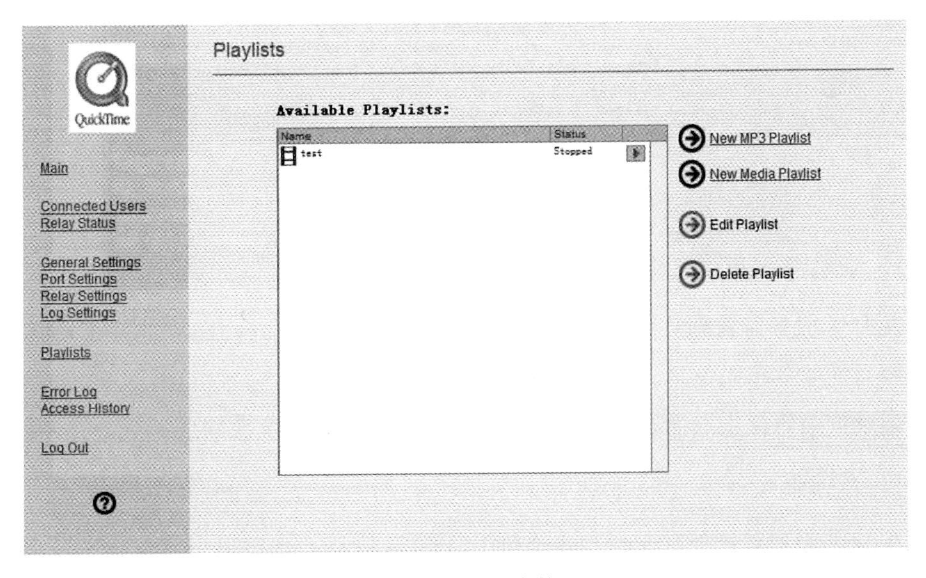

图6－37　播放列表管理2

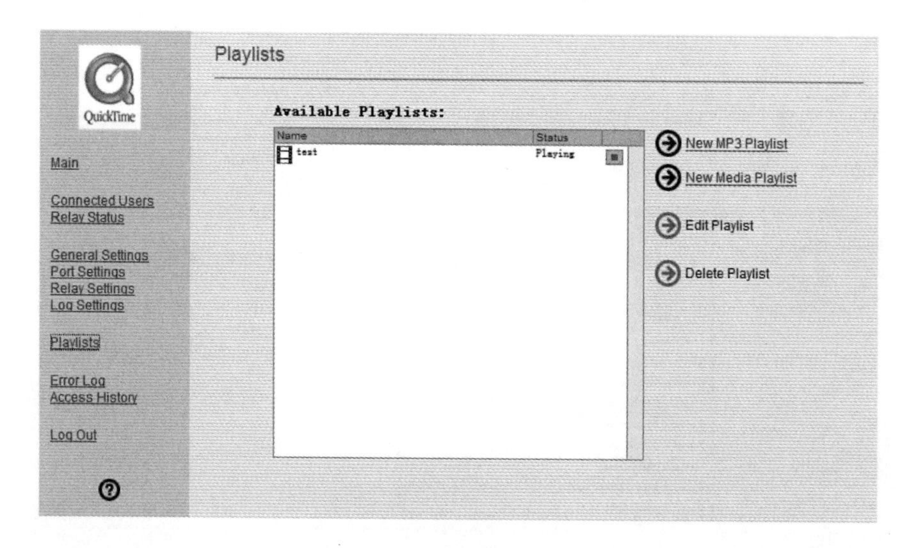

图 6-38 播放状态转换

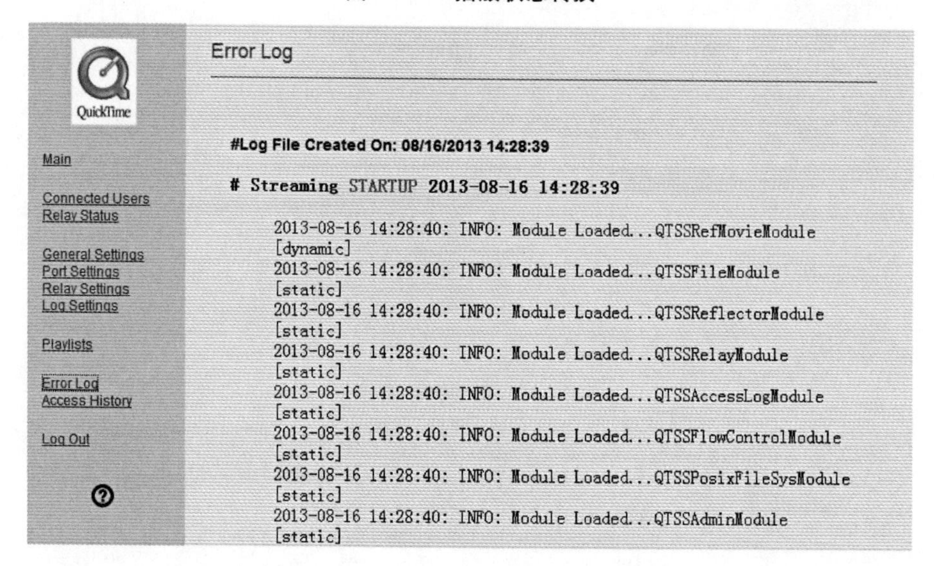

图 6-39 错误记录页面

11. 查看接入历史记录

在 DSS 服务器管理页面的左侧菜单中，点击 Access History，即可进行查看服务器运行期间的业务接入信息，如图 6-40 所示。

记录页面将提供点播接入业务的文件名称以及收看的次数信息。

12. 系统退出

在 DSS 服务器管理页面的左侧菜单中，点击 Log Out，即可退出系统。

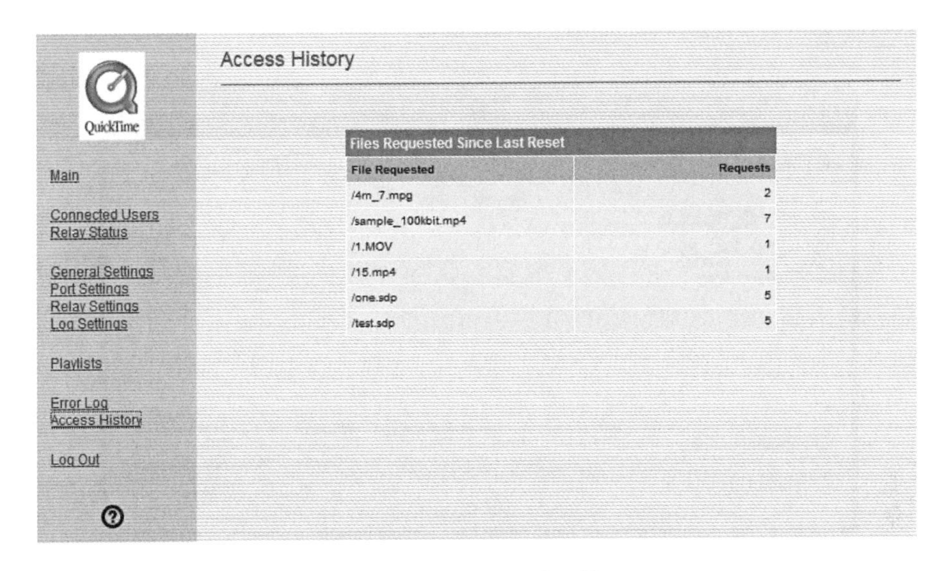

图6－40　接入历史记录

6.3　Winsend 组播服务器

6.3.1　Winsend 简介

Winsend 是一款简单好用的组播服务器软件，其界面设计简单明了，组播功能运行稳定。

6.3.2　Winsend 流媒体服务器设置

Winsend 组播服务器软件界面如图6－41所示，点击 Open 按钮，可以打开待组播的多媒体文件；如果希望循环播放该文件可以选中 Repeat file。

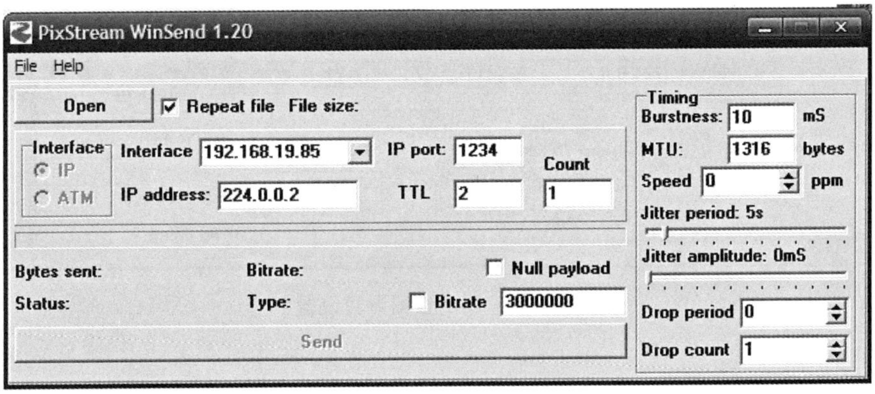

图6－41　Winsend 主界面

点击左上角的 Open 按钮，如图 6－42 所示。

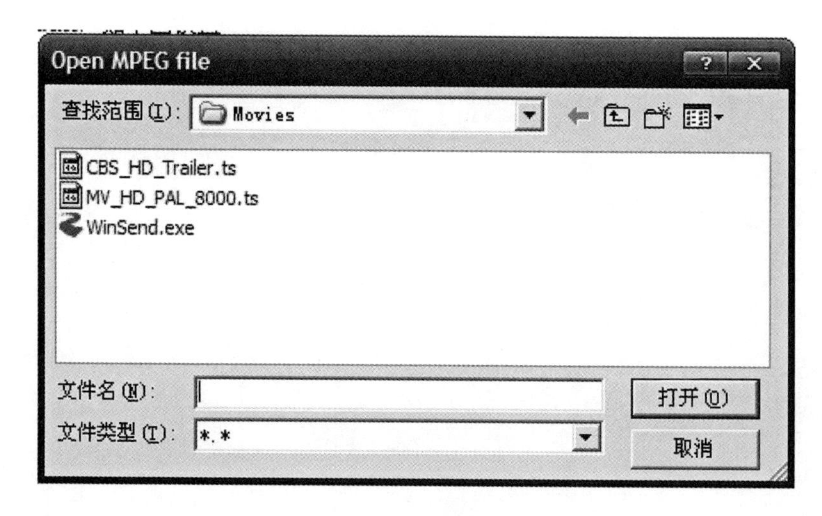

图 6－42　Winsend 媒体文件选择

选择组播影片后点击“打开”。

如图 6－43，在 Interface 栏中，管理员可以选择使用本机不同网卡的 IP 地址；在 IP address 栏中填写组播地址；在 IP port 栏中填写组播端口；TTL 是指转发的最大级数；在 Timing 栏中设定组播数据单元大小，抖动时间等信息；点击 send 发送按钮即可向设定组播地址发送组播节目；在发送按钮上方会显示此时发送的组播信号的累计发送数据量、比特率、发送状态、类型等信息；同时用户也可以决定是否添加空包以及设定比特率等信息。

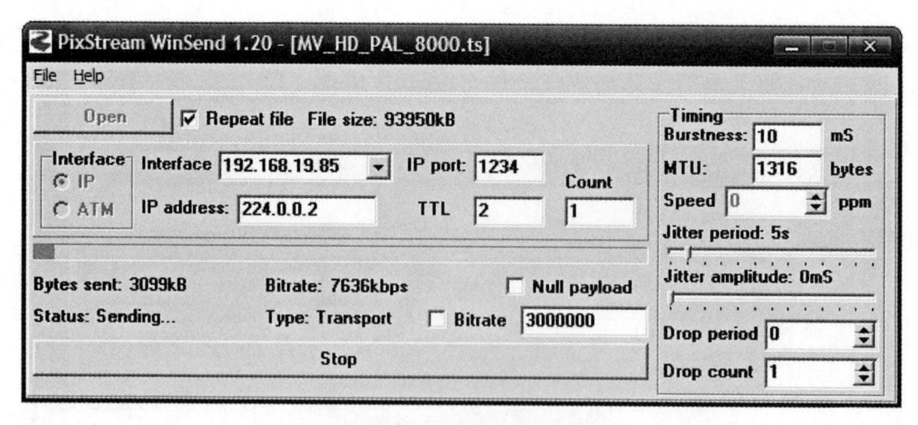

图 6－43　输出组播参数设置

6.4　小　结

本章详细介绍了 VLC、达尔文、winsend 等媒体服务器的基本功能和产品特点，包括如何搭建流媒体服务器、如何设置参数等操作。同时以图例的形式对如何使用上述媒体播放器、验证流媒体服务器正常工作的方法进行了说明。

思考与练习

1. 请使用 VLC 软件搭建支持 HTTP、RTP、UDP 协议组播服务器和支持 RTSP 协议的点播服务器,并使用 VLC 流媒体播放器进行测试。

2. 请使用达尔文服务器搭建支持点播服务和组播服务的流媒体服务器,并使用 VLC 流媒体播放器进行测试。

3. 请使用 winsend 搭建组播服务器,支持无限循环模式,并使用 VLC 流媒体播放器进行测试。

4. 请比较 VLC、达尔文和 winsend 三种流媒体服务器各自优缺点。

5. 请自行查阅文献,搭建支持 HLS 协议(HTTP Live Streaming)流媒体服务器。

图书在版编目(CIP)数据

网络电视技术/杨成等编著. ——北京:中国传媒大学出版社,2017.6
(网络工程专业"十二五"规划教材)
ISBN 978-7-5657-1875-5

Ⅰ.①网… Ⅱ.①杨… Ⅲ.①网络电视—高等学校—教材
Ⅳ.①TN949.292

中国版本图书馆 CIP 数据核字(2016)第 294586 号

网络电视技术
WANGLUO DIANSHI JISHU

编　　著　杨　成　朱亚平　蓝善祯　田佳音　李传珍
责任编辑　蔡开松
装帧设计指导　吴学夫　杨　蕾　郭开鹤　吴　颖
设计总监　杨　蕾
装帧设计　刘鑫、杨瑜静等平面设计团队
责任印制　曹　辉

出版发行　中国传媒大学出版社
社　　址　北京市朝阳区定福庄东街1号　邮编:100024
电　　话　86-10-65450528　65450532　传真:65779405
网　　址　http://www.cucp.com.cn
经　　销　全国新华书店

印　　刷　北京艺堂印刷有限公司
开　　本　787mm×1092mm　1/16
印　　张　13.25
字　　数　260千字
版　　次　2017年6月第1版　　2017年6月第1次印刷

书　　号　ISBN 978-7-5657-1875-5/T·1875　　定　价　56.00元

致力专业核心教材建设　提升学科与学校影响力

中国传媒大学出版社陆续推出

我校 15 个专业“十二五”规划教材约 160 种

播音与主持艺术专业（10 种）
广播电视编导专业（电视编辑方向）（11 种）
广播电视编导专业（文艺编导方向）（10 种）
广播电视新闻专业（11 种）
广播电视工程专业（9 种）
广告学专业（12 种）
摄影专业（11 种）
录音艺术专业（12 种）
动画专业（10 种）
数字媒体艺术专业（12 种）
数字游戏设计专业（10 种）
网络与新媒体专业（12 种）
网络工程专业（11 种）
信息安全专业（10 种）
文化产业管理专业（10 种）

传媒人书店
（For IOS）

传媒人书店
（For Android）

微博关注我们

微信关注我们

访问我们的主页

本书更多相关资源可从中国传媒大学出版社网站下载
网址：http://www.cucp.com.cn
责任编辑：蔡开松　　　意见反馈及投稿邮箱：1091104926@qq.com
联系电话：010-65783654